铸造起重机人机环境系统动力学建模方法与应用

辛运胜　著

北　京
冶　金　工　业　出　版　社
2025

内 容 提 要

本书详细介绍了铸造起重机人机环境系统动力学建模方法及其应用。全书共分7章，主要内容包括铸造起重机系统动力学与人体振动舒适性、机械系统动力学建模与分析理论、轨道缺陷模型及运行冲击系数理论、司机-起重机-轨道系统动态建模与优化、基于精细积分法的人体各部位动力学响应与分析、考虑高温环境的起重机刚柔耦合系统动态响应、理论突破与研究展望等。

本书可供特种设备设计、人机工程等领域的科研人员和工程技术人员阅读，也可供高等院校机械工程、工业工程、控制科学与工程等专业的师生参考。

图书在版编目（CIP）数据

铸造起重机人机环境系统动力学建模方法与应用 / 辛运胜著. -- 北京 ：冶金工业出版社，2025. 7.

ISBN 978-7-5240-0264-2

Ⅰ. TH210. 1

中国国家版本馆 CIP 数据核字第 2025UK1538 号

铸造起重机人机环境系统动力学建模方法与应用

出版发行	冶金工业出版社	**电　　话**	(010)64027926
地　　址	北京市东城区嵩祝院北巷 39 号	**邮　　编**	100009
网　　址	www. mip1953. com	**电子信箱**	service@ mip1953. com

策划编辑　杜婷婷　责任编辑　马媛馨　美术编辑　吕欣童

版式设计　郑小利　责任校对　葛新霞　责任印制　禹　蕊

北京建宏印刷有限公司印刷

2025 年 7 月第 1 版，2025 年 7 月第 1 次印刷

710mm×1000mm　1/16；11. 5 印张；224 千字；174 页

定价 79. 00 元

投稿电话　(010)64027932　投稿信箱　tougao@ cnmip. com. cn

营销中心电话　(010)64044283

冶金工业出版社天猫旗舰店　yjgycbs. tmall. com

（本书如有印装质量问题，本社营销中心负责退换）

前　言

铸造起重机是一种通过工作机构组合运动实现钢包安放，并空载复位的高能量积聚、高危险性作业的冶金机械设备。随着技术进步和城市不断扩大，沿海地区港口常以填海造陆方式建立工业基地，导致厂房车间的起重机轨道出现了地基沉陷、轨道缺陷变大，进而引起铸造起重机金属结构焊缝开裂、司机震感强烈等问题。铸造起重机工作环境恶劣，轨道缺陷、高温等对其金属结构材料力学性能影响较大，加快了铸造起重机金属结构的破坏，降低了起重机的使用寿命，影响了司机身体健康，甚至会给车间的工作人员带来生命危险。

然而，现有研究未考虑到上述环境因素（轨道缺陷、高温）影响下起重机的动态特性和安全性，也未涉及轨道缺陷下人体振动舒适性分析。本书针对轨道缺陷对铸造起重机运行过程中结构、人体冲击影响和高温环境对起重机结构的影响等问题，进行铸造起重机振动系统建模与动态响应分析。首先，通过余弦函数模拟轨道缺陷，提出了基于轨道缺陷的起重机动力学模型，并推导出了在高低缺陷和间隙缺陷下的冲击系数表达式。将这一模型与现有标准进行对比，验证了其可行性。通过实验数据，本书进一步测量了轨道缺陷下满载工况时的金属结构应变历程，并结合有限元分析，验证了理论推导的正确性。

此外，针对轨道缺陷引发的结构振动和司机舒适性问题，本书提出了基于起重机-轨道系统动力学和烦恼率模型的动态优化设计方法。通过人体振动评价标准，结合烦恼率模型，定量评价了司机在起重机运行过程中的振动舒适性，并利用粒子群优化算法（PSO）构建了起重机结构优化设计模型，从而为改善司机舒适性提供了理论依据和优化设计参数。基于人体生物力学原理，本书进一步建立了人体与起重机-轨道系统耦合的动力学模型，分析了人体各部位的振动响应和疲劳损伤情况，探讨了座椅参数及非线性因素对振动舒适性的影响。

在起重机的结构设计方面，本书研究了起重机小车运行过程中主梁和司机室的动态响应。通过建立柔性主梁、司机室、小车和吊重耦合的系统振动模型，分析了小车运行过程中主梁和吊重的动态特性，研究了司机室属性、连接参数对振动的影响，为主梁的设计和动态分析提供了理论依据。

最后，本书还探讨了高温环境对起重机金属结构力学性能的影响，通过金属拉伸实验测试了Q355合金钢在不同温度下的弹性模量，并基于神经网络算法预测了其温度依赖性。结合高温环境对起重机金属结构的影响，分析了不同温度条件下主梁和司机室的动态特性，为起重机设计时考虑高温环境的影响提供了理论支持。

通过以上研究，本书旨在为在复杂城市化环境中的起重机设备提供科学的设计和优化理论，确保设备在恶劣环境下的安全性、舒适性和性能优化，同时延长设备的使用寿命，提升操作人员的工作效率并保障其健康安全。

本书内容涉及的有关研究得到了“十三五”国家重点研发计划项目“机电类特种设备风险防控与治理关键技术研究及装备研制”子项目“港口等领域典型起重机械设计制造与服役过程风险防控关键技术研究”（项目号：2017YFC0805703）、国家标准化管理委员会项目“国家标准《铸造起重机报废条件》研制”（项目号：20160514-T-604）、山西省重点研究计划“便携式煤岩含气量智能化解吸装置研发”（项目号：202402080301013）、山西省科技厅应用基础研究计划“基于精细积分法的人体各部位与起重机-轨道系统耦合动力学建模方法与应用研究”项目（项目号：201901D211288）、山西省教育厅高等学校科技创新项目“基于热弹耦合的起重机动态特性及司机舒适性评价研究”（项目号：2019L0649）、山西省研究生优秀创新项目（项目编号：2023SJ315）的支持与资助。

本书在编写过程中，参考了相关文献资料，在此向相关文献资料的作者表示诚挚的感谢。

由于作者水平所限，书中不妥之处，敬请广大读者批评和指正。

作 者
2025年3月

目　录

1 铸造起重机系统动力学与人体振动舒适性

1.1 铸造起重机作业风险与安全挑战

铸造式起重机是连铸连轧工艺中用于吊运熔融金属的重要起重设备[1]，主要工作在重载、高温、多粉尘等恶劣的环境中用于吊运装有熔融金属的钢包，恶劣的工作环境会妨碍电气设备的正常运行，更会对起重机的主体金属结构产生一定的腐蚀作用，降低了设备的使用寿命和安全系数。正是由于铸造起重机的工作对象、性质和环境等原因，一旦发生故障将对人的生命和财产造成不可挽回的损失。铸造起重机的工作级别高且经常 24 h 不间断工作，起重机每次循环工作吊运的载荷也相对比较大，有时甚至可达额定起重量的 80%以上[2]。因此，铸造起重机的设计比其他起重机的要求更加严格，更不允许在工作过程中发生重大故障。

铸造起重机的工作安全直接关系到在场工作人员的生命和财产安全，也关系到企业的发展和社会的稳定。铁岭市某公司的铸造起重机于 2007 年 4 月 18 日发生钢水包倾覆的严重事故，直接造成了现场 32 名工作人员死亡和 6 名工人重伤，给企业造成的直接经济损失 866.2 万元[3]。相似地，东莞市某厂一台门式起重机失稳倒塌，直接压倒了附近的住房并导致 18 人死亡和 33 人重伤的严重后果，给国家和社会带来的直接经济损失达 1861 万元[4]。

随着经济快速发展，起重机的应用范围不断扩大，使用量逐渐增多。起重机危险性大，易发生事故，且一旦发生事故将会造成无可挽回的损失。此类重大事故的发生，不仅造成人员伤亡和经济损失，更会给家庭带来无尽的痛苦。因此，特种设备的设计、安装、施工等单位应该重视和加强安全监管理工作。

在起重机工作系统中，钢制轨道的质量及安装的质量不仅对其工作性能有重要影响，还有可能导致起重机寿命骤减或引发起重机作业安全问题。由轨道脱轨、钢制轨道接头处高低错位或有间隙而导致的起重机械事故具有极强的破坏性，更容易带来大规模群体性的人员伤亡。因此，起重运输机械在钢制轨道接头处有间隙或高低缺陷上运行时，设备的性能、安全性、可靠性和经济性等方面所产生的影响不容忽视。长时间处于工作中的起重机司机会产生疲劳，由于轨道缺陷的原因更会使起重机产生疲劳破坏，也会给司机的身体健康带来很大的影响。

另外，铸造起重机长期工作在高温环境下，金属结构的力学性能受温度的影响很大，也可能会引起金属结构的破坏，从而给人的生命和财产带来重大损失。

综上所述，本书从“人-机-环”系统的角度出发，以大车、小车运行过程作为研究的状态，以起重机主梁、司机室及人体各部位等作为研究对象，分析环境（轨道缺陷、高温）对起重机和人体动态响应的影响。分析大车运行过程中轨道缺陷对起重机冲击系数的影响，建立基于烦恼率和司机-起重机-轨道系统的动态优化设计模型，得到满足人体振动舒适性的起重机结构参数，并在此基础上研究人体各部位振动响应、疲劳损伤情况。考虑司机室安装位置和连接方式等因素，构建小车运行过程中主梁系统动力学模型，探讨主梁的动态响应及安全性。采用材料力学性能测试设备，得到 Q355 合金钢的高温弹性模量测试结果，研究高温环境下起重机主梁、司机室振动特性的变化规律及起重机的安全性。为铸造起重机金属结构设计、运动学-动力学分析、寿命预测及安全性评估等提供重要的理论基础。

1.2 起重机动态特性与结构疲劳研究进展

起重机械多从事于一定工作范围内吊重的垂直提升、水平运输等工作，主要用于各类物料的运输、起重、装卸、安装及人员输送等。其工作特点主要包括间歇性、往复性和工作周期短三个方面，因而在起重机的实际生产运载中，各工作构件和结构构件经常处于高速、频繁的动态切换等工作状态下，不可避免地承受因弹性振动、负载自振或各类非稳状态引起的动态载荷或应力。

1.2.1 起重机动态分析

起重机动力学研究中，由钢丝绳、吊具和吊重构成的负载状态是引起起重机振动诱因之一，在此方面很多学者都做出了深入的研究。文献[5-8]研究吊运过程中吊重的摆动，将系统简化成双摆振动模型，通过反馈控制措施消除吊重的振动。

刘华森等[9]分析欠驱动门式起重机吊重摆动系统并建立了二自由度耦合摆动模型，通过仿真计算研究吊具质量、摆线长度以及小车运行速度等参数对吊重摆动的影响。强宝民等[10]分析启动与制动过程中门式起重机吊重摆动，并在 Simulink 中进行系统建模仿真，得出负载在摆动过程中使系统产生了水平惯性载荷作用的结论。任会礼等[11-12]建立了吊重摆动三维非线性模型，分析在起重机起升和降落运行中吊重的动力学特性，结果表明钢丝绳的长度、起升速度和激励力频率对吊重摆动系统影响很大。张则强等[13]以二自由度起重机模型为基础研究小车的准确定位和快速消摆，分析了钢丝绳长度、小车的加速度以及摇摆参数之间的关系。Niu 等[14]提出了电动起重机运行过程中系统动力学的一般数学建模方法，用于分析电动起重机运行过程中电磁、动力和结构的动态响应。Henry 等[15]以起重机吊重系统为研究对象，建立了一个由无质量钢丝绳悬吊集中质量的平面单摆系统，结果表明转台的转动参数对吊重摆动影响明显。Masoud 等[16]和 Chin 等[17]为了研究起重机臂端承受激励状态下起重机的动态响应，提出了臂架起重机摆动系统的三维非线性模型，发现当激励频率靠近系统的固有频率时，系统振动突然强烈并出现了混沌现象。

在起重机动力学和动态特性研究中，GNSS 技术[18]通过获取高精度、高采样率的桥梁动态变形和振动信息，包括自然频率及其变化等动态特性，为起重机结构健康监测提供了重要的参考和借鉴。在铸造起重机领域，卷筒轴疲劳断裂问题突出，严重威胁生产安全，但以往对其研究多为定性分析。

Xiang 等[19]为研究卷筒轴疲劳断裂问题建立机电耦合动力学模型，综合分析多种因素，设计多种工况测试，经模拟实验对比分析，发现电机操作与控制行为致使卷筒轴扭矩突变与周期振荡，验证了动态载荷是疲劳断裂根源。Oli 等[20]建立多自由度起重机振动模型同时考虑多种工况、阻尼效应和改进力的函数形式，分析在起升和下降非平稳工况下的动态行为，结果表明起升加速阶段支撑结构的变形应力高于下降制动阶段。De Lima 等[21]对 40 m 跨径的预制后预应力混凝土梁在起吊过程动态行为进行研究，通过 3D 有限元模拟综合考虑起吊环位置偏差和预应力偏心等几何缺陷对梁动态性能的影响，研究发现起吊环偏心影响更严重，动态相比静态应力位移增大。王亚辉等[22]建立了以自振频率与固振频率的比值和质量为目标的多目标优化数学模型，在保证主梁稳定性的情况下主梁质量降低 32%。Li 等[23]建立悬挂液体容器等特定有效载荷起重机动力学模型，提出了三种轨迹规划策略，研究结果表明改变绳长和液体质量均能满足系统驱动和非驱动状态约束且无残余振荡。Cui 等[24]利用区间分析与卷积神经网络相结合的方法，对含有不确定参数的简支梁动态载荷识别进行研究，研究结果表明该方法在不同激励下对不确定结构载荷识别有效。Urbaś等[25]提出含辅助子链的开环运动链模型分析方法，考虑负载几何形状、绳索吊具系统、驱动和臂架柔性等因素对起重机和负载动态响应影响。张欣刚等[26]建立多点摩擦接触的刚柔耦合动力学模型，对比摩擦模型验证 LuGre 模型优势，研究多工况核岛-核环吊耦合系统的地震响应机理。Meisuh 等[27-28]利用时域分析法，研究地震频谱特性对起重机地震响应特性的影响。Fantuzzi 等[29]利用拉格朗日建立多自由度海上起重机动态驱动模型，采用 PID 控制器控制小车抑制摆动，分析了不同海况下的系统响应。Li 等[30]利用支持向量回归和水黾算法建立预测模型对履带式起重机机桁架臂在不同工况下的最大静态响应进行研究，预测结果与有限元分析结果相对误差绝对值小于 8%。

虽然现有的文献在吊重摆动和起重机动力学建模分析方面做了很多研究，但是起重机振动的研究多是关于结构的疲劳[31]、动态特性[32]，所建立的振动系统模型中较少考虑到人体的舒适性，更欠缺人、机、环境之间的相互影响。

1.2.2 移动力与移动质量作用下动力学分析

起重机动态分析中，不仅包括大车运行和吊重摆动等方面，还应对小车运行状态下的动力学进行深入研究。很多学者已经做出了深入的研究。Wu 等[33-35]通过有限元理论建立了小车运行、起升过程起重机结构横向和纵向振动的数学模型并通过引入等效矩阵计算移动质量与主梁振动的交互响应，同时通过实验验证理论求解的正确性，并对理论求解参数进行修正。Oguamanam[36-37]通过建立欧拉-伯努利方程的方法研究起重机固定梁的振动响应。同时，Zrnić等[38]建立了起重机结构的多自由度振动模型，分析钢丝绳长度、阻尼比和吊索倾斜角对结构振动的影响。

铸造起重机是桥式起重机中工作最为繁重、所处环境最为恶劣的一种，其工作特点是小车在主梁上间歇、重复、循环及频繁地启动和制动，因此，机构和结构承受着强烈的冲击振动。许多国外学者将振动模型简化为移动载荷-梁耦合系统，并做了大量关于移动质量在梁上运行时梁的动态响应方面的研究。

Michaltsos 等[39]讨论了简单支撑均匀梁在恒定大小和速度的移动载荷作用下的线性动力响应。研究使用一系列动态偏转解决方案，充分评估移动载荷质量、速度和其他参数个体效应与耦合效应。Simsek[40]研究移动质量在简支梁上运行时主梁的动态特性，利用拉格朗日方程建立了系统平衡方程，并详细讨论了剪切变形、材质分布、移动质量的速度、惯性、科里奥利效应和向心效应等因素对动态位移和梁应力的影响。Kiani 等[41]通过应用 Hamilton 原理、欧拉-伯努利方程和 Timoshenko 理论，研究了由于移动质量引起的各种边界条件下梁的最大挠度和弯矩。Nikkhoo 等[42]利用特征函数扩展法，对简支梁运动质量和速度的影响进行了全面的参数研究。结果发现，对流加速度的影响对于以速度大于临界值的物体而言不可忽略，因而他们在运动质量方程中引入了临界速度的概念，着重考虑了梁的基本周期、跨度以及移动质量的重量等因素。

Esmailzadeh 和 Ghorashi[43]考虑梁的最大挠度，在均布移动质量或应力作用下分析梁的响应并对移动荷载的临界速度进行了计算，研究证实了移动质量的均布长度会显著影响梁的动态响应。Lee[44]应用拉格朗日方程和假定法研究移动质量对 Timoshenko 梁的动态响应，并计算恒定移动速度下的等效移动荷载对梁的动态响应影响度，并对简支梁的跨中挠度进行了验证。Lou 等[45]提出了受移动质量作用的 Timoshenko 梁有限元公式，并将计算结果与 Lee 所采用的假设模式方法得到的结果进行对比，发现两种方法的计算结果非常吻合。很多学者将移动质量在梁上移动的模型应用到了工程实践中。Lou 等[46]和 Cheng 等[47]建立了桥梁-轨道-车辆模型，分析了轨道结构响应下铁路桥的振动情况。上述文献中的模型只是研究了移动质量作用下简支梁的动态特性，或者是移动质量、运行速度、加速度等因素对简支梁的影响和移动质量的振动响应，并没有建立移动质量下包含着摆动质量的模型。

Dimitrovová[48]引入连续支撑和剪切弹簧构建铁路轨道双层模型，研究移动质量对轨道稳定性的影响，结果表明无阻尼时不稳定性始于临界速度，阻尼能将不稳定性限制在亚临界范围。Bello 等[49]分别建立吊运点质量负载和分布式质量负载模型，研究了不同绳长、载荷质量对吊钩和负载振荡动态特性的影响。Wu 等[50]建立分布式质量梁和变绳长的双摆起重机动力学模型，设计多种滑模控制器与自适应观测器相结合有效抑制负载的摆动。Yıldırım 等[51]考虑不同小车数量及多种工况，采用两种神经网络分别对主梁振动进行预测。结果表明径向基神经网络在不同工况下对系统振动建模和估计效果好、误差小、可靠性高。Hammed 等[52]和 Feng 等[53]建立欧拉-伯努利方程的方法研究起重机在移动力作用下固定梁和悬架的振动响应。Ghannadiasl 等[54]通过应用 Hamilton 原理和 Timoshenko 理论研究了在移动质量作用下不同边界条件的梁的横向挠度、动态放大系数以及最大动态挠度位置等特性。He[55]构建了简支 Euler-Bernoulli 梁模型，发现加速使挠度增大、减速使其减小，加速或减速工况下移动质量模型存在低估梁挠度的情况，匀速时两种模型梁响应相同。Abdelrahman 等[56]应用非局部应变梯度理论，研究穿孔纳米梁在移动质量/载荷作用下的自由振动和受迫振动特性。Khaloo 等[57]引入轴向力、质量惯性等多种因素，研究水平曲梁在移动质量激励下的响应，结果表明轴向力可以减弱受迫振动和自由振动阶段的响应振幅。Nguyen 等[58]将 Reddy 理论应用于功能梯度多孔梁在移动质量作用下的非线性分析，研究了三种孔隙分布模式对梁动力学特性的影响。Alimoradzadeh 等[59]运用有限应变理论结合 Galerkin 与多尺度法，研究梁在移动质量和温度突变作用下的非线性振动，明确了多因素对共振响应的作用。

国内学者在移动质量作用下梁的动态响应方面做了很多研究。谢伟平等[60]以移动荷载作用下的地基土为研究对象，分析在不同汽车模型作用下的地基位移的变化情况，并与其他模型对比证明计算结果的准确性。结果发现，能改变地基振动位移的主要因素为轨道结构的属性和汽车悬挂参数。彭献等[61]对移动荷载作用下简支梁的振动进行研究，分析运行速度产生的影响。在梁横向振动的分析中考虑移动载荷的牵连惯性力和加速度等因素，得到了荷载初速度和加速度对梁振动的影响规律，研究表明移动质量的初速度对梁的挠度有很大的影响。倪樵等[62]研究了质量块在加速运动状态下梁的振动响应，分析了加速度等参数对简支梁挠度的影响，研究表明质量块在匀速、加速运动时，梁的振动响应明显不同。盛国刚和赵冰[63]建立了移动质量-弹簧-阻尼耦合振动方程，对比静、动态作用下简支梁跨中挠度，分析简支梁在移动质量耦合作用下的临界速度。程保荣和周玉勋[64]将桥和汽车作为一个耦合系统研究其动力响应，结果表明，在汽车正常运行速度区间里，低速运行时桥的响应显著，在个别参数下汽车的动力放大系数比桥更突出。李克飞等[65]研究表明移动质量比等效移动载荷作用下的轨道振动影响效果更大，轨道振动响应谱主要受到质量的运行速度、自振频率等因素的影响。

也有些国内学者考虑了不同类型梁的特点分析其动力学响应。刘林超等[66]对服从分数导数 Kelvin-Viogt 本构关系的黏弹性梁振动问题进行了研究，利用拉格朗日变分法建立振动微分方程并求解，研究表明黏弹性梁的振动特性主要受到材料结构属性和微分算子的阶数等因素的影响。朱正佑等[67]构建了黏弹性铁摩辛柯梁的静、动力学数学模型，分析了其剪切效应和转动惯性对振动影响。研究表明分别考量剪切效应或转动惯性时，其影响与梁的细长比有关；但两者同时存在时，转动惯性的影响甚微。黄伟江等[68]提出了考虑阻尼的弹性梁动力学的相空间（挠度、动量）特殊哈密顿型变分原理，从而提出一些计算性能更好的高效辛算法。

上述文献中虽然对铸造起重机主梁动态特性或者吊重摆角作出了研究，但是并没有同时做出这两方面的研究，这些文献所建立的模型中只包含主梁、小车和吊重，并没有考虑到司机室的质量、位置和主梁结构阻尼等因素。在分析小车移动过程中系统的动态特性时，主梁的结构阻尼、司机室的质量、位置以及连接方式也会对主梁振动产生影响，司机室的振动时域响应可以用来分析司机操作过程中的人体振动情况，降低司机职业病发生的可能性。

1.3 振动暴露对人体健康的影响机制

人体舒适性研究主要方法是人体振动的测量和主观感受的评价，在很多领域都有广泛应用，例如汽车、航天、高速列车等。由于起重机的重量较大、缺乏悬架减振系统和轨道缺陷等因素的存在，操作过程中的机械振动不可避免[69]。起重机司机持续工作时间长，长期职业性接触全身振动（WBV）导致罹患腰椎疾病与神经系统疾病的风险显著提高[70]。起重机在设计过程中设计师主要考虑其金属结构和机构的可靠性，关注起重机的工作寿命和工作能力，而忽略机械振动对司机舒适性及健康的影响。

1.3.1 振动引起的人体疲劳损伤研究

较早的关于人体振动的研究是 1975 年 Kelsey 和 Hardy[71]提出的机动车对于

人体腰椎疾病的研究。继他们之后，很多人围绕这个课题进一步探讨机械冲击和振动对人体健康的影响。这些研究主要围绕振动环境对人的影响[72]和不同操作姿势对腰椎劳损带来的影响[73]，利用问卷调查进行对比分析，对每一个受访者所受到的 WBV 进行分别量化[74]，研究还发现操作人员长期乘坐简陋的司机室（处于振动环境中）会增加职业病的风险[75]。

19 世纪 90 年代，Bongers 等[76]通过对过去 10 年内从事起重机驾驶工作的操作人员进行随机访问，发现从事起重机操作工作 5 年以上的操作人员，罹患背部疾病的概率远高于对照组。其中，振动的工作环境、不良的驾驶姿势以及不可预期的恶劣天气是引起健康状况的主要原因。近年来，随着现代企业对操作工人的人文关怀，改进以起重机为首的建筑机械，使其能够有效地提高操作效率，已经成为一项重要课题。

不仅如此，起重机司机室暴露在高空悬梁上，司机进入司机室从开始工作到工作结束过程中，人体长期处于坐姿状态且几乎全程暴露在 WBV 环境中，操作人员罹患下腰痛（LBP）的可能性最大[77]。根据 Bovenzi[78]对超过 200 名处于类似工作环境的操作人员的调查，发现下腰痛的累计发病率为 38.6%，其中更是有 16.8%的人忍受着高强度的疼痛，14.4%的人诊断为重度残疾。由此可见，振动环境对人体产生的影响比较明显，已经使很多人产生了颈椎病、肩部疲劳损伤、腰椎疼痛等职业病，对身体危害极大。

Waters 等[75]对八个实验和九个暴露在机械冲击下的流行病进行研究，发现乘坐简陋的司机室并长期暴露在振动环境中的操作人员会增加下腰痛（LBP）的风险。由于近年来对职业病的关注日益加深，很多研究也开始关注振动环境的改善和评价。Brkić等[79]基于人体测量数据对起重机司机室尺寸和布局进行了重新设计。Griffin 等[80-81]通过改变坐姿的不同部位、分析引起不适的多轴振动、探讨多轴振动与座椅振动之间的关系，提出了一种评价人体振动舒适性的方法。

起重机操作员在长期暴露于 WBV 环境中，会导致肌肉疲劳加剧、肌肉骨骼系统受损及长期健康问题[82]。Munro 等[83]对 7 名起重机操作员实际操作过程监测，发现其上肢和躯干肌肉负荷高，作业全程需维持较大的躯干前屈角度。Hedegaard 等[84]对重型机械常用的五种转向输入设备进行研究，通过模拟驾驶实验收集多方面数据。发现操纵杆设备肌肉活动相对较低，但所有设备均超出健康建议阈值。Aggarwal 等[85]针对涡轮螺旋桨飞机客舱环境构建了人体舒适度线性模型，量化了噪声和振动对乘客总体不适的影响关系。Schneider 等[86]提出座椅一体化的动态刺激系统，结合多维度评估方法与实际驾驶场景，研究其在单调驾驶情境中的响应，发现该系统显著降低了 EEG 监测的 α 波主轴率这一关键疲劳指标。Lin 等[87]通过实验测量不同扶手支撑条件下的表观惯性，构建并分析三自由度集中参数模型，研究人体在侧倾振动下的生物动力学响应。结果表明，合适高度的扶手支撑可抑制人体侧倾响应，提升乘坐舒适性。Park 等[88]利用六自由度振动激励器模拟车辆振动通过表面肌电图（sEMG）分析振动前后肌肉的最大自主收缩力和中频变化，发现振动导致肌肉激活程度降低且疲劳感加剧。Wang 和 Guo[89]通过构建人体有限元模型，研究固定系统在振动环境下对融合腰椎的影响。振动对人体造成的损伤是起重机设计与分析中不可或缺的，振动所引起的驾驶员生物力学疲劳和损伤受到了学术界的普遍关注。

1.3.2 人体生物力学模型

人体生物力学研究最早可以追溯到 1918 年，Hamilton 调查振动对采石场工人身体健康影响，实验表明振动会对人体产生伤害。1987 年的调查表明，在美国有 1200 万工人身体状况受到工作中振动环境的影响[90]。关于振动对长期处于坐姿的工人健康的研究也反映出振动在某些情况下会使人体产生永久的损伤，下腰痛也是人体持续性暴露在振动环境下导致的[91]。因此在近些年的研究中人们开始对振动深入研究并试图营造一个更舒适的环境。在众多领域广泛应用的生物力学模型构建方面，学者们进行了深入的探讨。Akbari 和 Margolis[92]考虑到脊柱弯曲的几何特性，建立矢状面上的乘客生物力学模型，模拟了车辆振动对人体内部位移的影响。发现振动传递在 4.5 Hz 达到峰值，L4L5 和 L5S1 椎间盘区域的振动响应最强，与慢性下腰痛的高发区域一致。Toso 等[93]利用单自由度生物动力学模型，研究行人在垂直方向上的步态动力学特性及其对结构振动的影响。Kuang 等[94]提出了一个非线性多体动力学模型以捕捉坐姿人体的表观质量变化特性，研究了人体在垂直振动下的非线性生物动力学响应。Zhang 等[95]通过 AnyBody 建立拖拉机驾驶员与踏板生物力学耦合模型，并通过表面肌电验证了其可靠性。研究发现踏板旋转角度在 8°～17°可显著降低肌肉疲劳，提升操作舒适性。Mo 等[96]通过改进 OpenSim 神经肌肉人体模型结合神经反射控制策略，研究道路类型与行驶速度对腰椎损伤风险的综合影响，提出了联合考虑椎间关节压力与肌肉激活指标的评估方法。张松[97]基于 Opensim 下肢生物力学模型进行逆向运动学求解出驾驶员在操纵过程中人体的肌肉激活度。Liu 和 Qiu[98]构建背部与靠背相互作用的生物动力学模型，对 14 名男性进行实验测量不同靠背倾角下座面和靠背的视在质量，研究靠背倾角对人体在垂直振动下生物动力学响应的影响。李海岩等[99]基于中国男性 50th 百分位体征构建了损伤仿生模型，通过多组正面和侧面碰撞试验的仿真与验证，分析了与 WorldSID50th 模型对比该模型的运动学响应和生物力学特性。Meyer 等[100]通过尸体颈椎正面碰撞实验和有限元模型分析，研究不同速度颈椎节段载荷特性。Yadav 等[101]建立人体臀部有限元模型，对 20

名被试者进行坐压测试，研究不同泡沫材料下臀部的生物力学响应。

在生物力学模型构建过程中，为了从理论上尽可能准确地预测人体垂直、正面、侧面以及低振幅振动的生物力学响应[102-104]，而提出了几种人体坐姿下的生物力学模型。按照建立模型的技术类型将人体力学模型分为有限元模型、多体动力学模型和集中质量模型。

基于有限元理论的人体生物动力学模型能够精确地仿真多方向冲击载荷和振动激励下人体各部位的响应，有限元法可以将人体模型离散成多自由度的单元，单元离散化的数量、大小和形状可以依据计算的精度和计算机的性能进行控制[105-106]。因此，基于有限元的人体力学模型可以增加模型计算的精确度，但需要复杂的建模和计算时间。人体集中质量模型不仅可用于低速冲击下人体的分析，现在已经扩展到高速冲击领域的理论研究中，如汽车冲击、航天等。由于人体承受着多种复杂的载荷，因此很多模型在分析时受到了单项分析的限制[107]。人体有限元模型虽然准确性很高，但是很难将座椅的悬架系统相结合建立理论分析模型。而多体系统动力学模型相对而言比较简单，但是求解生物动力响应的计算精度很差。人体集中质量模型是通过线性或非线性的刚度和阻尼将人体的各部位连接，该方法比有限元模型和多体动力学模型简便[108-109]。集中参数模型可以建立一个集合参数的人体动力模型用来预测冲击载荷作用下人体动力学响应。

通常情况下人体生物力学研究的方法可以分为实验法和理论分析法。不同的研究目标、实验分析法所测量的材料和测试方法各不相同，在机械损伤的研究中所选取的材料通常为动物、尸体和仿制的人体模型等。Cesari 等[110]利用冲击实验测得了盆骨的最大断裂载荷并建立了盆骨损伤标准体系。Alem 等[111]为了研究人体的头部-颈-脊椎耦合结构的力学性能，通过对 19 具尸体进行轴向冲击实验，通过对数据的分析制定了损伤标准。Pintar 等[112]将六轴载荷传感器装入七具尸体的皮肤上，研究颈部和脊椎的生物动力学和结构上的响应。Bohman 等[113]对一系列第 50 百分位成年男子假体实施雪橇测试实验，调查正面碰撞过程中约束系统对颈部载荷的影响。Yoganandan 等[114]研究了在撞击情况下一具男性、四具女性尸体的生物力学响应，从而得出了枕髁所承受的力和力矩并对颈部损伤风险做了合理的评价。

人体是由骨骼、软组织（大脑、心脏等）和流体（血液、水等）组成，在低频率环境下，人体结构可以被描述成软组织和骨骼相结合质量-参数系统。为了预测人体坐姿生物力学响应，许多学者做了大量的实验，并建立了不同复杂程度的、通过弹簧和阻尼连接的多集中质量耦合线性和非线性质量-参数模型，对不同自由度人体模型进行的总结，见表 1.1。

表 1.1 人体坐姿质量–参数模型总结[115]

自由度	作者	特点	质量/kg		阻尼/(N·s·m^{-1})		刚度/(N·m^{-1})		模型示意图
四	Wan 和 Schimmels[116] (1995)	线性	m_4	4.17	c_4	250.0	k_4	134400	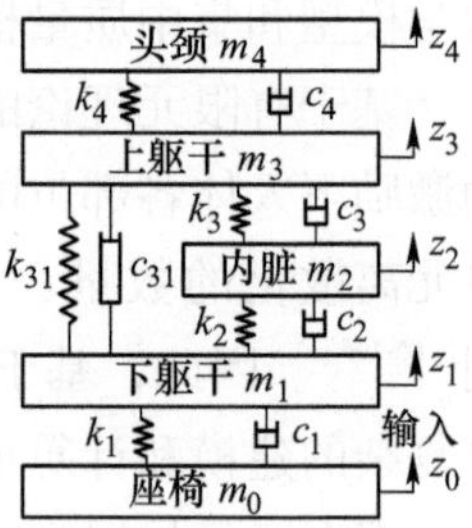
			m_3	15.00	c_3	200.0	k_3	10000	
					c_{31}	909.1	k_{31}	192000	
			m_2	5.5	c_2	330.0	k_2	20000	
			m_1	36.0	c_1	2475.0	k_1	49340	
四	Boileau 和 Rakheja[117] (1998)	线性	m_4	5.31	c_4	400.0	k_4	310000	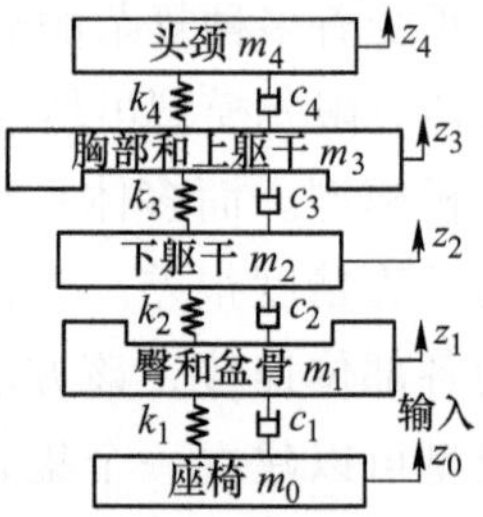
			m_3	28.49	c_3	4750.0	k_3	183000	
			m_2	8.62	c_2	4585.0	k_2	162800	
			m_1	12.78	c_1	2064.0	k_1	90000	
四	Liu 等[118] (1998)	非线性	m_4	5.5	c_4	210.96	k_4	202290	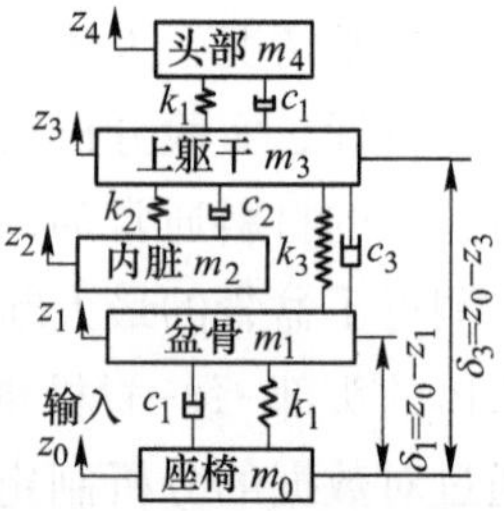
			m_3	21.8	c_3	0.22	k_3	—	
			m_2	6.8	c_2	138.77	k_2	2831.8	
			m_1	29.0	c_1	0.50	k_1	—	
六	Muksian 和 Nash[119] (1974)	非线性	m_7	5.450	c_7	3580.0	k_7	52600	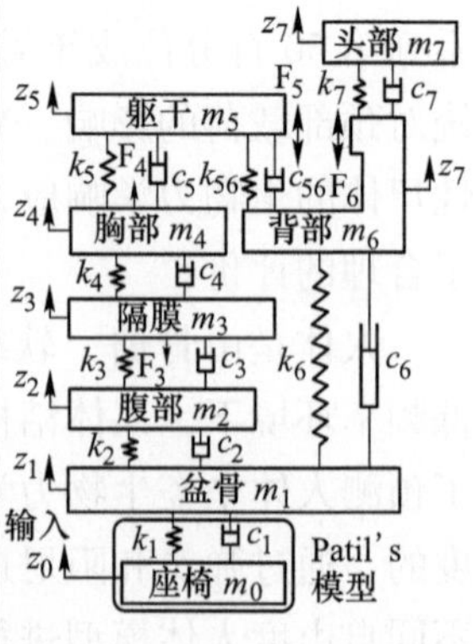
			m_6	6.820	c_6	3580.0	k_6	52600	
					c_{56}	3580.0	k_{56}	52600	
			m_5	32.762	c_5	292.0	k_5	877	
			m_4	1.362	c_4	292.0	k_4	877	
			m_3	0.455	c_3	292.0	k_3	877	
			m_2	5.921	c_2	292.0	k_2	877	
			m_1	27.230	c_1	—	k_1	—	
七	Patil 等[120] (1977)	非线性	m_1	27.230	c_1	371.0	k_1	25500	

在表 1.1 中，四自由度集中参数模型包括 Wan 和 Schimmels 提出的线性模型，它假设人体总质量为 60.67 kg，将坐姿模型分为了四个独立质量段，彼此之间通过五组弹簧和阻尼互相连接。Boileau 和 Rakheja 也提出了一个总质量为 55.2 kg 的四个质量段集中参数模型，不同之处在于该四个质量段连接中只有四组弹簧和阻尼。Liu 等基于动态拉伸实验，建立了由四个质量段组成和四组弹簧、阻尼相互连接的非线性人体模型，为了更真实地模拟人体结构，模型中假设：当相对位移大于零时，盆骨和座椅之间的连接是自由的。1974 年，Muksian 和 Nash 提出了人体六自由度振动生物力学模型，之后 Patil 等在该模型上为盆骨和座椅之间添加弹簧和阻尼并忽略所有内力，改进为七自由度非线性模型，得到的新模型被广泛应用于评估各种悬挂设计和座位对隔振效果的影响，因此本书中人体生物力学模型采用七自由度模型。

在人对振动暴露的耐受性的评估等动力学反应测量中，人体通常被当作测试对象。多年来，不同的研究人员所处的实验测试条件不同，如振动激励、姿势约束和实验对象等，导致测试结果产生了很大的差异性。因此，Boileau 等[121]通过对现有的数据集进行研究，定义了座位到头部传递能力（STH）、驱动点机械阻抗（DMP）和视在质量（AP），从而建立了合理的数据集，这些定义的不同生物力学函数可以反映出系统的本质特征，表 1.2 为不同自由度模型下人体生物力学响应总结。

表 1.2 人体坐姿质量-参数模型仿真结果总结

自由度	模型名	STH 传递		DPM 阻抗		AP 质量	
		峰值频率	拟合优度	峰值频率	拟合优度	峰值频率	拟合优度
一	Coermann 的模型	4.25	90.5	—	30.4	4.25	78.1
	Wei 的模型	4.25	81.4	6.25	80.9	4.25	76.0
二	Allen 的模型	5.50	83.7	8.75	55.9	4.5	83.2
	Muksian 的模型	5.25	90.8	6.00	50.8	5.5	70.4
	Wei 的模型	8.75	72.3	5.50	8.9	4.75	79.0
三	Sugg 的模型	3.50	89.2	13.75	67.1	3.25	86.4
四	Wan 的模型	4.00	91	7.20	80.1	3.70	86.8
	Boileau 的模型	4.70	76.8	5.50	80.1	4.60	86.7
	Liu 的模型	6.50	—	6.50	—	6.50	—
六	Muksian 的模型	3.75	89.4	—	39.4	76.7	3.75
	Linear 的模型	3.00	84	—	72.3	3.0	83.0
七	Patil 的模型	2.50	22	2.5	1.0	2.5	—
十一	Qassem 的模型	—	—	—	—	—	—
		2.00	20.7	2.25	1.0	2.0	—
		2.75	35.3	3.00	21.7	2.75	47.9
		2.50	35.7	2.75	18.3	2.5	34.3

1.3.3　舒适性评价方法

振动环境会对人体的舒适性和健康产生一定的影响，从人机工程的视角考虑，振动加速度对人体的影响程度可分为影响人的舒适性、影响人的正常工作和操作、影响人的生理健康[122]，其对应的加速度可作为量化评价指标。

在人体全身振动舒适性评价方面很多学者都做了深入的研究，Griffin 等[80]最早研究振动评价，并发表了该方向的系列论文和专著。Leatherwood 等[123]提出一种基于人因因素的设计工具，这种工具通过量化振动和噪声计量乘客在复杂环境中的舒适性。Wasserman 等[124]以不同类型的重型设备操作人员为参考对象，研究人体暴露在各种振动环境中的反应。基于这些研究，很多学者研究人体各部位振动和舒适性评价方法。Boileau 和 Rakheja[117]通过测量和分析垂直方向的生物力学响应，建立了垂直振动的人体模型。随后的几年里，学者们不断地调整人体振动模型，以便更精确地模拟人体在不同环境中的振动情况。2000 年，Mansfield 和 Lundström[125]通过人体质量指数预测暴露在振动环境中患职业病的概率。在此基础上，Demić等[126]提出了一种新的窄带随机振动评价方法，并得到 2.5 h、4 h 和 8 h 的振动舒适曲线。随后在 2009 年，Demić等[127]通过使用 electro-hydraulic 模拟器对 30 名健康男性乘客进行实验，实验发现：在随机激励的影响下，人体行为作为一个非线性系统而言，其响应在很大程度上依赖于空间位置。2020 年之后，李双博等[128]以连杆机构六铰点为变量优化直臂式高空作业车加速度，结果表明工作平台最大加速度减少 87.13%，提升了操作员的舒适性。Wang 等[129]建立塔-机有限元模型，通过 CFD 模拟与 ANSYS 计算风振引起塔吊的加速度响应及其对操作人员的舒适性影响。Chen 等[130]建立悬架非线性耦合动力学模型，以座椅导轨和簧上质心振动为优化对象，利用分层优化方法实现乘客舒适性、货物安全性及部件疲劳的综合优化，振动响应减少了 31.1%和 17.0%。Li 等[131]采用加速度频谱分析及加权评价方法，提出了调整起重机激励频率、降低激励强度以及采用隔振装置的减振措施。Zhou 和 Chen[132]建立车-桥耦合模型，研究在风激励作用随机交通流和多车环境对车辆驾驶舒适性的影响。Li 等[133]研究在实际道路驾驶中驾驶时长对座椅舒适性的影响，构建了压力分布与舒适性之间的映射关系，发现腰部和背部区域的压力分布随时间呈现非均匀化趋势。Du 等[134]采用分割与重采样数据增强方法扩充数据集，综合考虑振动信号的时间序列与频率特性，显著提升了舒适性评估的准确性。Shin 等[135]利用皮肤温度、心率变异性、脑电波分析方法，研究司机在不同座椅冷却模式下的热舒适性。

随着振动评价研究趋于系统化，学者们开始人机系统振动的优化。Bouazara 和 Richard[136]在 2001 年建立了一个数学模型，通过对主动和半主动悬架的优化，达到提高三维车辆乘坐舒适性的效果。2006 年[137]利用非线性模型对座椅的悬架结构进行动态优化设计，通过 ISO 2631-1:1997/Amd. 1:2010 验证人体舒适性，并将人体振动舒适性提高了 20%~30%。2007 年，Gündoğdu[138] 用遗传算法优化了一个四自由度汽车座椅和悬架结构模型。2010 年，Nariman-Zadeh 等[139] 运用一种新的多目标均匀分集遗传算法（MUGA）优化了一个五自由度的整车振动模型。Yang 等[140] 依据整车的动力学分析和仿真软件，提出了一种用以评估和改进乘坐舒适性的系统方法。同时，还引入了烦恼率的概念，使得主观感受与客观评价之间建立定量关系，并对乘坐舒适性、安全性进行优化设计。

人感受到结构振动时间的长短决定了人体的舒适感，振动舒适度情况是通过振动加速度水平是否超过震感阈值来界定。震感阈值的确定主要取决于振动性质、持续振动时间、工作的性质等因素。ISO 标准、英国的 BS 标准和德国的 DIN、VDI 标准都给定了震感阈值和对应时间下的加速度大小。基于心理学的一些概念，许多学者或机构对人体振动舒适度进行了实验测量和主观评价，将人体的主观感受通过“无不适”“有一点不适”“很不舒适”和“极不舒适”等描述人体不舒适程度。这些研究结果并不统一，分别适用于人体所处的不同环境。表 1.3 中总结了通过实验测定人体加速度峰值而进行舒适性评价的相关研究。

表 1.3 人体振动实验加速度峰值评价方法

研究人员	主观评价描述	振动加速度标准
Jacklin 和 Liddell(1933)[141]	可以感觉到	0.003(g) 峰值
	有干扰	0.3(g) 峰值
	不舒服	0.8(g) 峰值
Lippert(1947)[142]	感觉不到	<0.002(g) 峰值
	勉强感觉到	0.002(g) 峰值
	明显感觉到	0.009(g) 峰值
	略为不满	0.025(g) 峰值
	不满	0.08(g) 峰值
	非常不满	0.25(g) 峰值
Goldman(1948)[143]	感觉阈值	0.006(g) 峰值
	烦恼阈值	0.1(g) 峰值
	忍受极限	0.4(g) 峰值
Dieckmann(1955)[144]	感觉阈值	0.003(g) 峰值
	有感觉	0.03(g) 峰值
	感觉不舒适	0.3(g) 峰值
Chang (1973)[145]	感觉不到	$<0.05(m/s^2)$ 峰值
	可以感觉到	$0.05\sim0.15(m/s^2)$ 峰值
	感觉烦恼	$0.15\sim0.5(m/s^2)$ 峰值
	非常烦恼	$0.5\sim1.5(m/s^2)$ 峰值
	无法忍受	$>1.5(m/s^2)$ 峰值

注：峰值为振动加速度的最大值。

环境振动的研究中主要包括低频振动和高频振动。根据国际标准中的定义，低频振动的频率在1 Hz以下，高频振动的频率通常为1~80 Hz。通常情况下，低频振动的特点是位移响应大。因此，分析环境振动对人体舒适度影响时，通常只考察频率在1~80 Hz的振动。高频振动和低频振动对人体健康状况的影响并不一样，现有低频振动评价标准包括ISO 6897[146]和BS 6611[147]等，而高频振动评价标准包括ISO 2631-2[148]和BS 6472[149]等。在现有的文献中许多学者和标准通过加速度均方根对人体振动舒适性进行评价，见表1.4。

表1.4　人体振动实验加速度均方根评价方法

研究人员	主观评价描述方法	振动级别标准
Oborne(1974)[150]	很舒服	<0.23(m/s^2)RMS
	舒服	0.23~0.5(m/s^2)RMS
	不舒服阈值	0.5~1.2(m/s^2)RMS
	不舒服	1.2~2.3(m/s^2)RMS
	非常不舒服	>2.3(m/s^2)RMS
DIN 4150(1999)[151]	没感觉	<0.0028(m/s^2)RMS
	恰有感觉	0.0089(m/s^2)RMS
	可以感觉到	0.0283(m/s^2)RMS
	感觉强烈	0.2826(m/s^2)RMS
	无法忍受	28.26(m/s^2)RMS
VDI 2057(2002)[152]	感觉不到	<0.0036(m/s^2)RMS
	恰有感觉	0.0036~0.0143(m/s^2)RMS
	容易感觉到	0.0143~0.0571(m/s^2)RMS
	感觉强烈	0.0571~0.225(m/s^2)RMS
	感觉非常强烈	0.225~3.5714(m/s^2)RMS
BS 6841(1987)[153]	察觉不到	0.005~0.01(m/s^2)RMS
	可以察觉	0.01~0.02(m/s^2)RMS
	清晰察觉	0.02~0.04(m/s^2)RMS
	很清晰察觉	0.04~0.8(m/s^2)RMS
	震感强烈	0.08~0.16(m/s^2)RMS
	非常强烈震撼	0.16~0.315(m/s^2)RMS
ISO 2631-1:1997/Amd. 1:2010	无不舒服	<0.315(m/s^2)RMS
	有点不舒服	0.315~0.63(m/s^2)RMS
	较不舒服	0.5~1.0(m/s^2)RMS
	不舒服	0.8~1.6(m/s^2)RMS
	很不舒服	1.25~2.5(m/s^2)RMS
	极不舒服	>2.0(m/s^2)RMS

注：RMS为计权加速度均方根。

ISO 2631-1:1997/Amd. 1:2010[154]是国际上通用的评价人体振动舒适性的标准。许多学者通过 ISO 2631-1:1997/Amd. 1:2010 评价人体振动舒适性[155-158]，但是该标准还存在着不能定量分析人体舒适性的缺点。因此，本书提出了烦恼率模型量化人体的舒适性评价。

起重机运行过程中以竖直方向的振动为主，很多文献也提出了通过定量计算完成人体振动不舒适性评价，Caballero-Bruno 等[159]对 40 名被试者进行 90 min 动态测试，采用主观与客观相结合评估的方法，评估自动驾驶车辆中座椅倾斜角度对乘客睡眠质量、舒适性和压力分布的影响。宋志刚[160]最早提出了通过烦恼率的思想定量评价高层建筑风振激励引起的人体振动舒适性和波浪作用下海洋平台结构振动舒适度。法永生等和冯鹏等[161-162]基于人通过桥时的振动定量评价指标，提出桥的两方向耦合振动时的综合评价方法，计算在随机荷载激励的作用下人体振动时程响应并评价其舒适性，最后提出了可行的减振措施并预测减振效果。文献[163]-[166]针对汽车运行过程中发动机产生周期性激励和道路产生随机激励对人体振动舒适性的影响等问题提出了一种定量评价方法。近些年烦恼率的评价方法不仅在工程机械司机室[167-169]振动分析中得到了广泛的应用，而且为了更好地提高高铁乘坐的舒适性，烦恼率的评价指标也成了高铁性能分析研究中的重要课题[170-173]。除此之外烦恼率也在声学中得到应用[174-176]，对声音引起的人体的主观感受定量评价。虽然烦恼率定量评价的思想在很多领域都得到了广泛的应用，但是在起重机设备的分析和研究中，设计师往往注重的是结构的安全性和可靠性，设计过程中很少考虑到人体振动的舒适性，因此本书提出了通过烦恼率的思想来定量评价人体振动的舒适性，真正地从人-机-环境系统的角度分析问题。

1.4 环境耦合作用下的系统响应

1.4.1 轨道缺陷

由于地基的沉陷等原因，很多地区的起重机轨道出现了较大的高低缺陷，同时轨道在安装过程中也存在着一定的安装误差，基于某铸造起重机由于轨道缺陷引起故障的事实，有必要分析在起重机大车运行过程中轨道缺陷对设备的影响。很多学者也对起重机轨道进行了深入的研究。

Euler 等[177]研究发现，起重机轨道受到由冶金缺口和集中载荷二者引起的复杂多轴应力作用，二者应力分量的幅值不会同时出现，而是相互交替作用导致裂纹产生，研究表明二次裂纹出现的位置与初始缺口无关。Caglayan 等[178]通过在十五天内间歇性实地收集测量铸造起重机轨道梁应力变化数据，精确校准了现有有限元模型，发现腹板加强筋与上法兰的连接位置容易受到疲劳损伤。Rettenmeier等[179]对起重机轨道钢轨梁的疲劳性能进行了评估，提出了疲劳评估程序并评估起重机车轮载荷引起的多轴应力状态和焊接残余应力对起重机轨道梁寿命的影响。研究表明循环行驶轮载荷和局部应力集中可以预期焊缝凹口局部塑性变形。因而，起重机轨道的疲劳强度主要受焊缝几何形状（包括尖锐的焊缝）的影响，焊接残余应力的影响可以忽略不计。

Fidrovska等[180]运用电应变测量法，研究了桥式起重机通过轨道接头时的动态冲击负载，在不同小车位置下测量起重机端梁受力，确定了相应动载系数，结果表明动态放大因子随小车位置从桥梁中部向极端位置移动而逐渐增大。Euler[181]分析不同加载方式下起重机轨道梁结构中焊接节点的疲劳性能，通过循环试验模拟实际工况，研究发现非比例多轴疲劳加速了焊缝裂纹扩展。Gadallah等[182]研究了低碳钢构件疲劳裂纹扩展行为特性，结果表明增加焊接热输入和平均应力会缩短钢构件疲劳寿命。Hectors等[183]研究起重机轨道梁在复杂循环荷载下的疲劳寿命评估问题，发现底部法兰盖板端是关键疲劳部位，裂纹形状和初始尺寸对疲劳寿命影响显著。Hu等[184]针对港口起重机小车轨道紧固螺栓频繁失效的问题，发现轨道不平整、垫板磨损等导致螺栓偏心受载和承受过大冲击引起动态冲击载荷，导致螺栓疲劳失效。梁岗等[185]运用四次贝塞尔曲线和全局优化算法研究起重机转弯非圆轨道优化，提出最小化偏差量的内轨优化方案。Tang等[186]针对煤矿单轨吊轨道人工检测的不足，设计了模块化可分离的检测机器人，结合超声波测距、机器视觉和RFID技术，实现对轨道错位、弯曲缺陷的检测与定位。Ćmielewski等[187]提出了使用无人机在不同高度摄影测定起重机轨道几何参数的方法，大幅提高测量效率并降低成本。Kulka等[188]通过应变片测量分析，研究了起重机轮轨之间几何偏差和水平力导致的磨损机理，并提出润滑系统和在线纠偏系统的改进方案。

张迎新等[189]建立起重机轮轨相互作用的接触力学模型，分析在紧急制动或车轮卡死工况下起重机的运行状况，研究表明起重机频繁运行时，轮轨之间的摩擦因数并不是定值，起重机运行速度也会对轮轨接触面的温度产生影响。刘绍武[190]使用非线性有限元方法对轮轨关系进行全面的研究并对轮轨系统进行了三维弹性分析和弹塑性分析，得出了载荷和应力的关系曲线。乔勇[191]针对传统起重机大车运行机构设计的不足问题，利用有限元软件ALGOR分析大车运行机构的强度，研究表明起重机大车运行机构在工作过程中会产生较大的载荷变化，尤其是起重机的运行惯性载荷以及风载荷。董杰等[192-193]研究表明起重机车轮运动过程中，轮轨之间的接触斑形态不断变化、最大复合应力比静态时大，而渗透深度比静态时小，在竖直方向的应力变化梯度大。刘萍[194]研究表明材料发生塑性变形后，轨道的塑性区域比车轮大，因此轨道工作面比车轮踏面更容易发生疲劳破坏，同时轮轨间的接触区面积对桥架结构存在一定的影响，通过轮轨间接触模拟而将轮压简化为面载荷，从而使结果更精确。禹昭[195]分析起重机车轮与轨道的相互作用发现，靠近轮轨接触斑区域的应力大、钢轨部分的应力比车轮大，摩擦系数对轮轨接触应力会产生影响。因此，钢轨的顶部比车轮的踏面更易于出现疲劳损伤的状况。耿广辉等[196]研究发现桥式起重机通常处于温差较大的使用环境中，钢结构受热膨胀系数大导致轨道膨胀或弯曲，同时受轨道接口处的加工间隙影响，易产生安全隐患。

1.4.2　高温环境

高温环境下金属的材料力学性能会发生很多改变，对铸造起重机设备而言可能直接影响结构使用寿命和设备安全性能，因此很多学者在金属材料的力学性能方面做出了很多研究成果。国内高校对高温作用下钢材（钢筋）的力学性能也开展了理论与实验研究[197-199]。Kirby 等[200]对处在高温环境下不同载荷作用的试件进行实验测试，记录了一系列试件的应变-温度曲线，对比分析实验结果得到在不同温度下钢材的应力-应变曲线，从而得到了钢材弹性模量与温度之间的关系。陆洲导等[201]基于混凝土高温下仿真结果和本构关系实验，根据不稳定热传导理论和非线性直接刚度法，通过非线性有限元法分析钢筋混凝土框架在高温作用下的反应和结构变化，最后通过实验结果验证理论分析的正确性。

章勤奋等[202]分析温度载荷对桥式起重机疲劳失效原因。国内高校对高温作用下钢材（钢筋）的力学性能也开展了理论与实验研究[203-205]。

Cho 等[206]研究高温环境对短跨混凝土桥梁模态特性的影响，结果表明温度显著影响混凝土弹性模量，温度升高会降低桥梁的固有频率。Zhao 和 Jin[207]研究高温环境对冶金起重机梁模态形状和固有频率的影响，结果表明温度对振动模态形状影响较小，但对流温度升高会增大梁固有频率。刘才玮等[208]设计 12 根钢筋混凝土梁进行火灾与静载试验，分析不同保护层厚度、受火时间及冷却方式对梁力学性能的影响。Zhao 等[209]分析了升温温度、受热时间和加热侧面数量对梁的残余承载能力、挠度和裂纹分布的影响，并提出了基于等效截面简化法和材料简化法的残余承载能力计算方法。周云等[210]研究了加热温度对 600 MPa 级高强钢筋组织和力学性能的影响，发现加热温度在 1200～1250 ℃时可获得较优的强度与延展性匹配。Luo 等[211]研究了高强度 Q960 钢板梁在经历高温作用后的抗补丁荷载性能，分析高温对钢板梁残余承载能力、变形行为和失效模式的影响，修正了现有设计规范中的强度折减系数公式。

吕彤光等[212]通过实验分析在不同温度下建筑钢筋的强度和变形，包括各等级钢筋在 20~800 ℃时的强度、应力-应变曲线、弹性模量和应力下的变形以及短期徐变等，研究表明 5 种等级钢筋的强度均随着温度增加而不断地下降；高温情况下钢筋的短期徐变比常温大，且在较高温度和较高应力作用下出现不稳定趋势。谭巍[213]建立钢结构建筑中最常用到的 Q235 钢的屈服强度、极限强度、弹性模量和极限应变随温度变化的理论模型，并与实验值对比验证。姚亚雄和朱伯龙[214]参照国际标准通过实验分析钢筋混凝土框架在正常工作状态下的性能，完成常温、600 ℃、800 ℃以及单跨和双跨加热等状态下的火灾模拟实验，研究揭示了温度越高，结构的变形和开裂就越严重、热膨胀的影响也越显著的实验结论。

1.5 以往研究的局限性

通过对上述文献的阅读和分析，现有的起重机动力学系统研究方面还存在以下不足。

（1）现有起重机动力学分析主要从吊重的起升和突然停止等方面进行研究，也有些文献在动力学分析中考虑到了冲击系数，但是鲜有考虑轨道缺陷对起重机大车运行过程产生的冲击作用，也缺乏分析起重机冲击系数的轨道缺陷模型和计算方法。

（2）起重机轨道缺陷引起的机械振动环境会增加司机产生职业病的危险，但是在起重机的设计过程中鲜有考虑到人体振动舒适性，现有的文献中也没有建立基于司机-起重机-轨道系统的动力学模型，更缺乏在动态优化过程中人体振动舒适性的考虑。

（3）人体各部位对振动的敏感度各不相同，现有的文献中鲜有将人体各部位与起重机振动系统相结合的模型和分析方法。

（4）虽然很多学者都研究了移动质量对主梁动态特性的影响，但这些研究主要针对汽车过桥等移动速度较快且移动质量可以离开简支梁的情形，由于起重机结构和小车运行模式均有其自身的特点，文献中普遍缺乏考量考虑小车运行过程中司机室的安装位置和安装方式对主梁动态特性的影响。

（5）高温环境对钢材力学性能影响方面的研究在起重机结构动态特性分析

中鲜有应用，由于铸造起重机长期处于高温工作环境，但铸造起重机动态特性分析中缺乏高温环境对起重机影响的考量。

1.6 研究框架与技术路线

为了研究大、小车在运行过程中起重机振动系统的动态特性、轨道缺陷在大车运行过程中对大车和人体产生的冲击影响以及高温环境对起重机结构动态特性影响等关键问题，本书以某企业生产的 100/40 t-28. 5 m 起重机为研究对象，通过理论、计算、实验三方面对起重机系统的动态特性深入研究。本书的技术路线如图 1. 1 所示，本书的主要内容安排如下。

(1) 第 1 章：铸造起重机系统动力学与人体振动舒适性。介绍了本书的主要研究背景、意义以及课题的来源，并从人、起重机和环境（轨道缺陷和高温）三个方面系统地介绍起重机系统动力学的研究现状及机械设备运行中振动对人体健康的影响以及人体舒适性评价方法，指出以往研究工作的不足之处并对本书的研究内容和章节布局进行统筹规划。

(2) 第 2 章：机械系统动力学建模与分析理论。介绍了本书应用的机械系统动力学建模理论和系统振动分析的两种方法，即动力学有限元法和集中参数法。阐述了集中参数法建模所涉及的狄拉克函数和拉格朗日方程的基本原理和基于 Lagrange 和 Hamilton 体系下非线性多自由度振动系统振动方程的两种数值解法。最后介绍了频域分析法的基本原理。本章为第 3、4、5、6 章的理论建模、求解和分析提供了理论基础。

(3) 第 3 章：轨道缺陷模型及运行冲击系数理论。首先建立起重机轨道高低缺陷和间隙缺陷的物理模型并通过余弦函数模拟轨道缺陷激励，基于单自由度振动系统模型分别推导出两种缺陷下大车运行过程中所产生的冲击系数的表达式，并对比现有文献结果和实验测试结果证明理论的可行性；其次以推导结果为基础，分析两种缺陷情况下运行速度和轨道缺陷大小对运行冲击系数的影响，并在 MATLAB 中绘制出三维曲面关系。分析两种缺陷发生耦合作用的条件和车轮组与轨道缺陷发生冲击的顺序，为第 4 章起重机三维振动系统动力学分析与优化提供理论支撑。最后，建立 100/40 t-28. 5 m 铸造起重机有限元模型，分析在满载工况下金属结构的最大应力，将本章理论求解的运行冲击系数应用到有限元模型中，计算在最大冲击载荷作用下的金属结构最大应力值，并与实验测试结果进行对比证明本书理论推导的运行冲击系数结果正确性。

(4) 第 4 章：司机-起重机-轨道系统动态建模与优化。为提高司机的舒适性，从起重机结构参数优化的角度进行分析研究，构建司机-起重机-轨道系统的

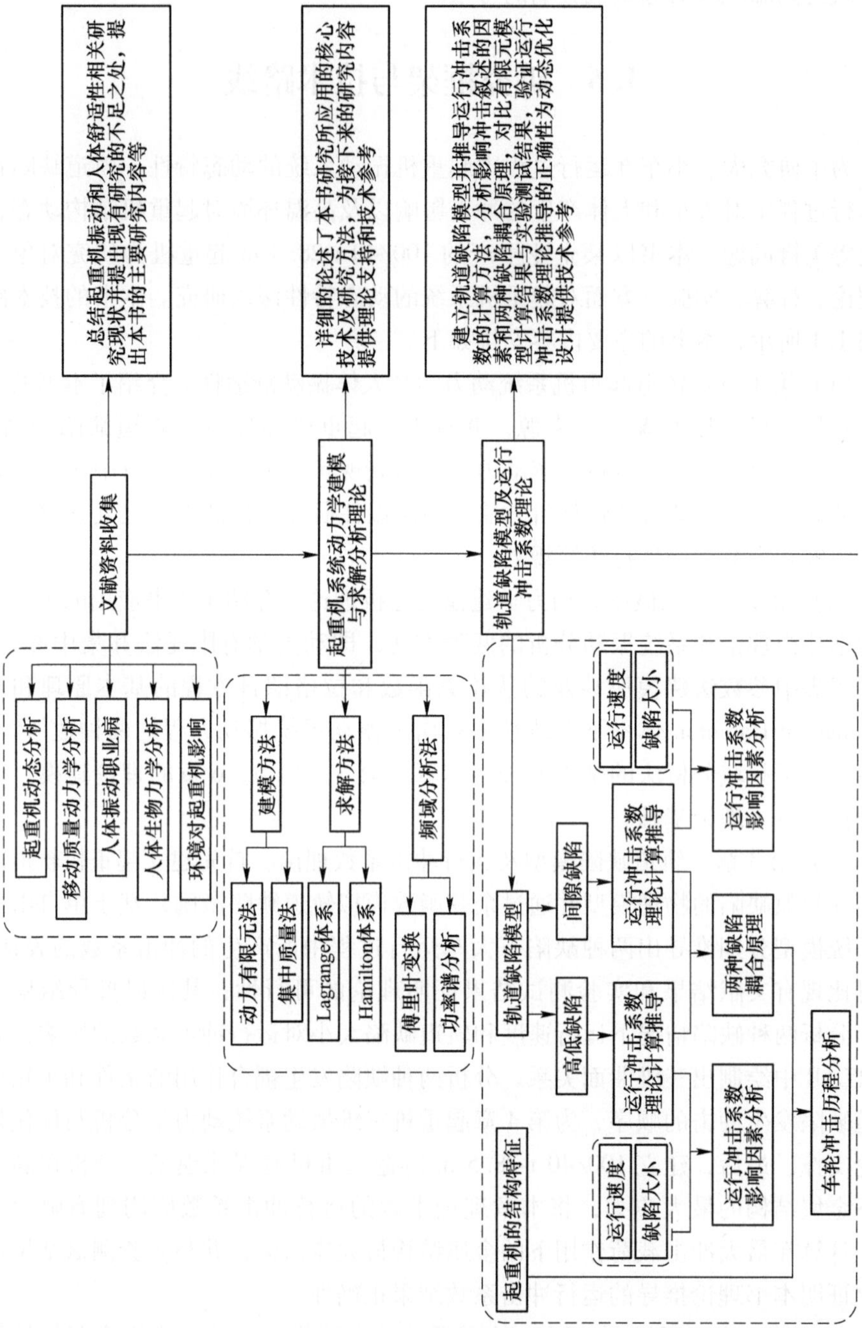
文献资料收集
起重机动态分析
移动质量动力学分析
人体振动职业病
人体生物力学分析
环境对起重机影响
总结起重机振动和人体舒适性相关研究现状并提出现有研究的不足之处，提出本书的主要研究内容等
起重机系统动力学建模与求解分析理论
建模方法
求解方法
频域分析法
动力有限元法
集中质量法
Lagrange体系
Hamilton体系
傅里叶变换
功率谱分析
详细的论述了本书研究所应用的核心技术及研究方法，为接下来的研究内容提供理论支持和技术参考
轨道缺陷模型及运行冲击系数理论
建立轨道缺陷模型并推导运行冲击系数的计算方法，分析影响冲击叙述的因素和两种缺陷耦合原理，对比有限元模型计算结果与实验测试结果，验证运行冲击系数理论推导的正确性为动态优化设计提供技术参考
轨道缺陷模型
间隙缺陷
高低缺陷
运行冲击系数理论计算推导
运行冲击系数理论计算推导
运行速度
缺陷大小
运行速度
缺陷大小
运行冲击系数影响因素分析
两种缺陷耦合原理
运行冲击系数影响因素分析
车轮冲击历程分析
起重机的结构特征

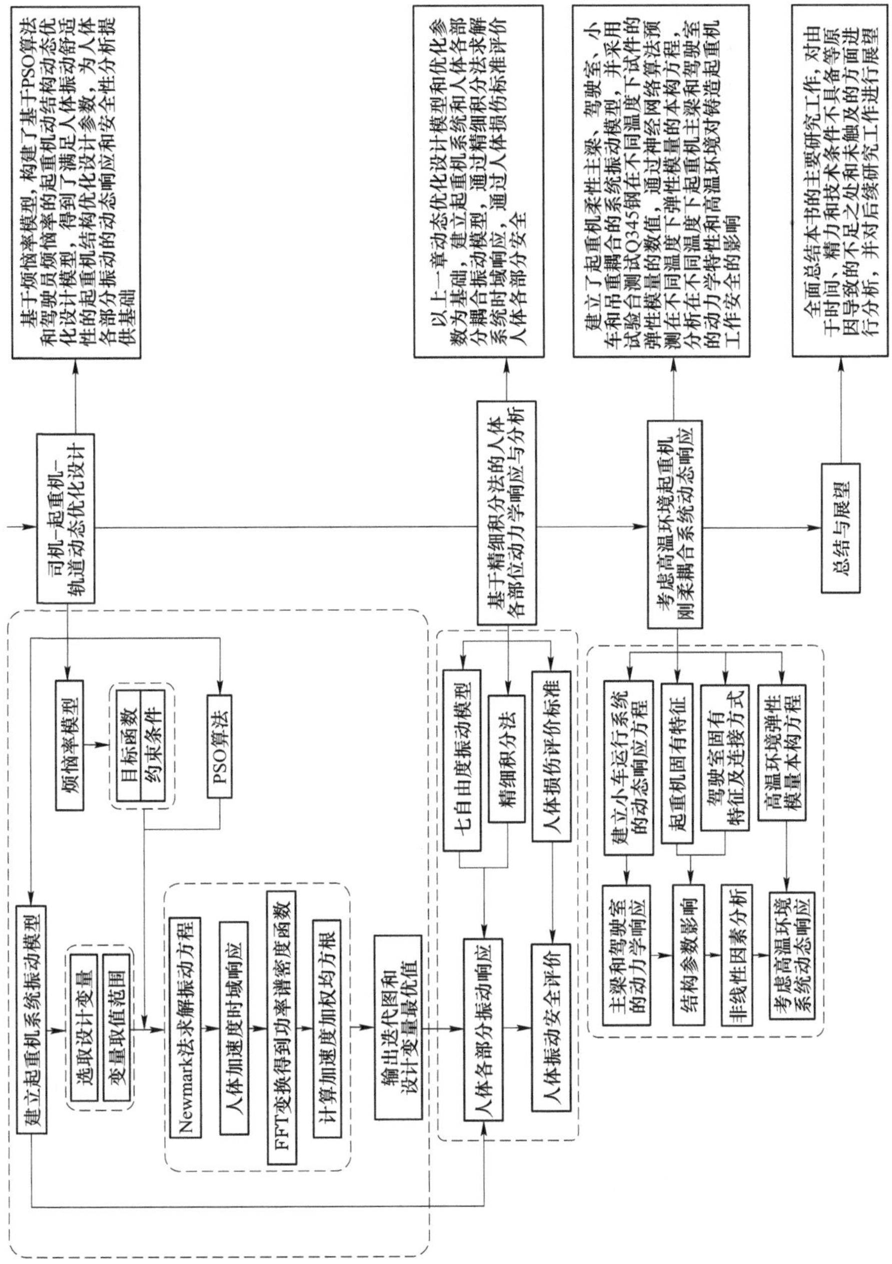
建立起重机系统振动模型
选取设计变量
变量取值范围
烦恼率模型
目标函数
约束条件
PSO算法
Newmark法求解振动方程
人体加速度时域响应
FFT变换得到功率谱密度函数
计算加速度加权均方根
输出迭代图和设计变量最优值
司机–起重机–轨道动态优化设计
基于烦恼率模型，构建了基于PSO算法和驾驶员烦恼率的起重机动结构动态优化设计模型，得到了满足人体振动舒适性的起重机结构优化设计参数，为人体各部分振动的动态响应和安全性分析提供基础
七自由度振动模型
精细积分法
人体损伤评价标准
人体各部分振动响应
人体振动安全评价
基于精细积分法的人体各部位动力学响应与分析
以上一章动态优化设计模型和优化参数为基础，建立起重机系统和人体各部分耦合振动模型，通过精细积分法求解系统时域响应，通过人体损伤标准评价人体各部分安全
建立小车运行系统的动态响应方程
起重机固有特征
驾驶室固有特征及连接方式
高温环境弹性模量本构方程
主梁和驾驶室的动力学响应
结构参数影响
非线性因素分析
考虑高温环境系统动态响应
考虑高温环境起重机刚柔耦合系统动态响应
建立了起重机柔性主梁、驾驶室、小车和吊重耦合的系统振动模型，并采用试验台测试Q345钢在不同温度下试件的弹性模量的数值，通过神经网络算法预测在不同温度下弹性模量的本构方程，分析在不同温度下起重机主梁和驾驶室的动力学特性和高温环境对铸造起重机工作安全的影响
总结与展望
全面总结本书的主要研究工作，对由于时间、精力和技术条件不具备等原因导致的不足之处和未触及的方面进行分析，并对后续研究工作进行展望

图 1.1 技术路线

九自由度数学模型及烦恼率模型，提出基于该系统动力学模型和烦恼率的起重机动态优化设计方法。以起重机结构参数为基础，利用 Newmark 法求解司机-起重机-轨道系统的九自由度数学模型，得到人体振动加速度时域响应，结合快速傅里叶变换（FFT）获取人体振动加速度的功率谱密度（PSD），并计算人体振动加速度均方根。以 ISO 2631-1：1997/Amd. 1：2010 为理论指导，构建司机的烦恼率模型，给出烦恼率的量化结果。以起重机结构参数为基本变量，以司机烦恼率模型为目标函数，以起重机各部件的加速度幅值及位移幅值为约束条件，采用 PSO 算法得到满足司机舒适性指标的起重机结构参数的优化结果。将上述模型及方法应用到 100/40 t-28. 5 m 铸造起重机结构参数优化中，为第 5 章中司机各部位振动响应求解提供理论模型和基本参数。

（5）第 5 章：基于精细积分法的人体各部位动力学响应与分析。为了分析轨道缺陷作用下人体各部位振动舒适性等问题，提出了符合人体结构特点的七自由度振动模型，并将该模型与起重机-轨道模型进行耦合分析。建立了耦合模型的运动方程，并通过精细积分法计算求解方程的数值解。以第 4 章的 100/40 t-28. 5 m 铸造起重机优化设计参数为基础，计算得到人体各部位振动加速度响应，结合各部位的疲劳损伤标准评价各部位振动的舒适性和安全性。最后分析不同座椅参数下头部和盆骨的在振动过程中所承受的最大载荷和人体非线性因素对各部位振动的影响。

（6）第 6 章：考虑高温环境的起重机刚柔耦合系统动态响应。起重机主梁的结构振动使结构产生疲劳损伤并影响司机的舒适性，吊重摆动对精确定位产生影响，尤其是铸造起重机中直接影响生产安全。为了研究小车运行过程中系统参数对起重机主梁振动和吊重摆角的影响。基于主梁、小车、吊重及司机室组成的系统，考虑吊重摆动和司机室振动等因素，建立了小车在柔性主梁上运动的刚柔耦合动力学模型，并通过拉格朗日方程能量法求得系统振动的非线性微分方程组。采用直接积分法求解非线性振动系统，得到了柔性主梁、吊重摆角及司机室振动的时域响应，分析小车运行速度、吊重质量、司机室重量和位置等参数对主梁振动和吊重摆角的影响。分析系统振动方程中的非线性因素和几何非线性因素对起重机主梁和司机室振动的影响。以实验测得 Q355 钢 20 ℃、300 ℃、400 ℃、500 ℃和 600 ℃下弹性模量的值为基础，通过神经网络算法预测弹性模量与温度之间的关系并构建本构方程，并分析在高温环境作用下小车运行过程中刚柔耦合系统的动力学响应。

（7）第 7 章：理论突破与研究展望。全面总结本书的主要研究工作，对时间、精力以及技术条件不具备等原因导致的本书研究的不足之处和未触及的方面进行分析，并对后续的研究工作进行展望。

2 机械系统动力学建模与分析理论

2.1 引　　言

机械结构动态特性的分析方法有理论建模及分析、实验测试及分析以及两种方法的结合[215]。所谓理论建模及分析方法是以结构动力学作为理论基础，结合设备或结构特点和其他资料等建立能模拟机械结构动态特性的系统模型，研究过程并不依赖实际设备[216]。动力学模型不仅可以有效地计算出系统部件的动力学特性，从而验证现有设备的动力学特性是否满足设计要求、对现有设计是否需要做出修改或优化，还可以作为计算机仿真建模的基础，实现结构设计优化前后动态特性的对比和结构的动态优化设计。机械结构设计方案实施前可以建立其动力学模型，通过计算机建模和分析对现有方案进行评估和优化，不断修改可以得到最优化的设计方案，该设计方法不仅可以得到最优化的结构设计方案，而且提高了设计效率、降低了设计成本[217]。这是理论建模及分析方法最大的优点。

理论建模及分析方法应用的最大难点在于建立一个能够完全模拟结构动力学特性的模型。机械结构在不同工况下边界条件处理很难与实际情况完全一致，等效结构参数也很难得到一个准确值，再加上模型简化带来的一些误差。因此，提高动力学模型的模拟精度，满足工程设计需求是机械结构动态特性理论建模的核心问题。机械结构动力学的建模方法可分为动力学问题的有限单元法、集中参数法和传递矩阵法，其中传递矩阵法也是集中参数法的一种。

2.2 动力学问题有限元法

机械结构在工作过程中所承受的动载荷通常随时间变化，当动载荷随时间变化较大时，机械结构振动会变得强烈。因此在结构分析时不能仅仅按照静力学问题来分析结构的位移、应力和应变，还需要依据弹性动力学理论考虑到结构惯性和阻尼特性。三维弹性动力学基本方程见式（2.1）。

$$\left.\begin{aligned}\frac{\partial\sigma_x}{\partial x}+\frac{\partial\tau_{yx}}{\partial y}+\frac{\partial\tau_{zx}}{\partial z}+p_x=\rho\frac{\partial^2u}{\partial t^2}+c\frac{\partial u}{\partial t}\\ \frac{\partial\sigma_y}{\partial y}+\frac{\partial\tau_{xy}}{\partial x}+\frac{\partial\tau_{zy}}{\partial z}+p_y=\rho\frac{\partial^2v}{\partial t^2}+c\frac{\partial v}{\partial t}\\ \frac{\partial\sigma_z}{\partial z}+\frac{\partial\tau_{xz}}{\partial x}+\frac{\partial\tau_{yz}}{\partial y}+p_z=\rho\frac{\partial^2w}{\partial t^2}+c\frac{\partial w}{\partial t}\end{aligned}\right\}\tag{2.1}$$

式中　ρ——物体密度；

c——阻尼系数；

$\frac{\partial^2u}{\partial t^2}$，$\frac{\partial^2v}{\partial t^2}$，$\frac{\partial^2w}{\partial t^2}$——加速度在三个坐标轴上的分量；

$\frac{\partial u}{\partial t}$，$\frac{\partial v}{\partial t}$，$\frac{\partial w}{\partial t}$——速度在三个坐标轴上的分量；

$\rho\frac{\partial^2w}{\partial t^2}$，$c\frac{\partial w}{\partial t}$——惯性力和阻尼力。

由于机械结构和边界条件的复杂性，很难求得式（2.1）的解析解，为了满足工程设计与分析需求，许多学者提出了从物理近似和数学近似两个方面来求解方程的数值解，其中，能量变分原理是求解动力学问题有限元法最有效的方法。

在动力有限元分析中，由于具有时间变量 t，所有求解问题转换成了一个变量 (x,y,z,t) 的四维空间问题，其形函数既包含了时间又含有空间，单元形状不单单由静态位移分布决定，也会受到时间 t 影响。场变量 ϕ 可通过式（2.2）表示。

$$\phi(x,y,z,t)=\boldsymbol{N}\phi^{\mathrm{e}}=\sum_{i=1}^{n}N_i(x,y,z,t)\phi_i\tag{2.2}$$

式中　$\phi(x,y,z,t)$——场变量；

$N_i(x,y,z,t)$——形函数；

ϕ_i——节点参数。

有限元法采用了空间和时间上的离散，根据 Hamilton 变分原理可以建立每一个单元的运动方程，由此得到的方程中，质量矩阵和刚度矩阵中的元素均包含时间 t 。由于时空有限元推导出的方程阶数很高，尤其是在非线性动力学响应问题上，因此方程求解过程很困难。现有计算方法主要是将空间域进行离散，将场变量转换成如式(2.3)所示形式。

$$\phi(x,y,z,t)=\boldsymbol{N}\phi^{\mathrm{e}}=\sum_{i=1}^{n}N_i(x,y,z)\phi_i(t)\tag{2.3}$$

式中　$N_i(x,y,z)$——通常的形函数；

$\phi_i(t)$——随时间变化的节点参数。

机械结构动力学分析中的有限元法与静力学分析相同，首先对连续弹性体进行离散，将连续求解域转换成单元和节点进行分析；其次，考虑时间和动载荷作用下的应力、应变和位移，通过能量变分原理求解出动力学问题中的运动方程。

2.2.1 单元动力学有限元

在动力学问题有限元中，外载荷与位移都是时间 t 的函数，为了建立有限元动力学响应控制方程，根据达朗贝尔原理将每一个时间 t 时的惯性力和阻尼力加载在连续介质汇总的质点上，动力学问题将被转换成等效静力学问题。整个单元瞬时总势能可表示为：

$$\Pi = U + V = \int_{\Omega}\left(\frac{1}{2}\boldsymbol{\varepsilon}^{\mathrm{T}}\boldsymbol{\sigma} + c\,\tilde{\boldsymbol{a}}^{\mathrm{T}}\frac{\partial}{\partial t}\tilde{\boldsymbol{a}} + \rho\,\tilde{\boldsymbol{a}}^{\mathrm{T}}\frac{\partial^2}{\partial t^2}\tilde{\boldsymbol{a}} - \boldsymbol{p}^{\mathrm{T}}\tilde{\boldsymbol{a}}\right)\mathrm{d}V - \int_{S}\bar{\boldsymbol{p}}^{\mathrm{T}}\tilde{\boldsymbol{a}}\,\mathrm{d}s - \boldsymbol{G}^{\mathrm{T}}\tilde{\boldsymbol{a}} \tag{2.4}$$

式中 $\boldsymbol{\varepsilon}$，$\boldsymbol{\sigma}$——弹性体内部任一点的应变和应力向量；

$\bar{\boldsymbol{p}}$——作用在二维体边界上的面力；

$\boldsymbol{p}$——体力；

$\boldsymbol{G}$——集中力；

$\tilde{\boldsymbol{a}}$——单元位移函数。

应变向量 $\boldsymbol{\varepsilon}$ 和应力向量 $\boldsymbol{\sigma}$ 与结点位移之间关系可分别表示为：

$$\boldsymbol{\varepsilon} = \boldsymbol{B}\boldsymbol{a}^{\mathrm{e}} \tag{2.5}$$

$$\boldsymbol{\sigma} = \boldsymbol{D}\boldsymbol{B}\boldsymbol{a}^{\mathrm{e}} \tag{2.6}$$

式中 $\boldsymbol{D}$——弹性矩阵；

$\boldsymbol{B}$——应变矩阵。

依据最小势能原理有：

$$\delta\Pi = 0 \tag{2.7}$$

单元位移通过单元结点位移表示，动力分析单元位移模式可表示为：

$$\tilde{\boldsymbol{a}}(t) = [N_i(x,y,z)][a_i(t)]^{\mathrm{e}} = \boldsymbol{N}\boldsymbol{a}^{\mathrm{e}}(t) \tag{2.8}$$

式中 $\tilde{\boldsymbol{a}}(t)$——单元位移函数。

也就是说，单元任意一点位移均可由单元结点位移通过插值函数来表示，单元中单位体积力和黏性阻尼力分别表示为：

$$\boldsymbol{P}_{\mathrm{I}} = -\rho\frac{\partial^2}{\partial t^2}\tilde{\boldsymbol{a}} = -\rho\boldsymbol{N}\ddot{\boldsymbol{a}}^{\mathrm{e}} \tag{2.9}$$

$$\boldsymbol{P}_{\mathrm{D}} = -c\frac{\partial}{\partial t}\tilde{\boldsymbol{a}} = -c\boldsymbol{N}\dot{\boldsymbol{a}}^{\mathrm{e}} \tag{2.10}$$

将式（2.5）~式（2.10）代入式（2.4）中，单元瞬时总势能可转换成式（2.11）：

$$\Pi = (\boldsymbol{a}^{\mathrm{e}})^{\mathrm{T}}\boldsymbol{m}^{\mathrm{e}}\ddot{\boldsymbol{a}}^{\mathrm{e}} + (\boldsymbol{a}^{\mathrm{e}})^{\mathrm{T}}\boldsymbol{c}^{\mathrm{e}}\dot{\boldsymbol{a}}^{\mathrm{e}} + (\boldsymbol{a}^{\mathrm{e}})^{\mathrm{T}}\boldsymbol{k}^{\mathrm{e}}\boldsymbol{a}^{\mathrm{e}} + (\boldsymbol{a}^{\mathrm{e}})^{\mathrm{T}}\boldsymbol{F}^{\mathrm{e}} \tag{2.11}$$

其中：

$$m^{e}=\int_{V}\rho N^{T}N\mathrm{d}V$$

$$c^{e}=\int_{V}cN^{T}N\mathrm{d}V$$

$$k^{e}=\int_{V}B^{T}DB\mathrm{d}V$$

$$F^{e}=p^{e}+Q^{e}+R^{e}=\int_{V}N^{T}p\mathrm{d}V+\int_{V}N^{T}\bar{p}\mathrm{d}s+N^{T}G$$

通过变分原理将式（2.11）进行变分，根据最小势能原理并考虑到瞬时变分可得到单元运动方程的一般表达式为：

$$m^{e}\ddot{a}^{e}+c^{e}\dot{a}^{e}+k^{e}a^{e}=F^{e} \tag{2.12}$$

2.2.2　质量矩阵

由于推导式（2.1）时选取了与刚度矩阵一致的形函数，因此，式（2.13）可定义为一致质量矩阵。另外，整体质量矩阵是将结构中所有单元质量矩阵按节点形式集成而得，整体质量矩阵形式见式（2.13）。

$$m^{e}=\iiint N^{T}\rho N\mathrm{d}V \tag{2.13}$$

为了提高计算效率，通常将每个单元质量作用在相应节点上。因此，节点惯性力并不受其他节点加速度的影响，由此得到的对角线方阵为集中质量矩阵。从形式上看，一致质量矩阵比集中质量矩阵更复杂，而根据计算经验，在单元数目相同的条件下，从振动频率的计算结果分析，两种方法的计算精度差不多且质量矩阵计算结果略低，权衡工程计算精度和效率，工程计算和分析中主要选用集中质量矩阵。

2.2.3　阻尼矩阵

任何机械机构在振动过程中总存在阻尼作用，阻尼耗散系统的能量，使结构振动响应逐渐减弱。因此在结构动态特性分析过程中，阻尼对振动响应的影响不能忽略，但是由于结构本身和阻尼机理的复杂性，要完成结构阻尼机理的研究十分困难，因此人们将线性阻尼思想引入到弹性体振动中。假设阻尼力一部分正比于质点运动速度，即单元阻尼矩阵正比于单元质量矩阵；另一部分阻尼力正比于结构应变速度，即单元阻尼矩阵正比于单元刚度矩阵。在实际计算中通过式（2.14）来计算结构的阻尼矩阵。

$$C=\alpha M+\beta K \tag{2.14}$$

式中，α 和 β 为比例常数；在工程中通常选取结构的前两阶固有频率 ω_1、ω_2 和阻尼比 γ_1、γ_2 通过式（2.15）计算得出。

$$\alpha = \frac{2\omega_1\omega_2(\gamma_1\omega_2 - \gamma_2\omega_1)}{\omega_2^2 - \omega_1^2},\quad \beta = \frac{2(\gamma_2\omega_2 - \gamma_1\omega_1)}{\omega_2^2 - \omega_1^2} \tag{2.15}$$

2.3　集中参数法建模

集中参数法是将系统中各部件质量假设集中在质心上，将部件之间连接、部件与支撑件连接简化为弹簧-阻尼系统，从而将复杂系统转换成质量-弹簧-阻尼模型的分析方法。在分析求解中复杂系统等价为由集中质量、弹性和阻尼组成的动力学模型。从模型简化原则分析，质量大、弹性小的部件等效为无弹性质量，如飞轮、齿轮；质量小、弹性大的部件等效为当量弹簧，如弹簧、绳索、齿轮轮齿；质量小、弹性小、阻尼大的部件等效为当量阻尼；系统中分布载荷可等价为集中载荷。通过集中质量法可以大大简化模型计算的复杂性，提高设计、计算效率。

在本书中通过集中质量法建立起重机与轨道耦合动力学模型时可以将二者间的相互作用简化为弹簧单元，将结构复杂的非线性转化为弹簧的等效线性或者非线性来考虑。对于复杂的起重机设备而言，依据其结构形式和工作原理，建立合理的起重机振动系统模型，并依据文献参数和企业提供参数验证模型的合理性和可行性，实现了集中参数建模方法在起重机振动系统中的应用。

2.4　狄拉克函数与拉格朗日方程

2.4.1　狄拉克函数

狄拉克（Dirac）函数也称为单位脉冲函数，通常用 δ 表示。从形式上看，可以表示为一个分布函数的形式，在工程和系统动力学微分方程分析中应用广泛。函数按定义可表示为以下形式：

$$\left.\begin{aligned} &\delta(x - x_i) = \begin{cases} 0, & x \neq x_i \\ \infty, & x = x_i \end{cases} \\ &\int_{-\infty}^{+\infty} (x - x_i)\,\mathrm{d}x = 1 \end{aligned}\right\} \tag{2.16}$$

从狄拉克函数的结构形式分析，式（2.16）可以等效为函数的极限求解过程。从力学角度看，狄拉克函数可定义为极短时间里作用力幅值极大的冲击力。其函数具有以下性质：

$$\int_a^b f(x)\delta(x - x_i)\,\mathrm{d}x = \begin{cases} 0, & x_i \notin [a,b] \\ f(x_i), & x_i \in [a,b] \end{cases} \tag{2.17}$$

2.4.2　拉格朗日方程

动力学问题基本研究方法为矢量动力学和分析动力学。矢量动力学的基本原理是通过矢量形式描述运动与相互作用的关系，其理论基础是牛顿运动定律；而分析动力学则是通过能量、功等标量表示运动与相互作用关系，建立普遍适用的系统动力学方程，其理论基础为达朗贝尔原理和虚位移原理。分析动力学在建立系统动力学方程时，选取广义坐标描述动力学一般方程，而获得与系统自由度相同且相互独立的动力学方程，即拉格朗日方程。拉格朗日方程是求解机械系统动力学最普遍的方法，在非保守系统体系中，拉格朗日方程可表示为：

$$\frac{\mathrm{d}}{\mathrm{d}t}\left(\frac{\partial T}{\partial \dot{y}_i}\right) - \frac{\partial T}{\partial y_i} + \frac{\partial U}{\partial y_i} + \frac{\partial D}{\partial \dot{y}_i} = F_i \quad (i = 1,2,\cdots,n) \tag{2.18}$$

式中　T——系统动能；

U——系统势能；

D——系统能量耗散函数；

$\frac{\partial D}{\partial \dot{y}_i}$——因能量耗散函数 D 而引起的阻尼力；

F_i——外力作用下的广义激振力；

y_i——广义坐标；

$\dot{y}_i$——广义速度。

拉格朗日方程是通过广义坐标描述系统的运动规律，独立方程的数量与系统自由度相同。主要有形式简洁、便于计算等特点，系统动力学问题分析在研究中普遍适用。因此，广泛应用在复杂系统动力学和非线性分析中。在本书起重机系统动力学方程的建立中采用 Lagrange 方程方法。

2.5　非线性多自由度系统运动方程求解与分析

自然界中系统大多是连续的，具有无限多个自由度。然而连续系统振动偏微分方程求解十分困难，且大多数的偏微分方程并不存在解析解。因此，基于模型或方程的合理简化，从求解方法的可行性角度考虑将连续系统近似转换成多自由度系统，多自由度系统的运动方程可表示为：

$$\boldsymbol{M}\ddot{\boldsymbol{a}}(t) + \boldsymbol{C}\dot{\boldsymbol{a}}(t) + \boldsymbol{K}\boldsymbol{a}(t) = \boldsymbol{F}(t) \tag{2.19}$$

从数学角度分析，式（2.19）为二阶常微分方程，可以通过 Runge-Kutta 法求解，但是运动方程中矩阵的阶数很大时，这种求解方法效率很低。采用振型叠加法和直接积分法可有效克服求解过程慢的缺点，提高计算效率，工程中广泛应用这两种方法求解动力学问题的数值解。

2.5.1 振型叠加法

振型叠加法则是基于系统振动的固有振型将方程组等价变换为 n 个相互独立方程，再对这些方程进行数值积分处理，从而得到了每个振型的振型响应，最后将各个振型响应叠加即得到了精度较高的系统振动响应的数值解。

在应用振型叠加法时首先需要引入坐标变换方法见式（2.20）：

$$\boldsymbol{a}(t)=\boldsymbol{\Phi x}(t)=\sum_{i=1}^{n}\phi_i x_i(t) \tag{2.20}$$

式中 $\boldsymbol{x}(t)=[x_1, x_2, \cdots, x_n]^{\mathrm{T}}$ ——广义位移坐标；

$\boldsymbol{\Phi}$ ——系统振型向量。

从数学角度看，式（2.20）是将广义位移向量 $\boldsymbol{a}(t)$ 从以单位向量 $\boldsymbol{e}_i$ 为基向量的 n 维物理空间变换到以各阶振型 ϕ_i 为基向量的 n 维模态空间，这一变换过程是完全等价的。将式（2.20）代入到系统运动方程中，考虑到 $\boldsymbol{\Phi}$ 关于质量矩阵 $\boldsymbol{M}$ 和刚度矩阵 $\boldsymbol{K}$ 的正交性，对方程作等价变换可以得到系统以 ϕ_i 为基向量的运动方程，计算方法见式（2.21）。

$$\ddot{\boldsymbol{x}}(t)+\boldsymbol{\Phi}^{\mathrm{T}}\boldsymbol{C\Phi}\dot{\boldsymbol{x}}(t)+\boldsymbol{\Lambda x}(t)=\boldsymbol{r}(t) \tag{2.21}$$

式中 $\boldsymbol{r}(t)$ ——广义力；

$\boldsymbol{\Lambda}$ ——相应振动圆频率 ω_i 的振型矩阵，可通过式（2.22）表示。

将式（2.20）两端同时左乘 $\boldsymbol{\Phi}^{\mathrm{T}}\boldsymbol{M}$ 矩阵，可以将 $t=0$ 时系统运动方程的初始条件转换成式（2.23）。从式（2.21）中可以看出，如果忽略系统阻尼的作用，可以通过振型矩阵 $\boldsymbol{\Phi}$ 对系统运动方程进行解耦，从而得到 n 个相互独立的单自由度系统运动方程。考虑到阻尼机理的复杂性，在结构振动计算过程中，通常假设阻尼矩阵与振型矩阵正交，可将式（2.21）转换成式（2.24）。

$$\left.\begin{aligned}\boldsymbol{r}(t)=\boldsymbol{\Phi}^{\mathrm{T}}\boldsymbol{F}(t)=[r_1(t)\ \ r_2(t)\ \ \cdots\ \ r_n(t)]^{\mathrm{T}}\\ \boldsymbol{\Lambda}=\mathrm{diag}[\omega_1^2\ \omega_2^2\ \cdots\ \omega_n^2]\end{aligned}\right\} \tag{2.22}$$

$$\boldsymbol{x}_0=\boldsymbol{\Phi}^{\mathrm{T}}\boldsymbol{M a}_0,\ \dot{\boldsymbol{x}}_0=\boldsymbol{\Phi}^{\mathrm{T}}\boldsymbol{M}\dot{\boldsymbol{a}}_0 \tag{2.23}$$

$$\ddot{\boldsymbol{x}}_i(t)+2\omega_i\xi_i\dot{\boldsymbol{x}}_i(t)+\omega_i^2\boldsymbol{x}_i(t)=\boldsymbol{r}_i(t) \tag{2.24}$$

式中 ξ_i ——第 i 阶振型的模态阻尼比。

式（2.24）中每一个方程相当于一个单自由度振动，可以通过直接积分法求解方程的数值解，也可通过杜哈美（Duhamel）积分计算求解，杜哈美（Duhamel）积分求解方法如下：

$$\boldsymbol{x}_i(t)=\frac{1}{\overline{\omega}_i}\int_0^t r_i(\tau)\mathrm{e}^{-\xi_i\omega_i(t-\tau)}\sin\overline{\omega}_i(t-\tau)\mathrm{d}\tau+\mathrm{e}^{-\xi_i\omega_i t}(a_i\sin\overline{\omega}_i t+b_i\cos\overline{\omega}_i t) \tag{2.25}$$

式中，$\bar{\omega}_i=\omega_i\sqrt{1-\xi_i^2}$；$a_i$ 和 b_i 为初始条件确定的常数；右端第一项为系统强迫振动引起的响应；第二项为初始条件下自由振动。当忽略阻尼影响时，即 $\xi_i=0$，杜哈美（Duhamel）积分可变为：

$$\boldsymbol{x}_i(t)=\frac{1}{\omega_i}\int_0^t r_i(\tau)\sin\omega_i(t-\tau)\,\mathrm{d}\tau+(a_i\sin\omega_i t+b_i\cos\omega_i t) \tag{2.26}$$

振型叠加法求解系统振动响应主要分三步：首先求解广义特征值，其次通过式（2.24）计算出 n 个独立方程的解，最后通过式（2.20）将系统的振动模态响应叠加，得到多自由度系统的振动响应。

2.5.2　基于 Lagrange 体系的直接积分法

直接积分法并不对矩阵方程做任何变换处理，而是直接将运动方程积分求解其数值解，其核心思想主要是基于两个基本原理：一是将求解域 $0\leqslant t\leqslant T$ 离散成相隔 Δt 的离散时间点，在这时间点上近似满足运动方程。二是在一定数目的 Δt 区域内，假设位移 $\boldsymbol{a}$、速度 $\dot{\boldsymbol{a}}$ 和加速度 $\ddot{\boldsymbol{a}}$ 的近似函数形式。

每一次积分计算都会带来误差 ε_t，误差主要包括两方面：一是计算速度和加速度近似计算而忽略的高阶小量 $o(\Delta t^k)$，也可称之为截断误差，其产生原因由求解原理决定且不可避免。二是计算机字长是有限位的，超出计算机存储范围计算机自动四舍五入。尽管这个误差很小，但是经过大量递推过程会将这个很小的误差不断放大，也有可能会使计算结果出现很大误差，影响计算过程的稳定性。如果 Δt 无论取多大且给定任意初始条件，计算结果都不会无界增大，则该求解方法可以无条件稳定。

2.5.2.1　直接积分法的格式及求解稳定性

在建立直接积分法格式时，首先假定已知时刻 $0,\Delta t,2\Delta t,\cdots,t-\Delta t$ 和 t 的解，通过直接积分法递推得到 $t+\Delta t$ 时刻的解，递推格式可写成：

$$\boldsymbol{X}_{t+\Delta t}=\boldsymbol{D}\boldsymbol{X}_t+\boldsymbol{R}\boldsymbol{r}_t \tag{2.27}$$

式中　$\boldsymbol{X}_{t+\Delta t}$，$\boldsymbol{X}_t$——包含位移和速度等解的向量；

$\boldsymbol{D}$——递推矩阵。

式（2.27）右端第二项与系统外载荷有关，在进行稳定性分析时令 $\boldsymbol{R}=0$，在给定初始条件 $\boldsymbol{X}_0$ 后，$t+\Delta t$ 时刻的解 $\boldsymbol{X}_{t+\Delta t}$ 可写成：

$$\boldsymbol{X}_{t+\Delta t}=\boldsymbol{D}^{n+1}\boldsymbol{X}_0 \tag{2.28}$$

对矩阵 $\boldsymbol{D}$ 进行谱分解可得：

$$\boldsymbol{D}=\boldsymbol{P}\boldsymbol{J}\boldsymbol{P}^{-1} \tag{2.29}$$

式中　$\boldsymbol{P}$——$\boldsymbol{D}$ 的特征向量组成的矩阵；

$\boldsymbol{J}$——矩阵 $\boldsymbol{D}$ 的 Jordan 标准形。

矩阵 $\boldsymbol{J}$ 中的对角元素为 $\boldsymbol{D}$ 的特征值。当矩阵 $\boldsymbol{D}$ 有重特征值时，$\boldsymbol{J}$ 中响应的非

对角元素可能为 1；如果 $\boldsymbol{D}$ 为对称矩阵时，则 $\boldsymbol{P}=\boldsymbol{\Phi}$，$\boldsymbol{P}^{-1}=\boldsymbol{P}^{\mathrm{T}}$，$\boldsymbol{J}=\boldsymbol{\Lambda}$。

如果矩阵 $\boldsymbol{D}$ 为二阶非对称矩阵，其中 λ 为其重特征根，其 Jordan 标准形为：

$$\boldsymbol{J}=\begin{bmatrix}\lambda & \alpha \\ 0 & \lambda\end{bmatrix} \tag{2.30}$$

当 α 等于 0 和 1 时，可得到式（2.31）。因此，当 $\alpha=1$，必须满足 $|\lambda|<1$ 才能保证 $\boldsymbol{J}^n$ 在 $n\to\infty$ 时有界，而当 $\alpha=0$ 时，只要保证 $|\lambda|\leqslant 1$ 即可保证 $\boldsymbol{J}^n$ 在 $n\to\infty$ 时有界。如果矩阵 $\boldsymbol{D}$ 没有重特征根，只要保证矩阵 $\boldsymbol{D}$ 的谱半径满足式（2.32），即可保证 $\boldsymbol{J}^n$ 在 $n\to\infty$ 时有界。

$$\boldsymbol{J}^n=\begin{bmatrix}\lambda^n & \alpha n\lambda^{n-1} \\ 0 & \lambda^n\end{bmatrix} \tag{2.31}$$

$$\rho(\boldsymbol{D})=\max_{i=1,2}|\lambda_i|\leqslant 1 \tag{2.32}$$

对于一般结构动力学求解问题，系统低阶振型是影响系统响应的主要因素，高阶振型的贡献很小，如果直接积分法不能通过引入数值阻尼来有效消除虚假高阶分量，计算精度将会大大降低。因此，一个好的求解方法应该有效消除高频振型对系统响应的影响，同时尽量消除低频段数值阻尼对计算精度的影响，才能保证了计算结果的精度。

2.5.2.2 Newmark 法

直接积分法种类很多，主要包括中心差分法、Houbolt 法、Wilsonθ 法、Newmark 法和广义 α 法等。这几种方法求解过程类似，Newmark 法在进行多自由度求解过程中具有很好的稳定性，同时也可以满足工程上的精度要求。因此，可以选择 Newmark 法来完成结构振动的求解。

系统振动方程按照泰勒级数展开，如果只保留一阶导数项，$t+\Delta t$ 时刻的位移 $\boldsymbol{a}_{t+\Delta t}$ 和速度 $\dot{\boldsymbol{a}}_{t+\Delta t}$ 可以通过 t 时刻的位移 $\boldsymbol{a}_t$ 和速度 $\dot{\boldsymbol{a}}_t$ 线性表示为：

$$\boldsymbol{a}_{t+\Delta t}=\boldsymbol{a}_t+\dot{\boldsymbol{a}}_t\Delta t \tag{2.33}$$

$$\dot{\boldsymbol{a}}_{t+\Delta t}=\dot{\boldsymbol{a}}_t+\ddot{\boldsymbol{a}}_t\Delta t \tag{2.34}$$

在初始位移 $\boldsymbol{a}_0$ 和速度 $\dot{\boldsymbol{a}}_0$ 给定的情况下，可通过 t 时刻运动方程求出 t 时刻加速度 $\ddot{\boldsymbol{a}}_t$，通过式（2.33）和式（2.34）可以求出 $t+\Delta t$ 时刻位移 $\boldsymbol{a}_{t+\Delta t}$ 和速度 $\dot{\boldsymbol{a}}_{t+\Delta t}$。通过平均加速度法可以得到位移和速度的关系为：

$$\boldsymbol{a}_{t+\Delta t}=\boldsymbol{a}_t+\dot{\boldsymbol{a}}_t\Delta t+\frac{1}{4}(\ddot{\boldsymbol{a}}_t+\ddot{\boldsymbol{a}}_{t+\Delta t})\Delta t^2 \tag{2.35}$$

$$\dot{\boldsymbol{a}}_{t+\Delta t}=\dot{\boldsymbol{a}}_t\Delta t+\frac{1}{2}(\ddot{\boldsymbol{a}}_t+\ddot{\boldsymbol{a}}_{t+\Delta t})\Delta t \tag{2.36}$$

基于欧拉法和平均加速度法，Newmark 法提出了新的位移和速度的关系见式（2.37）和式（2.38）。

$$\boldsymbol{a}_{t+\Delta t}=\boldsymbol{a}_t+\dot{\boldsymbol{a}}_t\Delta t+\left(\frac{1}{2}-\beta\right)\ddot{\boldsymbol{a}}_t\Delta t^2+\beta\ddot{\boldsymbol{a}}_{t+\Delta t}\Delta t^2 \tag{2.37}$$

$$\dot{\boldsymbol{a}}_{t+\Delta t}=\dot{\boldsymbol{a}}_t\Delta t+(1-\gamma)\ddot{\boldsymbol{a}}_t\Delta t+\gamma\ddot{\boldsymbol{a}}_{t+\Delta t}\Delta t \tag{2.38}$$

通过改变参数 β 和 γ 的取值，可以得到多种算法，如：$\beta=0.25$、$\gamma=0.5$ 为平均加速度法；$\beta=0$、$\gamma=0.5$ 为中心差分法等。当满足式（2.39）条件时 Newmark 法可以实现无条件稳定。$t+\Delta t$ 时刻系统振动方程的矩阵形式见式（2.40）。

$$\gamma\geqslant\frac{1}{2},\ \beta\geqslant\frac{1}{4}\left(\frac{1}{2}+\gamma\right) \tag{2.39}$$

$$\boldsymbol{M}\ddot{\boldsymbol{a}}_{t+\Delta t}+\boldsymbol{C}\dot{\boldsymbol{a}}_{t+\Delta t}+\boldsymbol{K}\boldsymbol{a}_{t+\Delta t}=\boldsymbol{F}_{t+\Delta t} \tag{2.40}$$

因此，Newmark 法求解 $t+\Delta t$ 时刻响应是通过 $t+\Delta t$ 时刻的运动方程求得，为了求未知位移 $\boldsymbol{a}_{t+\Delta t}$，可以将方程中的速度 $\dot{\boldsymbol{a}}_{t+\Delta t}$ 和加速度 $\ddot{\boldsymbol{a}}_{t+\Delta t}$ 通过未知位移 $\boldsymbol{a}_{t+\Delta t}$ 和其他常量表示，由式（2.37）可得：

$$\ddot{\boldsymbol{a}}_{t+\Delta t}=\frac{1}{\beta\Delta t^2}(\boldsymbol{a}_{t+\Delta t}-\boldsymbol{a}_t)-\frac{1}{\beta\Delta t}\dot{\boldsymbol{a}}_t-\left(\frac{1}{2\beta}-1\right)\ddot{\boldsymbol{a}}_t \tag{2.41}$$

将式（2.41）代入式（2.38）中可得：

$$\dot{\boldsymbol{a}}_{t+\Delta t}=\frac{\gamma}{\beta\Delta t}(\boldsymbol{a}_{t+\Delta t}-\boldsymbol{a}_t)+\left(1-\frac{\gamma}{\beta}\right)\dot{\boldsymbol{a}}_t+\left(1-\frac{\gamma}{2\beta}\right)\Delta t\ddot{\boldsymbol{a}}_t \tag{2.42}$$

将式（2.41）和式（2.42）代入式（2.40）中可得：

$$\tilde{\boldsymbol{K}}_{t+\Delta t}\boldsymbol{a}_{t+\Delta t}=\tilde{\boldsymbol{F}}_{t+\Delta t} \tag{2.43}$$

式（2.43）中矩阵的计算方法参见式（2.44）和式（2.45）。

$$\tilde{\boldsymbol{K}}_{t+\Delta t}=\boldsymbol{K}_{t+\Delta t}+\boldsymbol{a}_0\boldsymbol{M}_{t+\Delta t}+\boldsymbol{a}_1\boldsymbol{C}_{t+\Delta t} \tag{2.44}$$

$$\tilde{\boldsymbol{F}}_{t+\Delta t}=\boldsymbol{F}_{t+\Delta t}+\boldsymbol{M}\left[\frac{1}{\beta\Delta t^2}\boldsymbol{a}_t+\frac{1}{\beta\Delta t}\dot{\boldsymbol{a}}_t+\left(\frac{1}{2\beta}-1\right)\ddot{\boldsymbol{a}}_t\right]+\boldsymbol{C}\left[\frac{\gamma}{\beta\Delta t}\boldsymbol{a}_t+\left(\frac{\gamma}{\beta}-1\right)\dot{\boldsymbol{a}}_t+\left(\frac{\gamma}{2\beta}-1\right)\Delta t\ddot{\boldsymbol{a}}_t\right] \tag{2.45}$$

Newmark 法求解运动方程的动态响应过程可总结为：首先在给定初始速度 $\dot{\boldsymbol{a}}_0$ 和位移 $\boldsymbol{a}_0$ 的基础上计算初始加速度，选取合适时间步长 Δt、参数 β 和 γ 计算得到系统有效的刚度矩阵；其次是对每一个时间步长进行计算其有效载荷；最后得到各个步长点的振动位移 $\boldsymbol{a}_t$、速度 $\dot{\boldsymbol{a}}_t$ 和加速度 $\ddot{\boldsymbol{a}}_t$。

2.5.3 基于 Hamilton 体系的精细积分法

基于 Lagrange 体系的直接积分法求得的数值解有时会受到积分步长大小的影响，求解精度也会受到一定影响，当数值解计算精度要求很高时，该方法计算结果只能近似展示出系统响应。除了上述直接积分法外，还可以通过精细积分法求解二阶动力学方程的近似解。基于 Hamilton 体系基本原理，Zhong 和 Williams 提出了一种时间步长大小不受离散化结构的自然周期限制的一种积分法[218]。该方法将 Hamilton 体系混合变量方法应用到弹性力学中，成功地用新的、统一的方法论处理弹性力学问题，同时基于 2^N 类算法的精细积分法得到动力学方程数值解基本与精确解相同，该方法在非线性动力学问题求解中得到了广泛应用。载荷的三种形式（线载荷、正弦载荷和傅里叶载荷）与 PTSIM（Precise Time Step Integration Method）相结合分别形成了 PTSIM-L、PTSIM-S 和 PTSIM-F 三种不同格式的精细积分法，这三种方法都被应用于各种结构瞬态动态分析。研究表明，这三种方法都是有效的，具有较高求解精度。具体地说，在几个载荷情况下，可以利用 PTSIM-L、PTSIM-S 和 PTSIM-F 直接集成方法进行适当选择或灵活组合，从而达到良好效果。作为显式的集成方法，这三种方法都是无条件稳定的，并且给出了这种稳定性的正式证明[219]，下文介绍精细积分法的主要原理和求解过程。

2.5.3.1 精细积分法的基本原理[220]

多自由度系统运动方程的矩阵形式通常可表示为：

$$\boldsymbol{M}\ddot{\boldsymbol{X}}(t)+\boldsymbol{C}\dot{\boldsymbol{X}}(t)+\boldsymbol{K}\boldsymbol{X}(t)=\boldsymbol{F}(t) \tag{2.46}$$

对式（2.46）所示动力学方程仿照哈密顿体系对偶变量的引入。初始条件为：$\boldsymbol{X}(t)|_{t=0}=\boldsymbol{X}_0$，$\dot{\boldsymbol{X}}(t)|_{t=0}=\dot{\boldsymbol{X}}_0$，写成状态空间形式为：

$$\dot{\boldsymbol{u}}=\boldsymbol{H}\boldsymbol{u}+\boldsymbol{r} \tag{2.47}$$

其中：

$$\boldsymbol{u}=\begin{Bmatrix}\boldsymbol{x}\\ \dot{\boldsymbol{x}}\end{Bmatrix};\ \boldsymbol{H}=\begin{Bmatrix}\boldsymbol{0} & \boldsymbol{I}\\ -\boldsymbol{M}^{-1}\boldsymbol{K} & -\boldsymbol{M}^{-1}\boldsymbol{C}\end{Bmatrix};\ \boldsymbol{r}=\begin{Bmatrix}\boldsymbol{0}\\ \boldsymbol{M}^{-1}\boldsymbol{F}\end{Bmatrix} \tag{2.48}$$

式（2.47）的解的形式包括其对应的齐次方程解 $\{\boldsymbol{u}_h\}$ 和特解 $\{\boldsymbol{u}_t\}$ 两部分，可分别表示为[221]：

$$\{\boldsymbol{u}_h(t)\}=\exp(\boldsymbol{H}\times t)\boldsymbol{u}_0 \tag{2.49}$$

$$\{\boldsymbol{u}_t(t)\}=\int_0^t\exp[\boldsymbol{H}\times(t-\tau)]\boldsymbol{r}(\tau)\mathrm{d}\tau \tag{2.50}$$

式（2.49）和式（2.50）中：$\boldsymbol{u}_0=[\boldsymbol{x}_0,\dot{\boldsymbol{x}}_0]^{\mathrm{T}}$ 为初始状态向量。

因此，根据微分方程通解的求解方法，式（2.47）的通解形式可表示为：

$$\{\boldsymbol{u}(t)\}=\exp(\boldsymbol{H}\times t)\boldsymbol{u}_0+\int_0^t\exp[\boldsymbol{H}\times(t-\tau)]\boldsymbol{r}(\tau)\mathrm{d}\tau \tag{2.51}$$

在结构动态响应求解过程中，时间积分步长为 Δt，则第 k 个步长的积分时间点 $t_k=k\Delta t$，在 k 到 $k+1$ 区间内，将式（2.51）进行离散化可表示为[222]：

$$\begin{aligned}\{\boldsymbol{u}(t_{k+1})\} &= \exp(\boldsymbol{H}\times t_{k+1})\boldsymbol{u}(t_{k+1})+\int_0^{t_{k+1}}\exp[\boldsymbol{H}\times(t_{k+1}-\tau)]\boldsymbol{r}(\tau)\mathrm{d}\tau\\ &= \exp(\boldsymbol{H}\times\Delta t)\cdot\left[\exp(\boldsymbol{H}\times t_k)\boldsymbol{u}(t_k)+\int_0^{t_k}\exp[\boldsymbol{H}\times(t_k-\tau)]\boldsymbol{r}(\tau)\mathrm{d}\tau\right]+\end{aligned}$$

$$\int_{t_k}^{t_{k+1}} \exp[\boldsymbol{H} \times (t_{k+1} - \tau)]\boldsymbol{r}(\tau)\mathrm{d}\tau \tag{2.52}$$

因此，整理式（2.52）可得最终 t_{k+1} 时刻的动态响应可表示为：

$$\{\boldsymbol{u}(t_{k+1})\} = \boldsymbol{G}(t_k)\boldsymbol{u}(t_k) + \int_{t_k}^{t_{k+1}} \exp[\boldsymbol{H} \times (t_{k+1} - \tau)]\boldsymbol{r}(\tau)\mathrm{d}\tau \tag{2.53}$$

求解 $\boldsymbol{G}(\Delta t)$ 的主要方法为：通过数值计算方法可求得式（2.53）中矩阵 $\boldsymbol{G}$，为了精确计算 $\boldsymbol{G}(\Delta t)$，可以将时间积分步长 Δt 等分成 $n = 2^N$ 个时间段，具体计算方法如下[223]，首先作如下定义：

$$\tau = \Delta t/n \tag{2.54}$$

依据式（2.54）的定义方式，状态转换矩阵可表示为：

$$\boldsymbol{G}(\Delta t) = \exp(\boldsymbol{H} \times \Delta t) = \left[\exp\left(\boldsymbol{H} \times \frac{\Delta t}{n}\right)\right]^n = [\exp(\boldsymbol{H} \times \tau)]^n \tag{2.55}$$

在式（2.55）中对 $\boldsymbol{G}(\tau)$ 应用截断的泰勒级数展开，则 $\boldsymbol{G}(\tau)$ 可近似表示为：

$$\boldsymbol{G}(\tau) = \exp(\tau\boldsymbol{H}) \approx \boldsymbol{I} + \boldsymbol{G}_{a0} \tag{2.56}$$

其中：

$$\boldsymbol{G}_{a0} = (\tau\boldsymbol{H}) + \frac{(\tau\boldsymbol{H})^2}{2!} + \frac{(\tau\boldsymbol{H})^3}{3!} + \cdots + \frac{(\tau\boldsymbol{H})^p}{p!} \tag{2.57}$$

式中　p——指数函数 $\mathrm{e}^{\tau\boldsymbol{H}}$ 泰勒级数展开式的阶数。

将式（2.56）代入式（2.55）中可得：

$$\boldsymbol{G}(\Delta t) = (\boldsymbol{I} + \boldsymbol{G}_{a0})^n = (\boldsymbol{I} + \boldsymbol{G}_{a0})^{2N} \tag{2.58}$$

根据矩阵计算原理可得：

$$\left.\begin{array}{lll}
[\boldsymbol{I} + \boldsymbol{G}_{a0}]^2 = & [\boldsymbol{I} + 2 \times \boldsymbol{G}_{a0} + \boldsymbol{G}_{a0} \times \boldsymbol{G}_{a0}] & \equiv [\boldsymbol{I} + \boldsymbol{G}_{a1}] \\
[\boldsymbol{I} + \boldsymbol{G}_{a1}]^2 = & [\boldsymbol{I} + 2 \times \boldsymbol{G}_{a1} + \boldsymbol{G}_{a1} \times \boldsymbol{G}_{a1}] & \equiv [\boldsymbol{I} + \boldsymbol{G}_{a2}] \\
\vdots & \vdots & \vdots \\
[\boldsymbol{I} + \boldsymbol{G}_{a,N-1}]^2 = & [\boldsymbol{I} + 2 \times \boldsymbol{G}_{a,N-1} + \boldsymbol{G}_{a,N-1} \times \boldsymbol{G}_{a,N-1}] & \equiv [\boldsymbol{I} + \boldsymbol{G}_{aN}]
\end{array}\right\} \tag{2.59}$$

根据式（2.59）的递推关系可得：

$$[\boldsymbol{I} + \boldsymbol{G}_{aN}] = [\boldsymbol{I} + \boldsymbol{G}_{a,N-1}]^2 = [\boldsymbol{I} + \boldsymbol{G}_{a,N-2}]^4 = \cdots = [\boldsymbol{I} + \boldsymbol{G}_{a0}]^{2^N} = [\boldsymbol{G}(\tau)] \tag{2.60}$$

在 $\boldsymbol{G}(\Delta t)$ 求解过程中依据式（2.57）截断泰勒级数展开式近似计算，选取典型情况下 $N = 20$ 且 $n = 1048576$ 时，可得到 $\tau = 10^{-6}\Delta t$，由于计算机计算精度的限制，单位矩阵不应该包括递归计算过程中。因此，$\boldsymbol{G}_{ai}$ 的计算方法可依据式（2.61）。

$$\boldsymbol{G}_{ai} = 2 \times \boldsymbol{G}_{a,i-1} + \boldsymbol{G}_{a,i-1} \times \boldsymbol{G}_{a,i-1} \tag{2.61}$$

除了上述基本求解方法外也可以通过其他方法来计算指数矩阵。式（2.62）

中第二项是一个向量积分，文献[223]采用了荷载在时间步长内线性化的假设计算响应的数值解，文献[224]采用辛普生公式直接积分，对于荷载为常数的简单情形而言，解的精度得到了一定程度提高。下文分析 PTSIM-L、PTSIM-S 和 PTSIM-F 三种精细积分法的格式。

（1）PTSIM-L。实际上，第二项积分与式（2.62）所示的单个函数积分等价。

$$\boldsymbol{r}(\tau)=\boldsymbol{r}_0+(\tau-t_k)\boldsymbol{r}_1 \tag{2.62}$$

将式（2.62）代入式（2.53）中可得 PTSIM-L 法的积分公式为：

$$\{\boldsymbol{u}(t_{k+1})\}=\boldsymbol{G}(\Delta t)[\boldsymbol{u}(t_k)+\boldsymbol{H}^{-1}(\boldsymbol{r}_0+\boldsymbol{H}^{-1}\boldsymbol{r}_1)]-\boldsymbol{H}^{-1}(\boldsymbol{r}_0+\boldsymbol{H}^{-1}\boldsymbol{r}_1+\boldsymbol{r}_1\Delta t) \tag{2.63}$$

（2）PTSIM-F。当载荷通过如下傅里叶变换进行计算可得：

$$\boldsymbol{r}(t)\cong\boldsymbol{b}_0+\sum_{i=1}^{p}(\sin(i\omega t)\boldsymbol{a}_i+\cos(i\omega t)\boldsymbol{b}_i) \tag{2.64}$$

式中　p——正整数，可以确保截断误差足够小可以忽略。

将式（2.64）代入式（2.53）中可得 PTSIM-F 积分公式为：

$$\begin{aligned}\{\boldsymbol{u}(t_{k+1})\}=&\boldsymbol{G}(\Delta t)[\boldsymbol{u}(t_k)+(\boldsymbol{I}-\boldsymbol{G}(\Delta t))\boldsymbol{B}_0]+\\&\sum_{i=1}^{p}[\sin(i\omega t_{k+1})\boldsymbol{I}-\sin(i\omega t_k)\boldsymbol{G}(\Delta t)]\boldsymbol{A}_i+\\&\sum_{i=1}^{p}[\cos(i\omega t_{k+1})\boldsymbol{I}-\cos(i\omega t_k)\boldsymbol{G}(\Delta t)]\boldsymbol{B}_i\end{aligned} \tag{2.65}$$

其中：

$$\boldsymbol{B}_0=-\boldsymbol{H}^{-1}\boldsymbol{b}_0$$

$$\boldsymbol{A}_i=(i^2\omega^2\boldsymbol{I})^{-1}(-\boldsymbol{H}\boldsymbol{a}_i+i\omega\boldsymbol{b}_i)\quad(i=1,2,\cdots,p)$$

$$\boldsymbol{B}_i=(i^2\omega^2\boldsymbol{I})^{-1}(-i\omega\boldsymbol{a}_i+\boldsymbol{H}\boldsymbol{b}_i)\quad(i=1,2,\cdots,p)$$

（3）PTSIM-S：如果载荷在 $t\in[t_k,\ t_{k+1}]$ 区间以正弦的形式变化则：

$$\boldsymbol{r}(t)=\{\boldsymbol{r}_1\}\sin(\omega t)+\{\boldsymbol{r}_2\}\cos(\omega t) \tag{2.66}$$

式中　$\{\boldsymbol{r}_1\}$，$\{\boldsymbol{r}_2\}$——时不变向量。

将式（2.66）代入式（2.47）中可得如下方程：

$$\{\boldsymbol{u}_p\}=\{\boldsymbol{A}\}\sin(\omega t)+\{\boldsymbol{B}\}\cos(\omega t) \tag{2.67}$$

其中：

$$\{\boldsymbol{A}\}=(\omega[\boldsymbol{I}]+[\boldsymbol{H}]^2/\omega)^{-1}(\{\boldsymbol{r}_2\}-[\boldsymbol{H}]\{\boldsymbol{r}_1\}/\omega)$$

$$\{\boldsymbol{B}\}=(\omega[\boldsymbol{I}]+[\boldsymbol{H}]^2/\omega)^{-1}(-\{\boldsymbol{r}_1\}-[\boldsymbol{H}]\{\boldsymbol{r}_2\}/\omega)$$

将式（2.67）代入式（2.53）中可得在 $t=t_{k+1}$ 时解的一般形式为：

$$\begin{aligned}\{\boldsymbol{u}(t_{k+1})\}=&\boldsymbol{G}(\Delta t)[\boldsymbol{u}(t_k)-\{\boldsymbol{A}\}\sin(\omega t_k)-\{\boldsymbol{B}\}\cos(\omega t_k)]+\\&\{\boldsymbol{A}\}\sin(\omega t_{k+1})+\{\boldsymbol{B}\}\cos(\omega t_{k+1})\end{aligned} \tag{2.68}$$

许多文献中已经证明了三种精细积分格式在求解二阶系统动力学响应中均可以得到较精确的解，在工程应用中平衡求解的精度和计算速度，三种求解方法与

Newmark 法均能满足工程计算的要求。

2.5.3.2　精细积分法的稳定性分析

直接积分法在选取合适参数时动力学方程的求解无条件稳定，因此直接积分法的稳定性对方法优劣至关重要。如果精细积分法在单自由度系统振动方程求解结果的无条件稳定，则可以说明在多自由度非线性系统中也是无条件稳定[220,225]，单自由度系统振动方程为：

$$m\ddot{x} + c\dot{x} + kx = f(t) \tag{2.69}$$

依据 2.5.2.1 节直接积分法稳定性分析方法，只需要满足积分的传递算子 $\boldsymbol{G}(\tau)$ 的谱半径小于等于 1 即可[226]。根据式（2.48）可得到单自由度振动系统中矩阵 $\boldsymbol{H}$ 为：

$$\boldsymbol{H} = \begin{bmatrix} -\dfrac{c}{2m} & \dfrac{1}{m} \\ \dfrac{c^2}{4m} - k & -\dfrac{c}{2m} \end{bmatrix} = \begin{bmatrix} -\omega & \dfrac{1}{m} \\ -m\omega'^2 & -\omega\xi \end{bmatrix} \tag{2.70}$$

式中，$\xi = \dfrac{c}{2m\omega}$；$\omega^2 = \dfrac{k}{m}$；$\omega'^2 = (1-\xi^2)\omega^2$。

将式（2.70）代入式（2.56）和式（2.57）中可得传递矩阵 $\boldsymbol{G}(\tau)$ 为：

$$\boldsymbol{G}(\tau) = \begin{bmatrix} a & -\dfrac{b}{m\omega'} \\ m\omega' b & a \end{bmatrix} \tag{2.71}$$

其中：

$$\begin{aligned} a = {} & 1 - \xi\omega\tau + \frac{1}{2}(\xi^2\omega^2 - \omega'^2)\tau^2 - \frac{1}{6}\xi\omega(\xi^2\omega^2 - 3\omega'^2)\tau^3 + \\ & \frac{1}{24}\xi^2\omega^2(\xi^2\omega^2 - 6\omega'^2 + \omega'^4)\tau^4 - \frac{1}{120}\xi\omega[\xi^2\omega^2(\xi^2\omega^2 - 10\omega'^2) - 5\omega'^4]\tau^5 + \\ & \frac{1}{720}[\xi^4\omega^4(\xi^2\omega^2 - 15\omega'^2) + 15\xi^2\omega^2\omega'^4 - \omega'^6]\tau^6 + \cdots \end{aligned} \tag{2.72}$$

$$\begin{aligned} b = {} & -\omega'\tau + \xi\omega\omega'\tau^2 - \frac{1}{6}\omega'(3\xi^2\omega^2 - \omega'^2)\tau^3 + \\ & \frac{1}{6}\xi\omega\omega'(\xi^2\omega^2 - \omega'^2)\tau^4 - \frac{1}{120}\omega'[\xi^2\omega^2(5\xi^2\omega^2 - 10\omega'^2) + \omega'^4]\tau^5 + \\ & \frac{1}{720}\omega'[\xi^3\omega^3(6\xi^2\omega^2 - 20\omega'^2) + 6\xi\omega\omega'^4]\tau^6 + \cdots \end{aligned} \tag{2.73}$$

当系统阻尼 $\xi < 1$ 时，矩阵 $\boldsymbol{G}(\tau)$ 特征值 λ_1 和 λ_2 通过式（2.74）求得，特征值计算结果见式（2.75）。

$$|\boldsymbol{G}(\tau) - \lambda\boldsymbol{I}| = 0 \tag{2.74}$$

$$\lambda_{1,2} = a \pm i|b| \tag{2.75}$$

矩阵 $\boldsymbol{G}(\tau)$ 的谱半径为特征根的模，可表示为：

$$\rho(\boldsymbol{G}(\tau)) = \sqrt{a^2 + b^2} \tag{2.76}$$

当 $p \to \infty$ 时，矩阵 $\boldsymbol{G}(\tau)$ 的谱半径为：

$$\rho(\boldsymbol{G}(\tau)) = \mathrm{e}^{-\xi\omega\tau} \tag{2.77}$$

因此，当矩阵的谱半径小于等于 1 时，精细积分法可以无条件稳定，即

$$\rho(\boldsymbol{G}(\tau)) \leqslant 1 \tag{2.78}$$

根据式（2.76）~式（2.78）可以得到在无阻尼状态下，精细积分法稳定条件为：

$$\begin{cases} \tau/T \leqslant 0.01 & \text{for } L = 3 \\ \tau/T \leqslant 0.27 & \text{for } L = 4 \\ \tau/T \leqslant 0.45 & \text{for } L = 5 \\ \tau/T \leqslant 0.04, 0.30 \leqslant \tau/T \leqslant 0.54 & \text{for } L = 6 \\ \tau/T \leqslant 0.07 & \text{for } L = 7 \\ \tau/T > 0 & \text{for } L \to \infty \end{cases} \tag{2.79}$$

式（2.79）中，for 代表对于 L 取不同值的情况。

同理可以计算在不同阻尼作用下精细积分法稳定性条件，在 $\xi = 0.01$ 是稳定性条件为：

$$\begin{cases} \tau/T \leqslant 0.07 & \text{for } L = 3 \\ \tau/T \leqslant 0.28 & \text{for } L = 4 \\ \tau/T \leqslant 0.45 & \text{for } L = 5 \\ \tau/T \leqslant 0.52 & \text{for } L = 6 \\ \tau/T \leqslant 0.33 & \text{for } L = 7 \\ \tau/T > 0 & \text{for } L \to \infty \end{cases} \tag{2.80}$$

式（2.80）中，for 代表对于 L 取不同值的情况。

当 $N = 20$ 时，由式（2.54）可以计算积分步长 $\tau = \Delta t/1048576$，在一般情况下式（2.79）和式（2.80）均可以得到满足，因此精细积分法的稳定性条件极其容易达到，从许多文献中都可以证明这一点[227-228]。该方法比 Newmark 积分法精度高[229]，因此完全可以满足工程应用的计算精度需求，在工程应用中经常被应用求解结构动力学响应问题[230-231]。

2.6 频域分析方法

通过直接积分法可以得到任意二阶非线性振动系统的位移、速度和加速度等变量的时间历程，能直观观察到物理量随时间变化趋势。然而，在很多问题中通过频域变换可以清晰反映结构响应特征，频域分析法分析结构响应的瞬时最大值

更加方便。因此有必要对求得的时域响应进行频域分析，更清晰了解系统的振动特性。

2.6.1　傅里叶变换

从数学角度分析，任何连续测量的时序或信号都可以通过不同频率的正弦波信号无限叠加的形式表示，而傅里叶变换算法是基于这一原理和直接测量的原始数据通过累加方式分析该信号中正弦波信号的频率、振幅和相位。从物理角度分析，傅里叶变换是改变传统时域分析信号的方法，将思维转向从频域角度分析问题，快速傅里叶变换（FFT）是离散傅里叶变换的快速算法，主要功能是将时域信号变换到频域。在实际频谱分析过程中，有些信号在时域上是很难看出特征，但是如果通过 FFT 变换到频域之后，很容易将信号频谱提取出来。

通过频响函数求解动力学问题的核心步骤是进行傅里叶变换。在采样总数为 N，时间长度 T 的时间段内，假设第 k 个采样时刻 $t_k = k\Delta t(k = 0,1,\cdots,N-1)$，则傅里叶变换的离散形式可表示为：

$$X(f) = \sum_{k=0}^{N-1} x(k\Delta t)\mathrm{e}^{(-i2\pi fk\Delta t)}\Delta t \tag{2.81}$$

式中，$\Delta t = \dfrac{T}{N}$ 为采样间隔。

将频域离散成 N 个频域点，即 $f_j = j\Delta f\ (j = 0,1,\cdots,N-1)$，式（2.81）的离散形式为：

$$X(f_j) = \sum_{k=0}^{N-1} x(k\Delta t)\mathrm{e}^{(-i2\pi kj\Delta t\Delta f)}\Delta t \tag{2.82}$$

式中，$\Delta f = \dfrac{1}{N\Delta t}$。

傅里叶变换可以将一个时域响应转换成在不同频率下对应的振幅及相位，其频谱的本质是时域响应在频域下的表现，而反傅里叶变换可以将频谱响应转换为时域响应，实现时频域转换。

2.6.2　功率谱估计（Welch 算法）

功率谱密度分析是随机振动信号处理的一种有效方法，能够表达出不同频率信号的功率分布，辨识有用信号频率成分。经典功率谱估计中的周期图法是谱估计中广泛应用的一种方法，其物理概念清晰方法简便、计算效率高。但不足之处是它不满足一致性估计的条件，分辨率和方差性能的矛盾使得该算法难以得到满意结果。Welch 算法可以很好地解决这一问题，其主要原理是通过对数据进行分段和加窗函数处理，来降低谱估计的方差，同时又保证分辨率不被严重破坏[232]。事实证明，利用 Welch 算法对时间序列进行谱分析是可行的[233]，其主要步骤如下。

（1）将长度为 N 的数据 $x_N(n)$ 段分成 L 段，每一段上取 M 点，相邻各小段之间重叠 $M/2$ 个点，可以得到数据的段数为：

$$L = \frac{2N - M}{M} \tag{2.83}$$

（2）对各小段加同样的平滑窗 $\omega(n)$ 后求解其傅里叶变换可得：

$$X_i(e^{j\omega}) = \sum_{k=0}^{M-1} x_i(n)\omega(n)e^{(-j\omega n)} \quad (i = 1,2,\cdots,L) \tag{2.84}$$

（3）通过式（2.85）计算各小段功率谱的平均值。

$$S_x(e^{j\omega}) = \frac{1}{L}\sum_{i=1}^{L} \frac{1}{MU} |X_i(e^{j\omega})|^2 \tag{2.85}$$

式中，$U = \frac{1}{M}\sum_{n=0}^{M-1} \omega^2(n)$ 为窗函数的平均功率。

加窗函数主要目的是对信号进行周期延拓，以得到虚拟的无限长信号，可以对该信号作傅里叶变换，实现信号从时域向频域的转化。频谱分析在系统振动分析中具有重要作用，通过频谱分析中可以看出在不同频率时的位移、速度和加速度等响应的变化趋势，从而判断出系统振动的敏感频率。

3　轨道缺陷模型及运行冲击系数理论

3.1　引　　言

起重机带载或空载运行在具有一定弹性、接头处有高低缺陷或间隙缺陷的钢轨上时，发生垂直冲击动力效应取决于构造形式（质量分布、起重机的弹性和悬挂、支撑方式）、运行速度、车轮直径以及轨道接头的状况等。因此，在起重机的设计阶段需要通过经验、实验或选取合理的数学模型对起重机轨道缺陷引起的载荷进行评估。

桥式起重机是现代物料搬运的重要特种设备，由于其重量较大、缺乏悬架减震系统、轨道缺陷等因素影响（安装误差事故状态），操作过程中的机械振动不可避免[69]。起重机常用轨道按其构造可分为 QU 型起重机专用轨道、P 型铁路钢轨、方钢和工字钢等，起重机车轮表面淬火质量很高，车轮踏面淬硬层较深，因此可提高车轮使用寿命。然而，温度的影响使轨道在安装过程中需要预留一定的接缝，在实际工程中，由于起重机轨道的安装误差以及轨道地基沉陷情况的存在，经常会使起重机和轨道之间产生较大冲击作用，长时间冲击作用加剧轨道缺陷的恶化，大大降低了起重机和轨道的使用寿命。

3.2　无焊接轨道缺陷模型建立与分析

轨道高低缺陷和间隙缺陷所引起的动载荷可以通过合理的动力学模型评估和计算，轨道缺陷所产生的激励力也可以通过合理的不平度函数来模拟，从而可以分析起重机通过轨道缺陷过程中的动力学冲击系数和动态响应。

3.2.1　轨道缺陷分析的必要性

某企业生产的起重机在曹妃甸地区运行过程中轨道出现了大约 30 m 长的严重啃轨距离。由于大车轨道的原因，大车快速运行时颠簸比较大，司机感觉强烈的不舒适。由于地基沉陷等原因引起的轨道缺陷现场实拍如图 3.1 所示，轨道缺陷所造成的大车轮缘的磨损现场实拍如图 3.2 所示。

很多沿海地区地下土质疏松，也有很多地区填海造陆，这些情况都有可能会

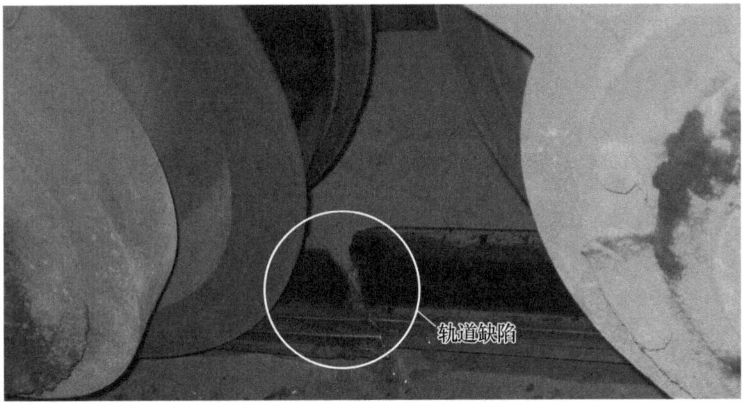

图 3.1 轨道缺陷现场实拍图

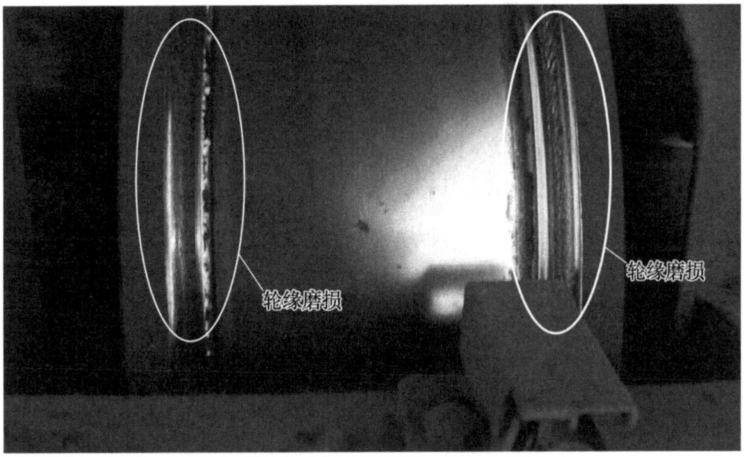

图 3.2 大车车轮磨损现场实拍图

造成厂房地基部分沉陷，从而引发起重机承轨梁变形，导致轨道缺陷的产生。在作业过程中，分析轨道缺陷对起重机产生的冲击影响，不仅可以判断出起重机在特殊状况下的工作能力，而且可以对其报废年限作出合理评估，更能在特殊状况下提高起重机司机的舒适性。

基于轨道缺陷对发生事故的铸造起重机进行了实际测量，大车轨道有缺陷导致起重机垂直方向受到冲击频率大约 5 次/3 min，冲击力大小相当于静态下的 1.52 倍。对于理论计算和分析该冲击系数起重机工作时间大概估算：按一年工作 300 天，一天 20 h 计算，有 1/2 时间负荷运行，则在一年时间里受到 30 万次较大的冲击附加载荷。因此，研究轨道缺陷的等效模型和轨道缺陷对起重机运行过程中所产生的影响是十分必要的。

3.2.2 车轮通过轨道缺陷过程模拟

轨道缺陷会引起起重机的强烈振动并使车轮与轨道发生强烈接触而出现啃轨现象[234]，这不仅会降低车轮和轨道的使用寿命，也会对金属结构产生重大影响。地面、轨道缺陷对设备的作用主要通过不平度函数[235-236]模拟车辆所受到的激励。因此，起重机轨道缺陷模型也可以参照轨道车辆与轨道之间作用的模型进行分析计算。

在不考虑小车运行对系统振动影响的情况下，主要分析轨道缺陷所引起的振动[237-238]。通常情况下，起重机的设计要求接缝处轨道高度偏差小于 1 mm[239]。但是，轨道地基在环境的影响下会导致高低差增大，实际工作过程中轨道高度偏差可能达到 10 mm 甚至更大；另一方面，轨道接头间隙对起重机运行也会产生一定的冲击作用，而轨道安装中间隙缺陷是不可避免的。

在带有高低错位或间隙接头轨道上运行的起重机械及起重小车所引起的动力载荷，可用适当的弹性动力模型进行估算[240]，即采用不平度函数模拟轨道接头处高低缺陷或间隙缺陷，国际标准 ISO 8686-1:2012 中采用了图 3.3 模型模拟车轮通过轨道缺陷的两种情况。

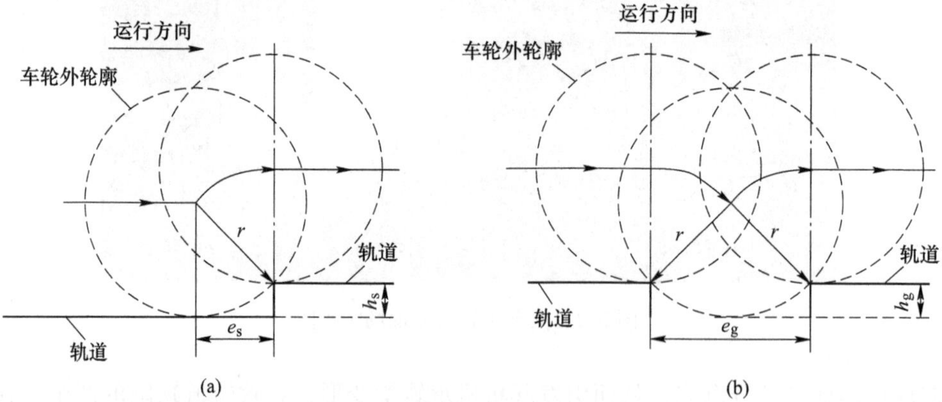

图 3.3 车轮运行过程示意图

（a）通过高低缺陷时；（b）通过间隙缺陷时

由于起重机轨道缺陷 h_s 和 h_g 远小于车轮半径 r，并且起重机本身质量较大，因此，轨道缺陷所引起的前后轮垂直位移 $\xi_i(t)$ 和 $\zeta_i(t)$ 可近似按图 3.4 所示的正弦、余弦规律变化的函数计算。当车轮越过接头高低缺陷处或间隙处时，车轮所承受位移激励的近似不平度函数 $\xi_i(t)$ 和 $\zeta_i(t)$ 可表示为：

$$\xi_i(t) = \frac{h_s}{2}(1 - \cos\omega_s t) \qquad (0 \leqslant t \leqslant t_{s1}) \tag{3.1}$$

$$\zeta_i(t) = \frac{h_g}{2}(1 - \cos\omega_g t) \qquad (0 \leqslant t \leqslant t_{g1}) \tag{3.2}$$

式中，$\omega_s = \frac{\pi v}{\sqrt{2rh_s}}$，$\omega_g = \frac{2\pi v}{e_g}$，$h_g = \frac{e_g^2}{8r}$，$t_{s1} = \frac{\sqrt{2rh_s}}{v}$，$t_{g1} = \frac{e_g}{v}$。

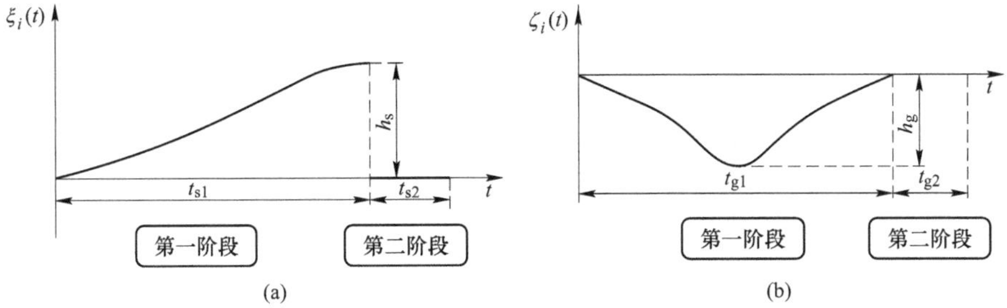

图 3.4 不平度函数

（a）通过高低缺陷时；（b）通过间隙缺陷时

上述两种情况得到的不平度函数 $\xi_i(t)$ 和 $\zeta_i(t)$ 为起重机车轮在轨道上运行所产生激励力的来源。由式（3.1）和式（3.2）可以看出，不平度函数 $\xi_i(t)$ 和 $\zeta_i(t)$ 取决于轨道缺陷 h_s、h_g 和轨道激励频率 ω_s、ω_g。起重机振动系统不仅受不平度函数的影响，还与车轮数量和外形尺寸有关，车轮数量越多起重机所受到的冲击次数越多。因此，在起重机设计中还需要充分考虑车轮在轨道缺陷处的冲击顺序，尽量避免多个车轮同时发生冲击。

3.3 轨道高低缺陷下冲击系数研究

3.3.1 理论方程推导

图 3.5 所示为等效单自由度移动质量运行通过轨道缺陷的物理模型。在质量 m 越过轨道某个接头处缺陷时，高低缺陷对等效系统会产生冲击作用，该模型中轨道对起重机冲击作用为两个阶段。第一阶段为轨道缺陷对车轮冲击作用，第二阶段为等效质量在轨道平面上垂直方向的自由振动。等效载荷激励可表示为：

$$F(t) = k \cdot \xi_i(t) \tag{3.3}$$

式中 k ——起重机等效刚度；

$\xi_i(t)$ ——轨道位移激励。

在分析轮-轨动力作用时，通常将轮轨接触点视为绝对刚性，而忽略轮轨之间的接触变形或接触弹性。轮轨系统在轮轨接触点的垂向相对运动为零，即 $y(t) = 0$，则单自由度系统的运动微分方程为：

$$m\ddot{y} + ky = k \cdot \xi_i(t) \tag{3.4}$$

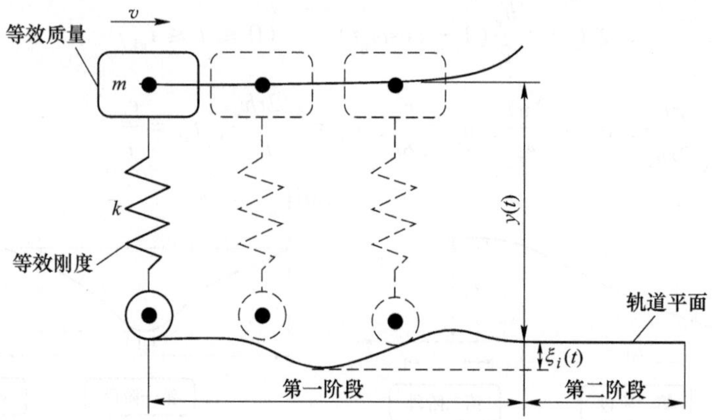

图 3.5　等效单自由度动力系数求解模型

将式（3.1）代入式（3.4）可将系统运动方程转换为：

$$m\ddot{y}+ky=k\cdot\frac{h_s}{2}(1-\cos\omega_s t) \tag{3.5}$$

根据求解二阶常系数微分方程解的数学原理，以及系统运动的初始条件 $x_0=0$、$\dot{x}_0=0$ 可得到等效质量在运行冲击的第一阶段响应为：

$$y_s(t)=\frac{h_s}{2}-\frac{h_s\omega_s^2}{2(\omega_s^2-\omega^2)}\cos\omega t+\frac{h_s\omega^2}{2(\omega_s^2-\omega^2)}\cos\omega_s t\qquad(0\leqslant t\leqslant t_s) \tag{3.6}$$

根据式（3.6）可得到在冲击的第一阶段等效质量的速度响应和加速度响应分别为：

$$\dot{y}_s(t)=\frac{h_s\omega\omega_s^2}{2(\omega_s^2-\omega^2)}\sin\omega t-\frac{h_s\omega_s\omega^2}{2(\omega_s^2-\omega^2)}\sin\omega_s t\qquad(0\leqslant t\leqslant t_s) \tag{3.7}$$

$$\ddot{y}_s(t)=\frac{h_s\omega_s^2\omega^2}{2(\omega_s^2-\omega^2)}(\cos\omega t-\cos\omega_s t)\qquad(0\leqslant t\leqslant t_s) \tag{3.8}$$

根据式（3.7）和式（3.8）的结果形式特点，系统中引入无量纲参数 $\lambda_s=\omega/\omega_s$，第一段冲击过程结束与第二段冲击开始的临界时刻 t_s 等效质量的振动响应（速度、加速度）可表示为：

$$\dot{y}_{t_s}=\frac{h_s\omega}{2(1-\lambda_s^2)}\sin(\pi\lambda_s) \tag{3.9}$$

$$\ddot{y}_{t_s}=\frac{h_s\omega^2}{2(1-\lambda_s^2)}[\cos(\pi\lambda_s)+1] \tag{3.10}$$

在等效质量完全越过接头后，不再承受接头处载荷激励而做自由振动。当不考虑能量耗散时，根据系统能量守恒原理，当动能完全转化为弹簧弹性势能时，等效质量的速度为零、加速度达到最大。因此，可以得出在 $t_s+\Delta t$ 时刻系统加速度最大，由能量守恒定理可以建立系统能量方程为：

$$\frac{1}{2}m\dot{y}_{t_s}^2=\frac{1}{2}k\cdot\Delta y^2 \tag{3.11}$$

式中　Δy——自由振动阶段弹簧的压缩（拉伸）增量。

根据式（3.11）可以看出，第二阶段自由振动某一时刻，等效质量的垂直加速度达到最大，此时轨道对起重机产生的最大冲击系数可表示为：

$$\ddot{y}_{smax}=\frac{h_s}{2}\cdot\omega_s^2\cdot\frac{\lambda_s^2}{1-\lambda_s^2}\cdot(\cos\pi\lambda_s+\sin\pi\lambda_s+1) \tag{3.12}$$

将式（3.12）中的参数做如下定义：

$$\ddot{h}=\left(\frac{\pi}{2}\right)^2\frac{v^2}{r} \tag{3.13}$$

$$\xi_s(\alpha_s)=\frac{\lambda_s^2}{1-\lambda_s^2}\cdot[1+\cos(\pi\lambda_s)+\sin(\pi\lambda_s)] \tag{3.14}$$

根据式（3.13）和式（3.14）自定义参数可看出，当车轮以速度 v 通过高低缺陷处时，不平度函数所引起等效质量的最大垂直加速度为：

$$\ddot{x}_{smax}=\frac{h_s}{2}\omega_s^2\xi_s(\alpha_s)=\ddot{h}\xi_s(\alpha_s) \tag{3.15}$$

因此，轨道接头一般的情况下，起重机通过高低缺陷时，轨道缺陷对起重机产生垂直冲击系数 φ_{4s} 可表示为：

$$\varphi_{4s}=\frac{mg+m\ddot{x}_{smax}}{mg}=1+\frac{\ddot{h}}{g}\xi_s(\alpha_s)=1+\left(\frac{\pi}{2}\right)^2\frac{v^2}{gr}\xi_s(\alpha_s) \tag{3.16}$$

根据式（3.16）可计算起重机通过轨道缺陷过程中所产生的最大冲击系数 φ_{4s}，该方法可为起重机动静设计分析提供较准确参数。

3.3.2　运行速度和高低缺陷大小对冲击系数的影响

现有计算起重机运行冲击系数的方法主要依据 ISO 8686-1:2012 和 GB/T 3811—2008，为了研究本书计算方法的可行性和实用性，将本书计算结果与现有方法进行对比分析，并分析不同大车运行速度和轨道缺陷大小时，三种方法计算结果的一致性和差异性。以 ISO 8686-1:2012 计算方法为基础，得到运行冲击系数与轨道高低缺陷大小和运行速度三者之间的关系如图 3.6 所示。从图 3.6 中可以看出，随着轨道高低缺陷的增大运行冲击系数呈线性增加，而运行速度的增加会使冲击系数先减小后增加，当速度达到一定值时运行冲击系数增加幅度很缓慢。

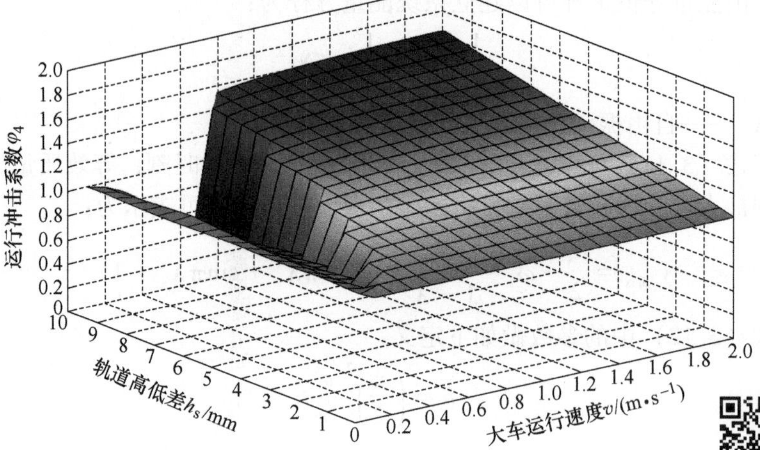

图 3.6　运行速度和轨道高低缺陷对运行冲击系数的影响（ISO 8686-1:2012）

图 3.6 彩图

GB/T 3811—2008 中提出了轨道冲击系数的计算方法见式（3.17），但是该经验公式要求通常情况下轨道安装公差 $h \leqslant 1$ mm[1]。以式（3.17）为理论基础在 MATLAB 中绘制轨道高低缺陷、运行速度和冲击系数之间的关系如图 3.7 所示。从图中可以看出，冲击系数随着起重机运行速度和高低缺陷的增大而呈线性增大趋势，依据式（3.17）中计算方法中也可以得出该结论。

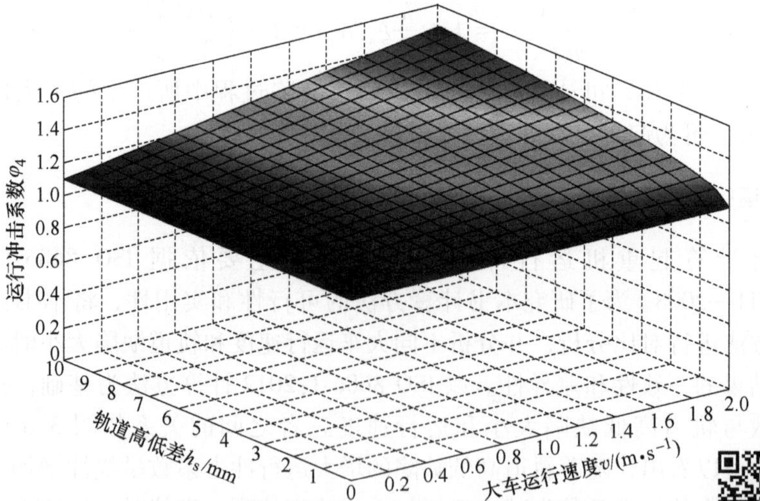

图 3.7　运行速度和轨道高低缺陷对运行冲击系数的影响（GB/T 3811—2008）

图 3.7 彩图

$$\varphi_4 = 1.1 + 0.058 v_y \sqrt{h} \tag{3.17}$$

式中 φ_4——运行冲击系数；

v_y——起重机运行速度；

h——轨道接头处高低差。

同理，根据本书理论推导出冲击系数的计算方法在 MATLAB 中绘制运行速度、高低缺陷和冲击系数三维图，如图 3.8 所示。从图 3.8 中可以看出，冲击系数随着轨道高低缺陷的增大呈线性增大趋势；随着运行速度增大，冲击系数先增大后减小，当速度达到一定值时，冲击系数变化很小。整体变化趋势与 ISO 8686-1：2012 中结果的趋势基本一致。

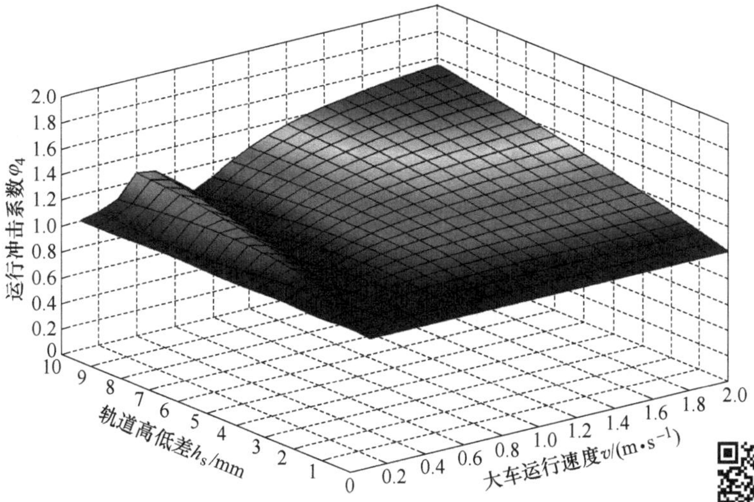

图 3.8 运行速度和轨道高低缺陷对运行冲击系数的影响（本书方法）

图 3.8 彩图

ISO 8686-1:2012 和本书的计算结果中起重机在低速运行阶段，运行速度增加时轨道缺陷对起重机的冲击系数反而呈减小趋势，主要原因是在低速运行时轨道缺陷对起重机所产生的冲击作用时间较长，结构会出现相对较大幅度振动，但是冲击所产生的加速度较小，因而冲击系数计算值会出现略微的下降趋势。当速度达到一定范围时，起重机通过轨道缺陷的时间很短，结构并不能及时作出响应，因此冲击系数值相对较大，而当速度达到某一值时，冲击系数基本保持变化。

将运行速度设定为 1.333 m/s，通过上述三种方法求解在相同轨道缺陷下起重机运行冲击系数的情况，见表 3.1。从表中可以看出，当轨道高低缺陷为 7 mm 时，GB/T 3811—2008 标准下冲击系数的计算结果为 1.3046，然而实际测得冲击系数为 1.52，而且当轨道缺陷增大到 10 mm 时，冲击系数（1.3445）并没有太大变化，这显然不符合实际情况。因此，GB/T 3811—2008 在分析轨道缺陷对运行冲击系数影响时存在着一定的局限性。ISO 8686-1:2012 和本书提出的方法从计算结果趋势上符合实际情况，都是随着轨道缺陷的增大冲击系数增大明显，且本书提出的计算方法在结果上比 ISO 8686-1:2012 计算结果略大，从铸造起重机设计安全角度看，本书提出的方法相对更安全。

表 3.1　三种计算方法结果对比

高低缺陷大小/mm	1	2	3	4	5	6	7	8
ISO 8686-1:2012	1.0640	1.1272	1.1895	1.1895	1.3116	1.2509	1.4303	1.4884
GB/T 3811—2008	1.1773	1.2094	1.2339	1.2547	1.2729	1.2894	1.3046	1.3187
本书提出	1.0787	1.1651	1.2541	1.3437	1.4328	1.5206	1.6065	1.6902

3.3.3　高低缺陷下冲击过程分析

上述推导了起重机从低处到高处运行通过高低缺陷的情形，下文研究从高处到低处运行通过高低缺陷的状况。起重机从轨道高处到低处运行通过高低缺陷激励的第一阶段时，可以通过如图 3.9 所示的余弦曲线模拟轨道缺陷的不平度函数，通过式（3.18）计算不平度函数的值。

$$\xi_i(t) = -\frac{h_s}{2}(1 - \cos\omega_s t) \qquad (0 \leqslant t \leqslant t_{s1}) \tag{3.18}$$

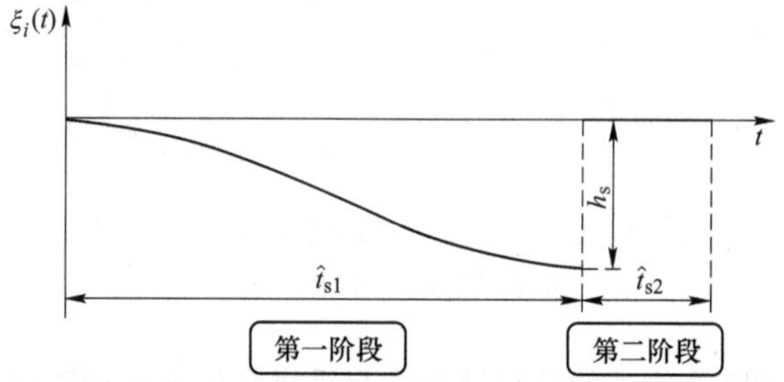

图 3.9　从高处运行到低处时轨道不平度函数

根据 3.3.1 节计算原理可以得到高低缺陷下自定义参数表达式为：

$$\xi_s(\alpha_s) = -\frac{\lambda_s^2}{1 - \lambda_s^2} \cdot [1 + \cos(\pi\lambda_s) + \sin(\pi\lambda_s)] \tag{3.19}$$

从式（3.19）可以看出，从高处到低处运行和从低处到高处运行两个过程中冲击系数表达式相同，冲击效果一样，对比式（3.1）和式（3.18）可以看出，不平度函数的绝对值相同。因此，从高处到低处运行和从低处到高处运行两个过程中等效质量所承受激励力的大小每一时刻都相同，只是激励力方向相反，同时等效质量在垂直方向上的初始速度、加速度和位移均为零。因此，从高到低处运行和从低处到高处运行两个过程所计算的冲击系数相同。

3.4 轨道间隙缺陷下冲击系数研究

3.4.1 理论方程推导

根据3.3.1节轨道高低缺陷下起重机运行冲击系数的推导过程，由式（3.1）和式（3.2）可以看出，轨道高低缺陷和间隙缺陷下，作用在集中质量上激励力的形式相同。因此，可以通过同样的原理计算得到轨道间隙缺陷下集中质量在第一阶段冲击过程中响应表达式为：

$$\dot{y}_g(t) = \frac{h_g\omega\omega_g^2}{2(\omega_g^2-\omega^2)}\sin\omega t - \frac{h_g\omega_g\omega^2}{2(\omega_g^2-\omega^2)}\sin\omega_g t \qquad (0 \leqslant t \leqslant t_g) \tag{3.20}$$

$$\ddot{y}_g(t) = \frac{h_g\omega_g^2\omega^2}{2(\omega_g^2-\omega^2)}(\cos\omega t - \cos\omega_g t) \qquad (0 \leqslant t \leqslant t_g) \tag{3.21}$$

系统中引入无量纲参数 $\lambda_g = \omega/\omega_g$，第一段冲击过程结束与第二段冲击开始的临界时刻等效质量的振动响应为：

$$\dot{y}_{t_g} = -\frac{h_g\omega}{2(1-\lambda_g^2)}\sin(2\pi\lambda_g) \tag{3.22}$$

$$\ddot{y}_{t_g} = \frac{h_g\omega^2}{2(1-\lambda_g^2)}[1-\cos(2\pi\lambda_g)] \tag{3.23}$$

在不考虑阻尼对振动系统能量的消耗前提下，等效质量进入第二冲击阶段时系统动能全部转换为系统弹性势能，则起重机运行冲击系数达到最大。因此等效质量的两个冲击过程的最大加速度可表示为：

$$\ddot{y}_{g_{\max}} = \frac{h_g}{2}\cdot\omega_g^2\cdot\frac{\lambda_g^2}{1-\lambda_g^2}\cdot[1-\cos(2\pi\lambda_g)+|\sin(2\pi\lambda_g)|] \tag{3.24}$$

式中，$\omega_g t_g = 2\pi$；$\lambda_g = \omega/\omega_g$。

引入式（3.25）无量纲自定义参数，则等效质量的最大振动加速度可依据式（3.26）计算，根据起重机运行冲击系数定义，在轨道间隙缺陷作用下的起重机振动冲击系数计算方法见式（3.27），起重机设计与分析时可参考该方法较准确地计算通过间隙缺陷时的运行冲击系数，为起重机设计提供参数计算方法。

$$\xi_g(\lambda_g) = \frac{\lambda_g^2}{1-\lambda_g^2}\cdot[1-\cos(2\pi\lambda_g)+|\sin(2\pi\lambda_g)|] \tag{3.25}$$

$$\ddot{x}_{g_{\max}} = \frac{h_g}{2}\omega_g^2\xi_g(\lambda_g) = \ddot{h}\xi_g(\lambda_g) \tag{3.26}$$

$$\varphi_{4g} = \frac{mg + m\ddot{x}_{g_{\max}}}{mg} = 1 + \frac{\ddot{h}}{g}\xi_g(\lambda_g) = 1 + \left(\frac{\pi}{2}\right)^2\frac{v^2}{gr}\xi_g(\lambda_g) \tag{3.27}$$

3.4.2　运行速度和缺陷间隙大小对冲击系数的影响

在轨道间隙缺陷作用下，依据 λ_g 的含义可以将其写成为：

$$\lambda_g = \frac{fe_g}{v} \tag{3.28}$$

式中　f——起重机自身固有频率（2~4 Hz）；
　　e_g——轨道间隙宽度（小于 20 mm）；
　　v——运行速度（0.16~4 m/s）。

根据式（3.28）计算方法及变量取值范围可以得到 λ_g 的最大值为 0.5，因此在分析过程中变量取值范围小于 0.5。间隙缺陷下将本书理论结果和 ISO 8686-1:2012 进行对比，计算无量纲参数 $\xi_g(\lambda_g)$ 和 λ_g 之间关系如图 3.10 所示。从图 3.10 中可以看出，从趋势上看两种计算方法结果基本一致。且本书计算结果比 ISO 8686-1:2012 略大且更安全。

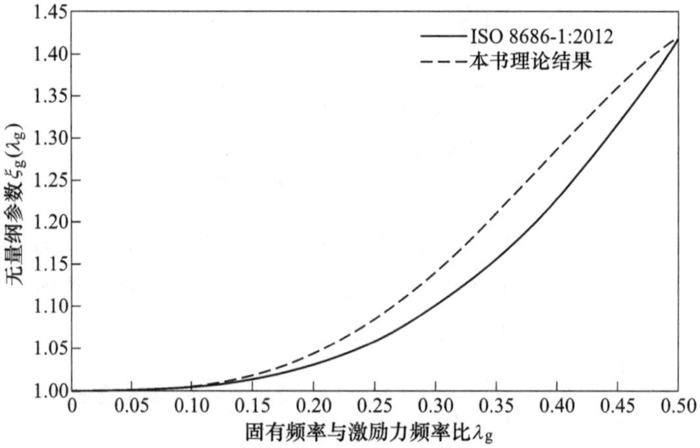

图 3.10　两种方法理论结果对比

间隙缺陷大小、车轮半径和冲击系数之间关系如图 3.11 所示，从图中可以看出，运行冲击系数随着车轮半径的增大而减小，轨道间隙缺陷的增大而增大，这是由于车轮越大、轨道缺陷越小时，车轮运行通过间隙缺陷时所承受的激励力越小，作用时间也越小。两种计算方法在不同车轮半径和间隙缺陷大小时运行冲击系数的变化趋势一致，且本书的方法比 ISO 8686-1:2012 计算结果略大且更安全。在当间隙缺陷达到最大 20 mm、车轮半径最小为 200 mm 时的运行冲击系数分别为 1.0038 和 1.0043，该冲击系数对起重机结构冲击作用非常小。因此在实际计算过程中可以忽略轨道间隙缺陷对起重机冲击影响，高低缺陷和间隙缺陷同时存在时一般只考虑高低缺陷对起重机的冲击作用。

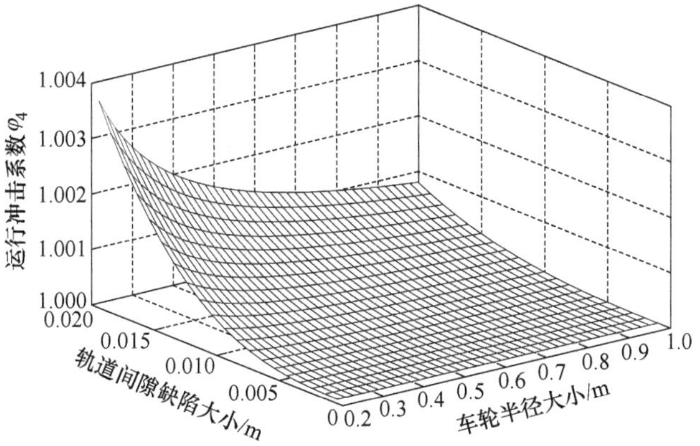

(a)

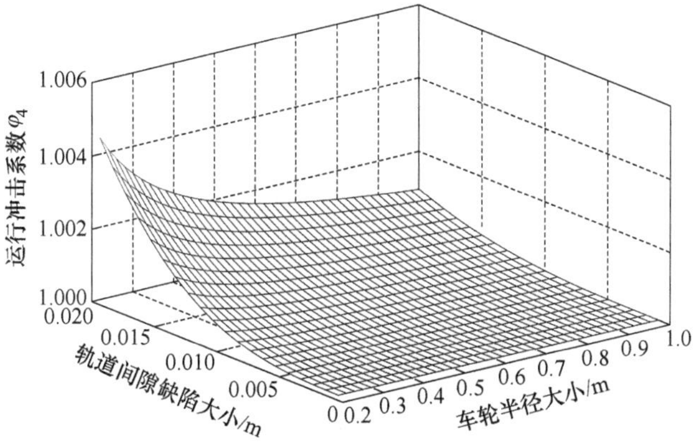

(b)

图 3.11　间隙缺陷下运行冲击系数影响因素分析

(a) ISO 8686-1:2012 计算结果；(b) 本书方法求解结果

图 3.11 彩图

3.5 高低缺陷与间隙缺陷耦合作用分析

由《起重机设计规范》(GB/T 3811—2008)[241]可知车轮直径变换范围通常为 200~1000 mm，桥式起重机运行速度范围一般在 0.16~4.0 m/s[1]。在车轮半径为 400 mm 时，在高低缺陷下发生两种缺陷耦合效应的临界间隙尺寸见表 3.2。

表 3.2　高低缺陷下发生耦合现象的临界间隙（r=400 mm）

高低缺陷大小 h_s/mm	1	2	3	4	5	6	7	8	9	10
耦合临界间隙 e_{sr}/mm	29.27	39.95	49.90	56.43	63.05	69.02	74.51	79.60	84.37	89.88

由表 3. 2 可知，车轮半径为 400 mm、轨道高低误差 $h_s = 1$ mm 时，对应的临界间隙 $e_{sr} = 29.27$ mm，即当实际间隙大于临界间隙即 $e_s > e_{sr}$时，才考虑两种缺陷耦合影响，而 $e_s \leq e_{sr}$时，仅考虑轨道高低缺陷而不考虑轨道间隙缺陷。依据两种缺陷耦合作用绘制在不同车轮半径、轨道高低缺陷下发生耦合作用的临界间隙值如图 3. 12 所示。

起重机轨道间隙缺陷值通常情况 1~2 mm，温差 20 ℃地区或冬季间隙缺陷最大为 4~6 mm[242]。从图 3. 12 可以看出，当车轮半径为 100 mm、高低缺陷为 0. 1 mm 时，发生耦合作用的临界间隙为 $e_{sr} = 4.471$ mm；当 $e_s > e_{sr}$时，出现接头高低差和间隙差耦合的情况；而当 $e_s \leq e_{sr}$时，仅考虑轨道高低差而不考虑轨道间隙对起重机冲击影响。由于铸造起重机一般工作在室内，轨道安装缺陷值小于在最小车轮半径下的耦合临界间隙，所以当车轮较大时更不会出现耦合效应的情况。因此，不存在轨道高低缺陷和间隙缺陷耦合的情况，当轨道高低缺陷和间隙缺陷同时存在时，通常只计算高低缺陷对起重机冲击的影响。

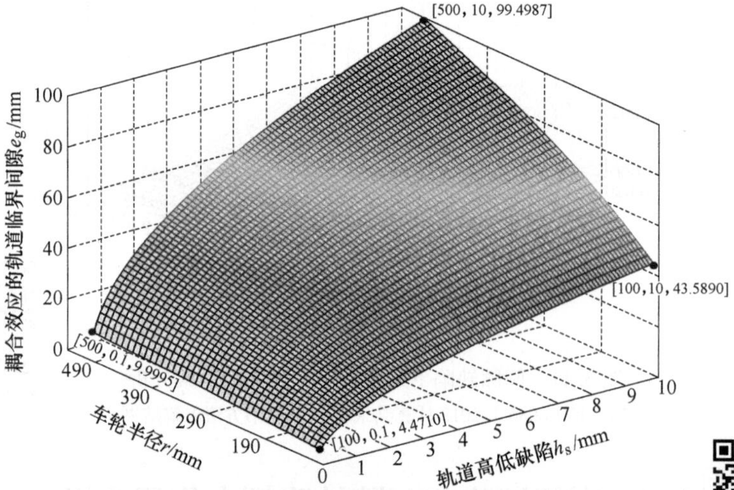

图 3. 12　不同车轮半径和轨道高低缺陷下发生耦合效应的临界间隙值

图 3. 12 彩图

3. 6　铸造起重机车轮与轨道缺陷冲击过程分析

由于起重机车轮的个数和跨度有所不同，因此在分析轨道缺陷对车轮冲击作用时，需要根据实际车型分析轨道对各个车轮作用的时间历程。由于轨道间隙缺陷远小于车轮直径，因此可忽略轨道接缝的距离。起重机四个车轮组在一个周期内冲击的时间历程如图 3. 13~图 3. 16 所示。

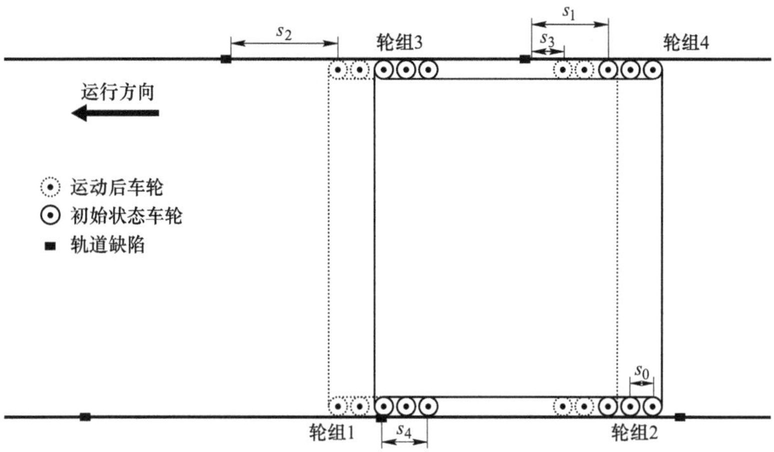

图 3.13　轮组 1 冲击开始至结束

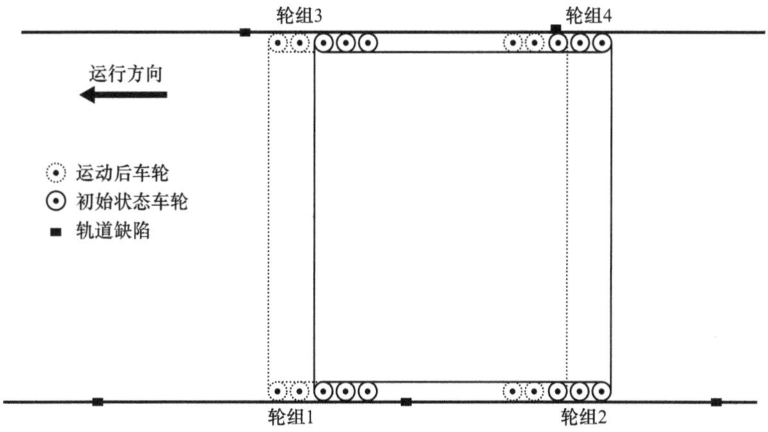

图 3.14　轮组 4 冲击开始至结束过程

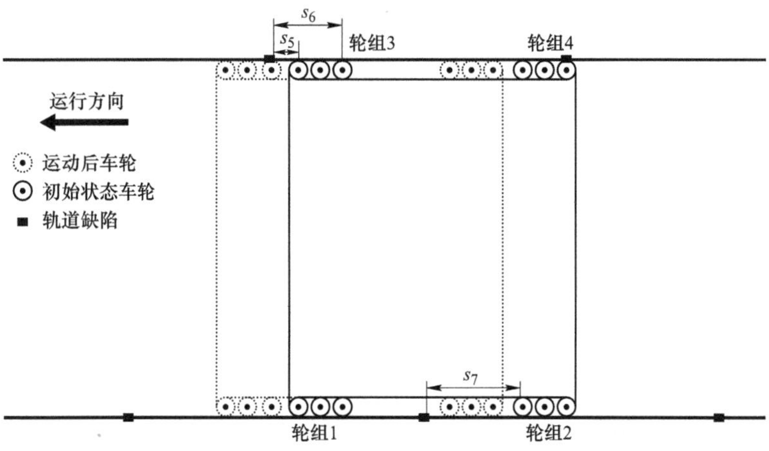

图 3.15　轮组 4 冲击结束至轮组 3 冲击结束过程

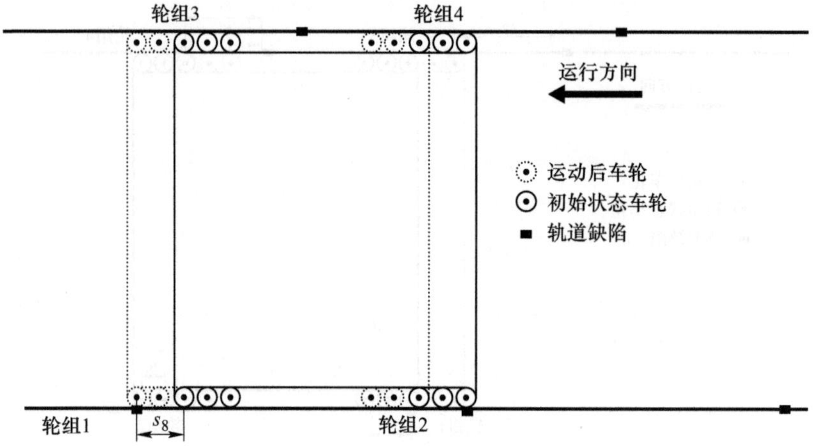

图 3.16　轮组 2 冲击结束后

以轮组 1 的第一个轮进入轨道缺陷作为起始时刻，在第一个车轮离开轨道缺陷后完成第一次冲击；起重机再运行 s_0 的距离后，轮子 1 的第二个车轮开始冲击，冲击结束后再运行 s_0 后，轮子 1 的第三个车轮开始冲击，当此次冲击结束后，轮组 1 即完成了在该接缝处冲击的全过程，整个冲击过程由图 3.13 中的实线位置运行至虚线位置。由于单根导轨长度一般大于起重机的宽度，因此，只需要比较 s_1 和 s_2 大小关系即可确定轮组 3 和轮组 4 的冲击顺序。在设计中已经考虑到起重机车轮的冲击过程，一般情况下不存在多个轮组同时通过接缝的情况。本书工程应用中起重机轮组 4 完成冲击后，轮组 2 和轮组 3 并未开始冲击，即 $s_2>s_1+s_4$。轮组 4 的冲击过程与轮组 1 冲击过程相同，整个冲击过程由图 3.14 中的实线位置运行至虚线位置。

在轮组 4 完成冲击过程后，比较 s_5、s_6 和 s_7 大小关系，从而判断轮组 2 和轮组 3 的冲击顺序。如果 $s_7>s_5$ 则说明轮组 3 先发生冲击，反之，则说明轮组 2 先发生冲击；如果 $s_7>s_6$ 则说明轮组 3 冲击结束后轮组 2 还没有发生冲击；$s_5<s_7<s_6$ 则可判断为轮组 2 和轮组 3 在某个时刻同时发生了与轨道的冲击。本书工程应用中，$s_7>s_6$ 在轮组 3 结束冲击后轮组 2 才开始，整个冲击过程如图 3.15 中的实线位置运行至虚线位置。

在轮组 2 完成冲击并运行距离 s_8 后，轮组 1 重新进入轨道缺陷边缘，整个冲击过程由图 3.16 中的实线位置运行至虚线位置，自此完成了一个周期的冲击过程。起重机车轮组的冲击过程与车轮之间的距离、跨度和轨道缺陷的位置等结构尺寸有关。在起重机设计初期考虑这些因素的影响，避免两个轮组同时与轨道缺陷发生冲击作用，可以有效降低起重机振动。

3.7 运行冲击系数理论结果的实验验证

3.7.1 实验目的

基于某企业 100/40 t-28.5 m 铸造起重机整机设备，测试其主梁最危险部位在静态状态和动态运行过程中的应力值，将该数据与有限元计算结果对比，验证轨道冲击系数理论推导结果的正确性。

3.7.2 测试设备及方法

测试所需材料与设备如下。

（1）应变花若干。

（2）INV2312N（无线总线静态应变测试系统）：国内由北京东方振动和噪声技术研究所创新设计的第三代静态应变测试测量系统，不用连接线和短接片，有效消除热电势影响，支持多种桥路形式及传感器、支持多种通信接口的万能应变测试测量系统。

（3）SG404-EX（动态信号采集分析系统）：其主要特点是独立四通道、支持全桥、半桥、四分之一桥应变输入，内置桥路电阻且不需要再接外部桥盒。该系统主要用于动态应变的无线远程测量，接箔金属应变片也可用于旋转轴上的动态应变测量。

实验所测试的样机如图 3.17 所示，该样机在高低缺陷轨道上运行时，主梁与端梁连接部位出现了破坏，为了测试在不同工作过程中主端梁连接部位危险点

图 3.17 整机测试实物图

的应力情况，将起重机大、小车运行过程设定为：小车空载运行阶段、跨端起吊阶段、大车匀速运行并在某一时刻通过轨道缺陷、小车卸载钢包，分别测试四个过程中危险点应力时域响应。

首先在铸造起重机外主梁跨中上盖板粘贴单向电阻应变片，在其主腹板和副腹板端头过渡圆角附近区域、端梁下盖板区域分别粘贴电阻应变花，主腹板测点E和端梁下盖板测点F的测试位置，如图3.18所示。测点E、F位于主端梁连接部位，为铸造起重机设计危险点，操作过程是首先将应变花贴在所测试点位置，并初始化应力值为零。其次，运行起重机大车和小车，通过计算机显示测点应力变化的时域响应，并在计算机中处理相关数据，输出测点的应变大小随时间变化曲线。

图3.18　实验测试的位置

3.7.3　测试结果

在主梁主腹板上静态测点E位置布置一个动态测点，连接动态测试系统。图3.19所示为吊运某一包钢水的测点位置的实测应变曲线，其中纵轴是应变值，横轴为时间坐标。在本次测试流程中，小车空载运行阶段、跨端起吊阶段、大车匀速运行并在某一时刻通过轨道缺陷、小车卸载钢包五个过程中测点的应力变化明显。从图3.19中可以看出，测点应变的变化趋势与实际运行状态相一致，说明测试结果可信度较高。测点位置最大应变为560 $\mu\varepsilon$，常温时取弹性模量 $E=210$ GPa，对应最大应力值为117.6 MPa，大车匀速运行在无缺陷的轨道上时，测点最大应力为235.4 $\mu\varepsilon$，对应应力为49.4 MPa。由于在测试系统初始化过程中忽略因自重产生的应力，而实际由于自重产生的应力值为61.1 MPa，在计算中需要将这部分值添加到测试结果中。

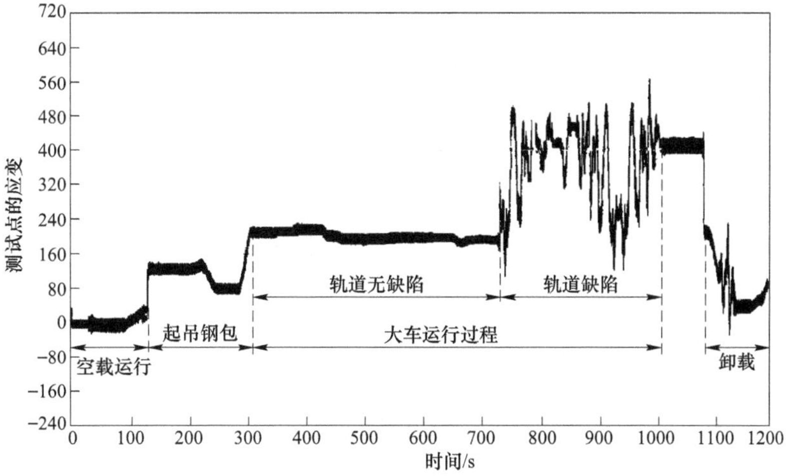

图 3.19 通过轨道缺陷时的应变曲线

3.7.4 有限元计算结果

在 ANSYS 中通过 APDL 语言建立 100/40 t-28.5 m 铸造起重机有限元模型，并划分网格添加约束条件，分析在自重和满载作用下 E 测点对应位置应力如图 3.20 所示，将对应测点位置局部放大如图 3.21 所示。从图 3.21 中可以看出，铸造起重机主梁过渡圆角母材、焊缝处焊接残余应力较大，实验测点对应有限元模型中的位置附近应力大小为 110 MPa 左右，而测点位置实际应力测量值大约为 105 MPa。

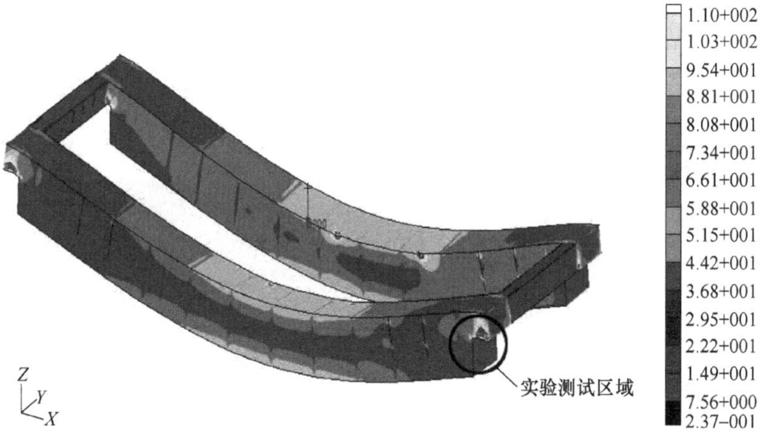

图 3.20 满载工况下主梁应力云图

图 3.20 彩图

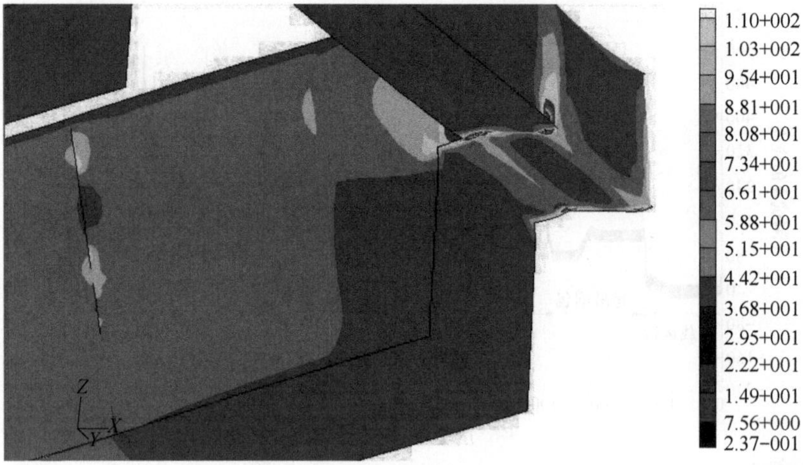

图 3.21　满载工况下主梁测试点应力局部放大图

图 3.21 彩图

为了分析轨道缺陷对起重机冲击影响，在有限元模型中将本书 7 mm 轨道高低缺陷（见表 3.1）的计算冲击值（1.6065）加载在有限元模型中，模拟在大车运行通过高低缺陷的情况。轨道冲击作用下的主梁应力云图如图 3.22 所示，测点局部放大如图 3.23 所示，从图中可以看出，有限元模型中与测点对应位置应力为 155 MPa。

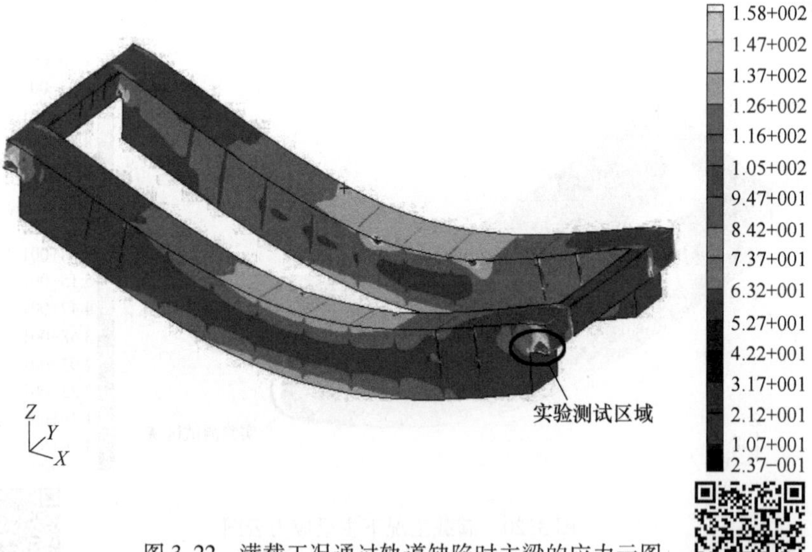

图 3.22　满载工况通过轨道缺陷时主梁的应力云图

图 3.22 彩图

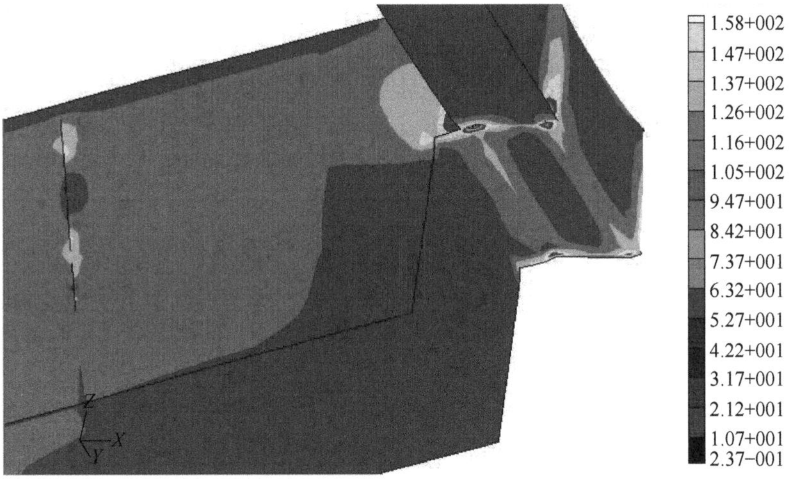

图 3.23　满载工况下通过轨道缺陷时主梁测试点应力局部放大图

图 3.23 彩图

3.7.5　结果分析

将实验测试结果与有限元模型计算结果对比，见表 3.3。从表 3.3 中可以看出，在轨道无缺陷时，测点的实验值和有限元分析值分别为 110.5 MPa 和 105 MPa，在考虑轨道缺陷作用时，7 mm 高低缺陷下测点应力值为 168.8 MPa，将本书轨道缺陷计算结果加载在主梁结构上，测点位置有限元分析结果为 155 MPa。在无缺陷和有缺陷时有限元分析结果与测试结果的误差分别为 4.98% 和 8.18%。在 7 mm 高低缺陷时主梁危险点的测试应力是无缺陷时的 1.52 倍，而在加载本书理论推导出的冲击系数值（1.6065）时有限元模型的分析结果为 1.48 倍，分析值与实测值之间误差为 2.63%，该误差可以满足工程需求。因此可以说明本书在运行冲击系数的推导结果是有效的。

表 3.3　实测值与有限元分析结果对比

计算方法	轨道缺陷/mm	测试结果/MPa	自重应力/MPa	总体应力/MPa	增大系数
实验测试	无	49.4	61.1	110.5	1.52
	7	117.6	61.1	168.8	
有限元法	无	—	—	105	1.48
	7	—	—	155	

4 司机-起重机-轨道系统动态建模与优化

4.1 引　　言

人体短期暴露在振动环境下使司机产生不舒适感[243]，而且长时间强烈振动也会给司机身体造成安全危害。在轨道缺陷作用下，曹妃甸事故起重机运行过程中不仅主梁产生了疲劳破坏，而且司机感受到了强烈的不舒适。而在起重机设计和分析中鲜有将司机振动舒适性作为考虑的主要因素。铸造起重机动力学特性研究中，人体振动舒适性更是被忽略的重要方面，同时现有人体振动评价标准中还存在不能量化的缺点。因此，本章以第 3 章轨道缺陷模型和起重机的结构特点为基础，以人体振动舒适性作为优化目标，建立基于司机-起重机-轨道的系统动力学模型，并分析在正常运行和轨道缺陷两种情况下人体振动舒适性，提出了一种以人体烦恼率为优化目标的动态优化设计方法，为起重机设计和分析提供数据、模型参考。

4.2 司机-起重机-轨道系统振动模型

起重机带载或空载运行于具有一定弹性、接头处有间隙或高低错位的钢轨上时，发生的垂直冲击动力效应取决于结构形式（质量分布、起重机的弹性、支撑方式）、运行速度、车轮直径及轨道接头状况，因此基于司机-起重机-轨道系统的振动模型（见图 4.1）中应该体现这些因素对系统振动影响[244]。

4.2.1 系统模型合理性分析

现有的起重机设计目标仅追求起重机性能，而缺乏对司机和环境的考量，基于人-机-环系统的起重机设计目标从单一到多极、从片面到全面，体现了起重机设计对环境的适应性、人体的舒适性和起重机的高效性。因此，基于人-机-环视角的起重机设计思想将提升起重机设计质量和水平，具有重大的理论意义和工程参考价值。

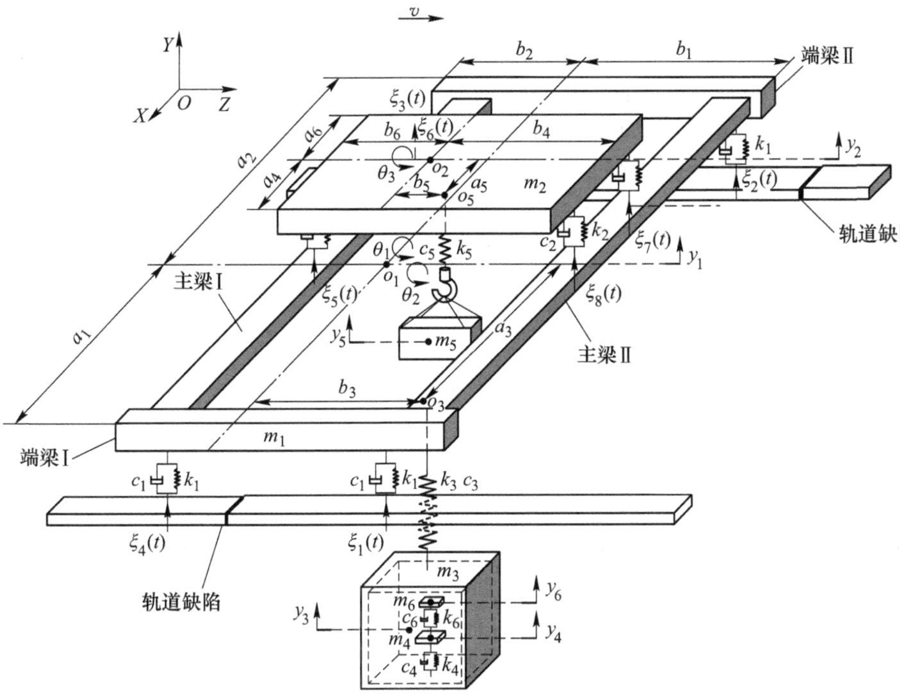

图 4.1 司机–起重机–轨道系统振动模型

4.2.2 振动模型假设

大车运行过程中，高低缺陷和接缝缺陷是引起起重机结构振动的最主要原因，轨道和车轮自身材料缺陷的影响与这两种缺陷相比影响甚微。在大车启动或制动过程中，主梁和端梁在 Z 方向（见图 4.1）会产生很小的弹性变形，当大车匀速运行时，主梁所受惯性力为零且 Z 方向的变形在结构阻尼作用下很快消失，此时起重机结构沿 Z 方向振动可忽略不计。由于车轮与轨道接缝间隙的存在，会使主梁在 X 方向（见图 4.1）产生弹性变形，但是在运行过程中接缝间隙所引起 X 方向的冲击也很小，此时起重机结构沿 X 方向的振动可忽略不计。铸造起重机质量大、缺少悬架系统，由于轨道缺陷对起重机冲击时间短，运行速度基本不受到轨道冲击的影响，且各部件的振幅很小，可将系统简化为线性系统。在研究轨道缺陷对起重机司机产生影响时，考虑产生振动的主要因素、忽略次要因素，为简化系统振动模型和求解过程而做如下假设：

（1）忽略起重机结构在沿水平方向的振动以及主梁、端梁沿 X、Z 方向的变形；

（2）各部件简化成质量块且各质量块在平衡位置做微幅振动；

（3）系统中的刚度与位移、阻尼与相应速度均呈线性关系；

（4）起重机大车通过轨道缺陷时水平速度保持不变恒定；

（5）对于每个车轮而言，运行中的轨道缺陷所引起的激励力均相同；

（6）主梁运行轨道除了连接处的高低缺陷和接缝缺陷外，其他部位无缺陷。

人体各器官固有频率的取值范围为 3～17 Hz。其中，头部固有频率为 8～12 Hz，腹部内脏固有频率为 4～6 Hz，而人体整体的共振频率在 7.5 Hz 左右。本章是从司机整体舒适性角度评价垂直振动对人体的影响，该评价方法与 ISO 2631-1:1997/Amd. 1:2010 所规定的机械设备驾驶人员舒适性评价准则相一致。因此，评价司机整体舒适性时，在模型简化是中将司机作为一个整体进行讨论，而不是依据人体的连接、器官等组织结构进行简化。

4.2.3　系统运动方程

在假设的基础上建立起重机振动系统的物理模型如图 4.1 所示，附录 A 中列出了振动系统中的参数意义和初始值。该系统可认为是常系数线性动力学系统。在该振动系统中主要考虑到大车 Y 向振动和绕 X、Z 轴方向转动；小车 Y 向移动和绕 Z 轴转动；以及吊物、司机室、座椅和人体 Y 方向的振动。以各自平衡位置建立广义坐标系 y_i 和 θ_k，系统的动能可表示为：

$$\boldsymbol{T}_1 = \sum_1^6 \frac{1}{2} m_i \dot{y}_i^2 + \sum_1^3 \frac{1}{2} J_k \dot{\theta}_k^2 \tag{4.1}$$

系统势能 $\boldsymbol{U}_1$ 主要包括各等效弹簧弹性势能以及大车、小车转动势能，势能 $\boldsymbol{U}_1$ 可表示为：

$$\begin{aligned}
\boldsymbol{U}_1 = & \frac{1}{2}k_1[(\xi_1(t) + a_1\theta_2 - b_1\theta_1 - y_1)^2 + (\xi_2(t) - b_1\theta_1 - a_2\theta_2 - y_1)^2 + \\
& (\xi_3(t) + b_2\theta_1 - y_1 - a_2\theta_2)^2 + (\xi_4(t) + a_1\theta_2 + b_2\theta_1 - y_1)^2] + \\
& \frac{1}{2}k_2\{[\xi_5(t) + a_4\theta_3 - y_2 + (y_1 + a_8\theta_2 - b_8\theta_1)]^2 + \\
& [\xi_6(t) - a_6\theta_3 - y_2 + (y_1 + a_7\theta_2 - b_8\theta_1)]^2 + \\
& [\xi_7(t) - a_6\theta_3 - y_2 + (y_1 + a_7\theta_2 + b_7\theta_1)]^2 + \\
& [\xi_8(t) + a_4\theta_3 - y_2 + (y_1 + a_8\theta_2 + b_7\theta_1)]^2\} + \\
& \frac{1}{2}k_3(y_3 + a_3\theta_2 - b_3\theta_1 - y_1)^2 + \frac{1}{2}k_4(y_4 - y_3)^2 + \\
& \frac{1}{2}k_5(y_5 + a_5\theta_3 - y_2)^2 + \frac{1}{2}k_6(y_6 - y_4)^2
\end{aligned} \tag{4.2}$$

系统耗散能 $\boldsymbol{D}_1$ 主要包括各连接弹簧阻尼和大车、小车转动阻尼产生能量损耗，耗散能 $\boldsymbol{D}_1$ 可表示为：

$$\begin{aligned}
\boldsymbol{D}_1 = & \frac{1}{2}c_1[\dot{\xi}_1(t) + a_1\dot{\theta}_2 - b_1\dot{\theta}_1 - \dot{y}_1)^2 + (\dot{\xi}_2(t) - b_1\dot{\theta}_1 - a_2\dot{\theta}_2 - \dot{y}_1)^2 + \\
& (\dot{\xi}_3(t) + b_2\dot{\theta}_1 - \dot{y}_1 - a_2\dot{\theta}_2)^2 + (\dot{\xi}_4(t) + a_1\dot{\theta}_2 + b_2\dot{\theta}_1 - \dot{y}_1)^2] + \\
& \frac{1}{2}c_2\{[\dot{\xi}_5(t) + a_4\dot{\theta}_3 - \dot{y}_2 + (\dot{y}_1 + a_8\dot{\theta}_2 - b_8\dot{\theta}_1)]^2 + \\
& [\dot{\xi}_6(t) - a_6\dot{\theta}_3 - \dot{y}_2 + (\dot{y}_1 + a_7\dot{\theta}_2 - b_8\dot{\theta}_1)]^2 + \\
& [\dot{\xi}_7(t) - a_6\dot{\theta}_3 - \dot{y}_2 + (\dot{y}_1 + a_7\dot{\theta}_2 + b_7\dot{\theta}_1)]^2 + \\
& [\dot{\xi}_8(t) + a_4\dot{\theta}_3 - \dot{y}_2 + (\dot{y}_1 + a_8\dot{\theta}_2 + b_7\dot{\theta}_1)]^2\} + \\
& \frac{1}{2}c_3(\dot{y}_3 + a_3\dot{\theta}_2 - b_3\dot{\theta}_1 - \dot{y}_1)^2 + \frac{1}{2}c_4(\dot{y}_4 - \dot{y}_3)^2 + \\
& \frac{1}{2}c_5(\dot{y}_5 + a_5\dot{\theta}_3 - \dot{y}_2)^2 + \frac{1}{2}c_6(\dot{y}_6 - \dot{y}_4)^2
\end{aligned} \tag{4.3}$$

广义坐标表示的二阶微分方程即为第二类拉格朗日方程，拉格朗日方程是解决具有完整约束的质点系动力学问题的普遍方法，对离散质点系统和多自由度刚体系统尤为适用，而且也可以很好地建立动力学非线性问题的运动方程。因此，在司机–起重机–轨道振动系统微分方程建立过程中采用该方法。

式（4.1）~式（4.3）给出了起重机振动系统的能量计算方法，在此基础上，根据非保守力下的拉格朗日方程即式（2.18）和司机–起重机–轨道振动系统广义坐标，可得到与广义坐标相同数目的振动方程，即各个集中质量（大车、小车、司机室、座椅、吊重和司机）Y 方向的振动微分方程、大车绕 X、Z 方向的转动微分方程以及小车绕 Z 方向转动微分方程。

大车 Y 方向振动微分方程可表示为：

$$\begin{aligned}
& m_1\ddot{y}_1 + k_1(4y_1 - 2a_1\theta_2 + 2a_2\theta_2 - 2b_2\theta_1 + 2b_1\theta_1 - \xi_1(t) - \xi_2(t) - \\
& \quad \xi_3(t) - \xi_4(t)) + c_1(4\dot{y}_1 - 2a_1\dot{\theta}_2 + 2a_2\dot{\theta}_2 - 2b_2\dot{\theta}_1 + 2b_1\dot{\theta}_1 - \\
& \quad \dot{\xi}_1(t) - \dot{\xi}_2(t) - \dot{\xi}_3(t) - \dot{\xi}_4(t)) - k_2[4y_2 - 4y_1 - 2(a_7 + a_8)\theta_2 - \\
& \quad 2(b_7 - b_8)\theta_1 - 2a_4\theta_3 + 2a_6\theta_3 - \xi_5(t) - \xi_6(t) - \xi_7(t) - \xi_8(t)] - \\
& \quad c_2(4\dot{y}_2 - 4\dot{y}_1 - 2a_4\dot{\theta}_3 + 2a_6\dot{\theta}_3 - \dot{\xi}_5(t) - \dot{\xi}_6(t) - \dot{\xi}_7(t) - \dot{\xi}_8(t)) + \\
& \quad k_3(y_1 + b_3\theta_1 - a_3\theta_2 - y_3) + c_3(\dot{y}_1 + b_3\dot{\theta}_1 - a_3\dot{\theta}_2 - \dot{y}_3) = 0
\end{aligned} \tag{4.4}$$

小车 Y 方向的振动微分方程可表示为：

$$\begin{aligned}
& m_2\ddot{y}_2 + k_2[4y_2 - 4y_1 - 2(a_7 + a_8)\theta_2 - 2(b_7 - b_8)\theta_1 - 2a_4\theta_3 + \\
& \quad 2a_6\theta_3 - \xi_5(t) - \xi_6(t) - \xi_7(t) - \xi_8(t)] + \\
& \quad c_2[4\dot{y}_2 - 4\dot{y}_1 - 2(a_7 + a_8)\dot{\theta}_2 - 2(b_7 - b_8)\dot{\theta}_1 - 2a_4\dot{\theta}_3 + \\
& \quad 2a_6\dot{\theta}_3 - \dot{\xi}_5(t) - \dot{\xi}_6(t) - \dot{\xi}_7(t) - \dot{\xi}_8(t)] +
\end{aligned}$$

$$k_5(y_2 - a_5\theta_3 - y_5) + c_5(\dot{y}_2 - a_5\dot{\theta}_3 - \dot{y}_5) = 0 \tag{4.5}$$

司机室 Y 方向的振动微分方程可表示为：

$$m_3\ddot{y}_3 + k_3(y_3 + a_3\theta_2 - b_3\theta_1 - y_1) + c_3(\dot{y}_3 + a_3\dot{\theta}_2 - b_3\dot{\theta}_1 - \dot{y}_1) + k_4(y_3 - y_4) + c_4(\dot{y}_3 - \dot{y}_4) = 0 \tag{4.6}$$

座椅 Y 方向的振动微分方程可表示为：

$$m_4\ddot{y}_4 + k_4(y_4 - y_3) + c_4(\dot{y}_4 - \dot{y}_3) - k_6(y_6 - y_4) - c_6(\dot{y}_6 - \dot{y}_4) = 0 \tag{4.7}$$

吊重 Y 方向的振动微分方程可表示为：

$$m_5\ddot{y}_5 + k_5(y_5 + a_5\theta_3 - y_2) + c_5(\dot{y}_5 + a_5\dot{\theta}_3 - \dot{y}_2) = 0 \tag{4.8}$$

司机室 Y 方向的振动微分方程可表示为：

$$m_6\ddot{y}_6 + k_6(y_6 - y_4) + c_6(\dot{y}_6 - \dot{y}_4) = 0 \tag{4.9}$$

大车绕 X 轴转动微分方程可表示为：

$$\begin{aligned}
J_1\ddot{\theta}_1 &+ [2k_1(b_1 - b_2) + 2k_2(b_7 - b_8) + k_3b_3]y_1 + \\
&[2c_1(b_1 - b_2) + 2c_2(b_7 - b_8) + c_3b_3]\dot{y}_1 - \\
&2k_2(b_7 - b_8)y_2 - 2c_2(b_7 - b_8)\dot{y}_2 - k_3b_3y_3 - c_3b_3\dot{y}_3 + \\
&[2k_1(b_1^2 + b_2^2) + 2k_2(b_7^2 + b_8^2) + k_3b_3^2]\theta_1 + \\
&[2c_1(b_1^2 + b_2^2) + 2c_2(b_7^2 + b_8^2) + c_3b_3^2]\dot{\theta}_1 + \\
&[k_1(a_1 - a_2)(b_1 + b_2) + k_2(b_7 - b_8)(a_7 + a_8) - a_3b_3k_3]\theta_2 + \\
&[c_1(a_1 - a_2)(b_1 + b_2) + c_2(b_7 - b_8)(a_7 + a_8)]\dot{\theta}_2 + \\
&k_2(a_4 - a_6)(b_7 - b_8)\theta_3 + c_2(a_4 - a_6)(b_7 - b_8)\dot{\theta}_3 - \\
&b_1k_1[\xi_1(t) + \xi_2(t)] - b_1c_1[\dot{\xi}_1(t) + \dot{\xi}_2(t)] + \\
&b_2k_1[\xi_3(t) + \xi_4(t)] + b_2c_1[\dot{\xi}_3(t) + \dot{\xi}_4(t)] + \\
&b_7k_2[\xi_7(t) + \xi_8(t)] + b_7c_2[\dot{\xi}_7(t) + \dot{\xi}_8(t)] - \\
&b_8k_2[\xi_5(t) + \xi_6(t)] - b_8c_2[\dot{\xi}_5(t) + \dot{\xi}_6(t)] = 0
\end{aligned} \tag{4.10}$$

大车绕 Z 轴转动微分方程可表示为：

$$\begin{aligned}
J_2\ddot{\theta}_2 &+ (2a_2k_1 - 2a_1k_1 + 2a_7k_2 + 2a_8k_2 - a_3k_3)y_1 + \\
&(2a_2c_1 - 2a_1c_1 + 2a_7c_2 + 2a_8c_2 - a_3c_3)\dot{y}_1 - \\
&(2a_7k_2 + 2a_8k_2)y_2 - (2a_7c_2 + 2a_8c_2)\dot{y}_2 + a_3k_3y_3 + a_3c_3\dot{y}_3 + \\
&[k_1(b_2 - b_1)(a_1 - a_2) + k_2(b_7 - b_8)(a_7 + a_8) - a_3b_3k_3]\theta_1 + \\
&[c_1(b_2 - b_1)(a_1 - a_2) + c_2(b_7 - b_8)(a_7 + a_8) - a_3b_3c_3]\dot{\theta}_1 + \\
&[2k_1(a_1^2 + a_2^2) + 2k_2(a_7^2 + a_8^2) + a_3^2k_3]\theta_2 + \\
&[2c_1(a_1^2 + a_2^2) + 2c_2(a_7^2 + a_8^2) + a_3^2c_3]\dot{\theta}_2 +
\end{aligned}$$

$$2k_2(a_4a_8-a_6a_7)\theta_3+2c_2(a_4a_8-a_6a_7)\dot{\theta}_3+$$
$$a_1k_1[\xi_1(t)+\xi_4(t)]+a_1c_1[\dot{\xi}_1(t)+\dot{\xi}_4(t)]-$$
$$a_2k_1[\xi_2(t)+\xi_3(t)]-a_2c_1[\dot{\xi}_2(t)+\dot{\xi}_3(t)]+$$
$$a_7k_2[\xi_6(t)+\xi_7(t)]+a_7c_2[\dot{\xi}_6(t)+\dot{\xi}_7(t)]+$$
$$a_8k_2[\xi_5(t)+\xi_8(t)]+a_8c_2[\dot{\xi}_5(t)+\dot{\xi}_8(t)]=0 \tag{4.11}$$

小车绕 Z 轴转动微分方程可表示为：

$$J_3\ddot{\theta}_3+2k_2(a_4-a_6)y_1+2c_2(a_4-a_6)\dot{y}_1+$$
$$2k_2(a_6-a_4-a_5k_5)y_2+2c_1(a_6-a_4-a_5c_5)\dot{y}_2+$$
$$a_5k_5y_5+a_5c_5\dot{y}_5+k_2(a_4-a_6)(b_7-b_8)\theta_1+c_2(a_4-a_6)(b_7-b_8)\dot{\theta}_1+$$
$$2k_2(a_4a_8-a_6a_7)\dot{\theta}_2+2c_2(a_4a_8-a_6a_7)\theta_2+$$
$$[2k_2(a_4^2+a_6^2)+a_5^2k_5]\theta_3+[2c_2(a_4^2+a_6^2)+a_5^2c_5]\dot{\theta}_3+$$
$$a_4k_2[\xi_5(t)+\xi_8(t)]+a_4c_2[\dot{\xi}_5(t)+\dot{\xi}_8(t)]-$$
$$a_6k_2[\xi_6(t)+\xi_7(t)]-a_6c_2[\dot{\xi}_6(t)+\dot{\xi}_7(t)]=0 \tag{4.12}$$

式（4.4）~式（4.12）为九个相互独立的微分方程，整理微分方程组并写成矩阵形式，见式（4.13）。

$$\boldsymbol{M}_t\ddot{\boldsymbol{y}}(t)+\boldsymbol{C}_t\dot{\boldsymbol{y}}(t)+\boldsymbol{K}_t\boldsymbol{y}(t)=\boldsymbol{B}_1\boldsymbol{h}_1(t)+\boldsymbol{B}_2\boldsymbol{h}_2(t) \tag{4.13}$$

式中 $\boldsymbol{M}_t$，$\boldsymbol{C}_t$，$\boldsymbol{K}_t$——质量矩阵、阻尼矩阵、刚度矩阵；

$\boldsymbol{B}_1$，$\boldsymbol{B}_2$——不平度函数系数矩阵；

$\boldsymbol{h}_1(t)$，$\boldsymbol{h}_2(t)$——车轮所受不平度函数。

矩阵、向量的表达式形式见附录 C。

4.3 人体舒适性定量评价方法

在 1.3.3 节中已经对人体舒适性评价方法进行详细综述，但是该评价方法适用人体所处在的不同环境，而且这些评价方法都是通过模糊区间方法定性地评价人体处于振动环境时的舒适性，并不能直接对人体振动舒适性进行定量分析，舒适性评价方法鲜有在起重机司机舒适性评价中的应用。因此，本节提出一种烦恼率思想应用到起重机司机振动评价中，通过定量评价方式分析司机处于振动环境时的舒适性。

4.3.1 烦恼率模型

烦恼率的概念属于心理物理学范畴，是指某一振动强度下产生烦恼反应的人数占受测者总数的比例，反映在一定振动强度下认为振动“不可接受”或因此使人产生烦恼的比例。烦恼率模型评价方法的理论基础是实验数据处理的心理物理学信号检测。烦恼率是振动舒适度标准确定烦恼阈限的依据，所谓烦恼阈限即为保证舒适感所不能超过的振动加速度限值。1978 年，Griffin[245] 通过实验测试数据证明人类对振动的响应服从对数正态分布。由于振动主观反应判断的模糊性和随机性，根据集值统计方法和心理学烦恼率计算方法，连续分布情况下结构振动烦恼率可表示为：

$$f(x|u)=\frac{1}{\sqrt{2\pi}u\sigma}\exp\left[-\frac{1}{2}\left(\frac{\ln(u)-\mu_{\ln(x)}}{\sigma}\right)^2\right] \tag{4.14}$$

式中，$\sigma^2=\ln(1+\delta^2)$；$\mu_{\ln(x)}=\ln(x)-\frac{1}{2}\sigma^2$；$x$ 和 σ 分别为 u 下的期望值和变异系数；σ 由实验数据确定，通常情况下取值范围为 0.1~0.5。

式（4.14）所表达的物理含义为：在加速度大小为 x 的振动环境下，由于人体感觉之间的差异性存在，每个人对振动的感受并不相同，但是通过统计和计算均值仍然可等效为加速度 x 时的激励作用。考虑到人体对振动感受的模糊性和随机性分布因素，振动加速度为 x 时，连续分布的烦恼率可表示为：

$$A(a_w)=\int_{u_{\min}}^{\infty}\frac{1}{\sqrt{2\pi}u\sigma_{\ln}}\exp\left[-\frac{1}{2}\left(\frac{\ln\left(\frac{u}{a_w}\right)+0.5\sigma_{\ln}^2}{\sigma_{\ln}}\right)^2\right]v(u)\mathrm{d}u \tag{4.15}$$

式中，$\sigma_{\ln}^2=\ln(1+\delta^2)$；$a_w$ 为经频率计权的振动强度；$v(u)$ 为振动强度模糊隶属度函数。

求解式（4.15）首先需要求解加速度均方根 a_w 和隶属度函数 $v(u)$，下文介绍这两个参数的求解方法。

4.3.2　加权加速度均方根

由于随机振动频率的组成复杂、人体处在不同频率的振动环境时感受也不同等原因，考虑到窄带随机振动的不同频带对人体感受的干扰时，必须将人体敏感频率范围以外的其他频带等效振动加速度进行频率加权计算，等效折算为人体最敏感频率范围的等效振动加速度，即计权加速度有效值。

求解频率计权加速度 a_w 的方法可采用 ISO 2631-1:1997/Amd. 1:2010 推荐的连续计权函数法。对实测或计算得到振动加速度时程 $a_w(t)$，通过等带宽频谱分析法得到频域内的加速度自功率谱密度函数 $G_a(f)$，加速度均方根计算方法为：

$$\left(\int_{0.5}^{80}W^2(f)G_a(f)\mathrm{d}f\right)^{\frac{1}{2}}=\left(\sum_{1}^{n}W^2(f_i)G_a(f_i)\delta f\right)^{\frac{1}{2}} \tag{4.16}$$

式中　n——频谱分析后在 0.5~80 Hz 时功率谱密度函数的离散点数。

W_{fi} 为频率计权函数，在垂直方向振动情况下，W_{fi} 可通过式（4.17）计算。

$$W_{fi}=\begin{cases}0.5 & (0.5\ \text{Hz}<f_i\leqslant 2\ \text{Hz})\\ \dfrac{f_i}{4} & (2\ \text{Hz}<f_i\leqslant 4\ \text{Hz})\\ 1 & (4\ \text{Hz}<f_i\leqslant 12.5\ \text{Hz})\\ \dfrac{12.5}{f_i} & (12.5\ \text{Hz}<f_i\leqslant 80\ \text{Hz})\end{cases} \tag{4.17}$$

4.3.3 振动强度模糊隶属度函数

人体振动固有频率一般在 4~8 Hz，当外激励频率和人体振动频率接近的时候，人体会发生共振，使人感到相当不舒适，甚至会危及人的生命安全，而起重机受到轨道缺陷激励时，座椅将能量传递给司机，使司机发生振动。但起重机振动系统的优化结果并不能直接优化激励力频率，而是通过优化振动系统的结构参数减少座椅能量的传递，从而降低人体振动强度。在 ISO 2631-1:1997/Amd. 1:2010 人体全身暴露标准中，将人的主观感受作为评价人舒适性的标准，当人体感觉舒适时，振动使人体产生职业病的概率降低。因此，人的主观反应可以定性反映产生职业危害的概率。

目前振动强度是通过人对振动的主观反应和相对应的加速度范围的形式表达，根据信号检测理论所确定的隶属度函数在振动强度坐标上进行定义，从而给出隶属度和振动加速度之间的关系，国际上引用频度比较高的几组数据如图 4.2 所示。

从图 4.2 中可以看出，尽管实验测试数据的离散性较大，但是对于每一组测试数据而言，均服从心理物理学上 Fechner 定律：主观反应的隶属度值与振动加速度的对数值成正比。因此，振动强度模糊隶属度函数 $v(u)$ 可表示为：

$$v(u)=\begin{cases}0 & (u<u_{\min})\\ \alpha\ln(u)+\beta & (u_{\min}\leqslant u\leqslant u_{\max})\\ 1 & (u\geqslant u_{\max})\end{cases} \tag{4.18}$$

式中 $u_{\min}$——人体感到“不可感受”的振动强度上限；

$u_{\max}$——人体感到“无法忍受”的振动强度下限；

α，β——待定系数，求解方法参见式（4.19）。

$$\begin{cases}\alpha\ln(u_{\min})+\beta=0\\ \alpha\ln(u_{\max})+\beta=1\end{cases} \tag{4.19}$$

根据 ISO 2631-1:1997/Amd. 1:2010 振动加速度对人体舒适性影响的上限、下限的定义，可取 $u_{\min}=0.315\ \text{m/s}^2$ 和 $u_{\max}=2.5\ \text{m/s}^2$，通过式（4.19）可计算

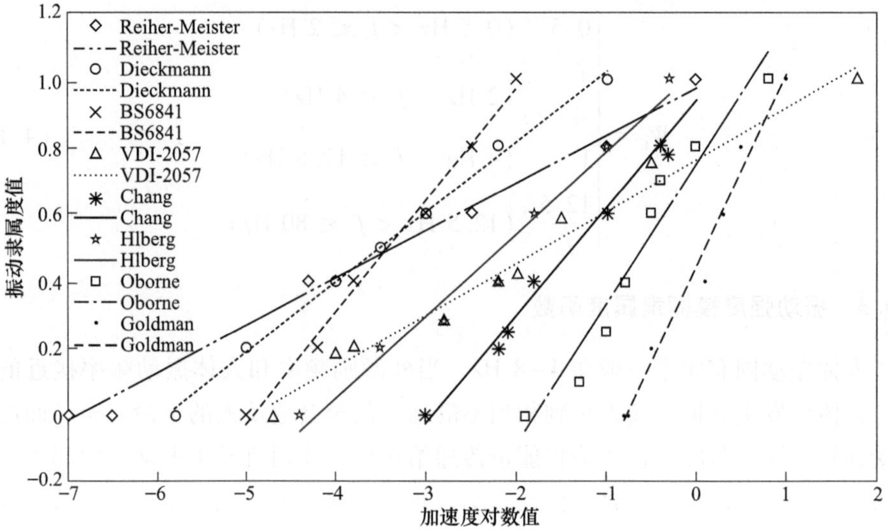

图 4.2　振动隶属度函数与加速度对数值之间的关系

得到 $\alpha = 0.4827$、$\beta = 0.5577$。在 δ 取不同值时烦恼率与加速度均方根关系如图 4.3 所示。

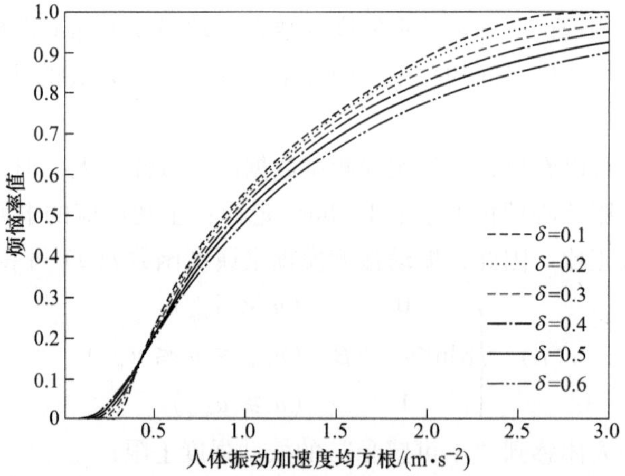

图 4.3　不同 δ 下烦恼率曲线

4.3.4　烦恼率模型与 ISO 2631-1:1997/Amd. 1:2010 评价一致性分析

同样用绘图方法对 ISO 2631-1:1997/Amd. 1:2010 规定的判断标准进行图形描述，如图 4.4 所示，图中横轴表示加权加速度均方根值，纵轴表示人的不舒适性等级，随着颜色加深表示人体不舒适程度增加。对比图 4.3 可以看出，两者在趋势和形状上基本一致，进一步验证烦恼率分析法和 ISO 2631-1:1997/Amd. 1:2010 评价法是一致的。通过烦恼率模型可以避免 ISO 2631-1:1997/Amd. 1:2010 中的模糊概念，定量确定感觉不舒适的人所占比例，建立感觉不舒适的比例和人体振动加速度之间的关系。因此，用烦恼率模型评价人体对振动的主观感受具有可行性。

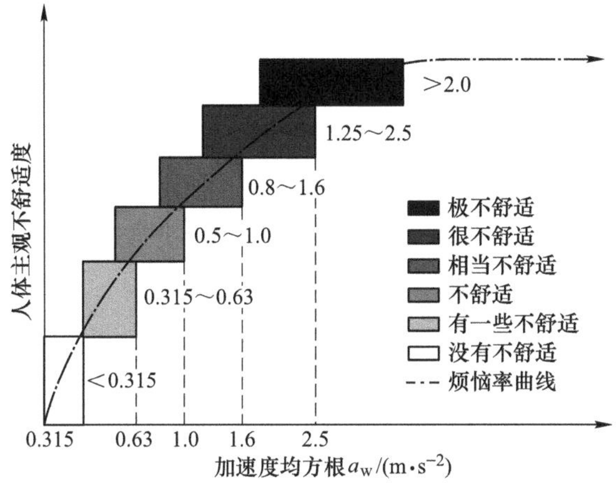

图 4.4　烦恼率与 ISO 2631 1997/Amd. 1：2010 一致性对比

4.4　工程计算与铸造起重机实测结果对比

求解常系数线性动力学系统可以采用平均加速度法、Wilson 法[246-247]、中心差分法、Newmark 法[248-250]等直接积分法，从而得到动力学系统时域响应。在选取合适参数后，Newmark 法可以无条件稳定。因此，本例中以 4.2 节和 4.3 节给出的振动方程为基础，详见附录 A。中起重机参数，采用 Newmark 法计算在不同轨道缺陷下起重机结构振动方程的数值解，并分析大车运行速度和轨道缺陷对大车和司机的振动影响。

4.4.1　不同因素对大车和人体振动的影响

以某企业生产的 100/40 t-28.5 m 铸造起重机为例（基本参数含义及取值参见附录 A），分析轨道缺陷和大车运行速度对大车、人体振动所产生的影响。将附录 A 中参数代入式（4.13）中，可求得大车、人体的振动响应。下文从轨道缺陷和大车运行速度两个方面分析起重机大车、人体振动所产生的影响。

4.4.1.1　起重机大车的运行速度

在轨道缺陷恒定时，选取高低错位 h_s = 6 mm 和间隙缺陷 e_g = 18 mm，分析不同大车运行速度下，轨道缺陷所产生的冲击对起重机大车振动的影响。如图 4.5 和图 4.6 所示为不同运行速度下两种轨道缺陷时大车振动时域响应。从图中可以看出，运行速度对大车振动加速度的幅值影响不大，而轨道高低缺陷所产生的冲击作用远大于间隙缺陷的作用，在 h_s = 6 mm 时大车向上的冲击加速最大值为 3.7 m/s^2，与 3.3.2 节表 3.1 中理论计算数值相近。

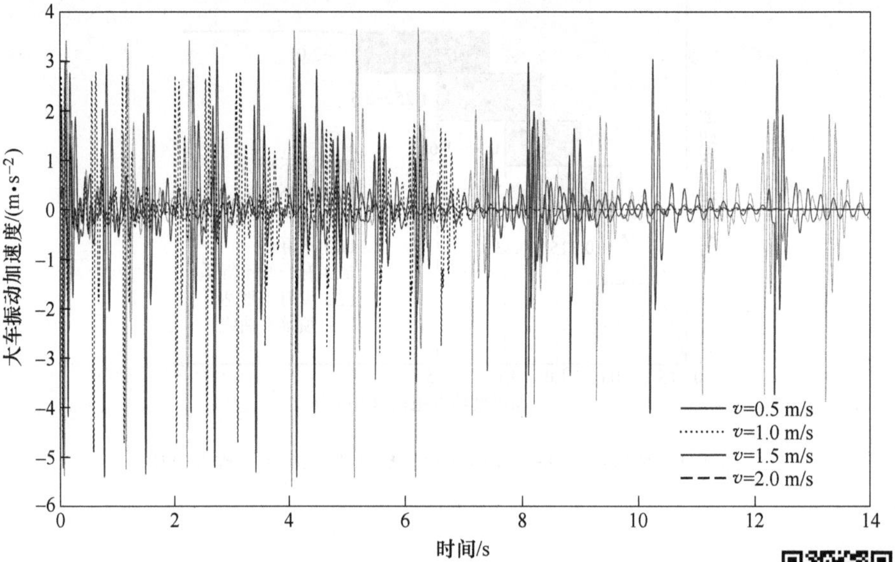

图 4.5　不同运行速度下大车振动的时域响应（h_s = 6 mm）

图 4.5 彩图

在高低缺陷 h_s = 6 mm、速度为 0.5~2 m/s 的情况下，人体振动响应如图 4.7 所示，从图中可以看出，运行速度为 0.5 m/s 时比其他运行速度时人体振动加速度峰值略大，当速度为 1.0 m/s、1.5 m/s 和 2.0 m/s 时加速度峰值相差很小。这是因为在大车运行速度为较小（0.5 m/s）时，车轮与轨道缺陷作用时间较长，系统振动延迟性相对较小；而当运行速度较大时，由于冲击时间很短，系统振动延迟性明显。

在轨道间隙缺陷 e_g = 18 mm、速度为 0.5~2 m/s 的情况下，人体振动响应如图 4.8 所示，从图中可以得出与图 4.7 一致的结论。另外，对比图 4.7 和图 4.8 还可以发现，加速度瞬时值较大的区域出现在起重机轮组 1 发生冲击的过程中，这是由于司机室距离轮组 1 距离最近，与实际人体感受情况相一致。图 4.7 和图 4.8 中人体振动最大加速度分别为 4.6 m/s^2 和 0.02 m/s^2，因此，轨道高低缺陷对人体振动影响最强烈，而间隙缺陷影响很小。

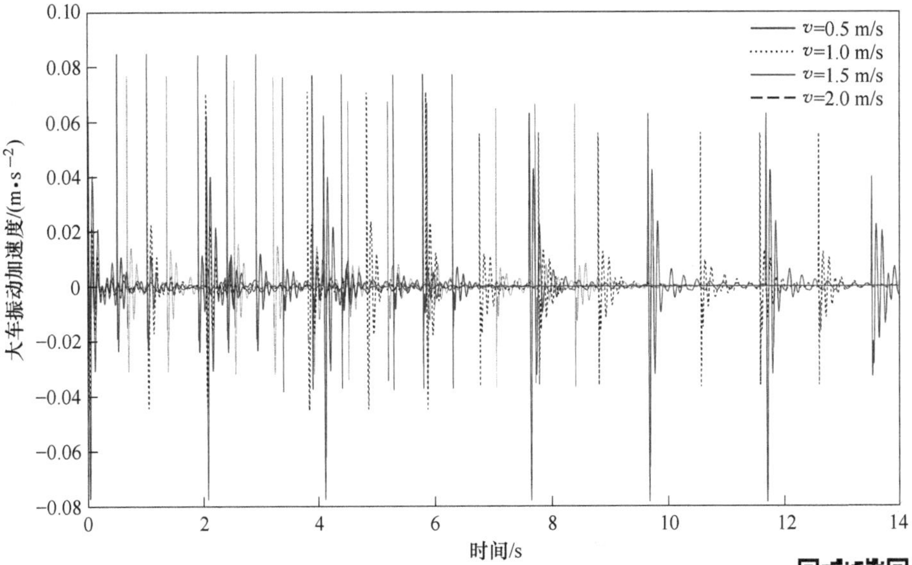

图 4.6　不同运行速度下大车振动的时域响应（$e_g=18$ mm）

图 4.6 彩图

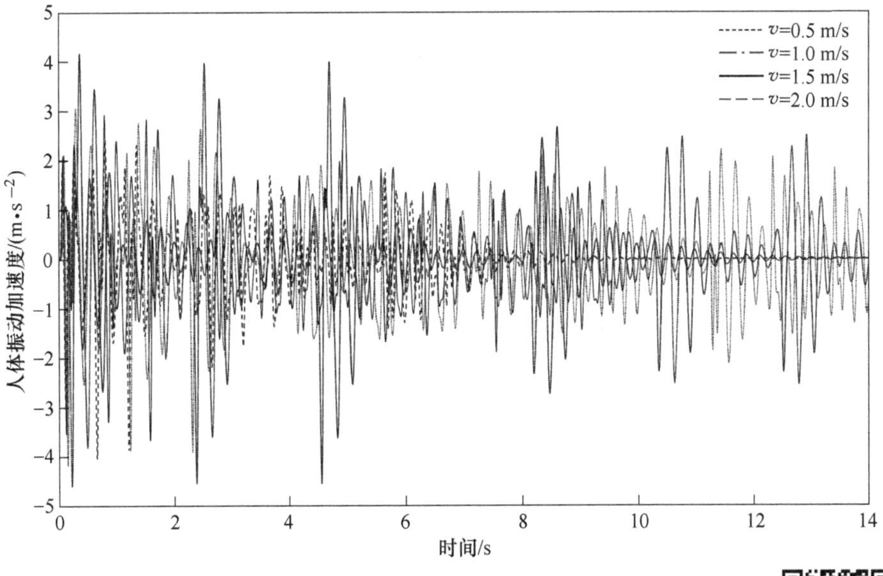

图 4.7　不同运行速度下人体振动的时域响应（$h_s=6$ mm）

图 4.7 彩图

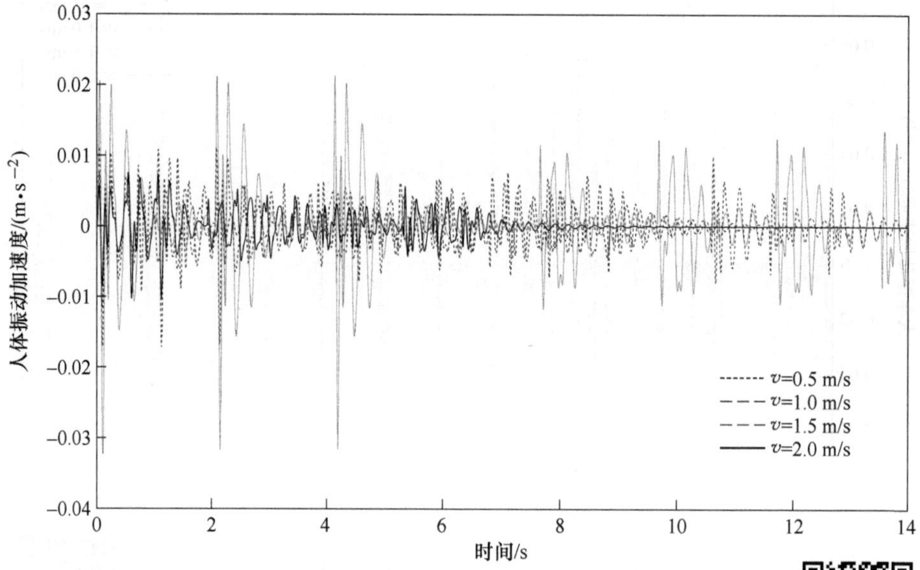

图 4.8　不同速度下人体振动时域响应（$e_g=18$ mm）

图 4.8 彩图

4.4.1.2　两种轨道缺陷大小

运行速度恒定时（$v=1$ m/s），分析两种不同轨道缺陷下，起重机轨道缺陷对人体振动加速度时域响应、功率谱密度的影响。当高低缺陷 h_s 分别为 2 mm、4 mm、6 mm、8 mm 时，大车和人体振动时域响应的计算结果如图 4.9 和图 4.10 所示，对人体振动时域响应进行功率谱变换可得如图 4.11 所示的人体振动频域响应。

从图 4.9 中可以看出，高低缺陷对大车振动影响明显，轨道高低缺陷越大，大车振动越强烈。当 $h_s=8$ mm 时，大车向上的振动加速度甚至达到了 6.6 m/s^2，冲击载荷系数为 1.67，该计算结果与表 3.1 中的理论计算结果相吻合。轨道高低缺陷越大起重机所承受冲击作用越大，因此在轨道安装时要严格控制安装产生的高低误差，减小环境因素对轨道的破坏，降低轨道缺陷大小不仅可以提高起重机使用寿命，而且可以降低司机的身体损伤、提高工作舒适性。

由图 4.10 和图 4.11 可知，h_s 对人体振动加速度影响很大。当 $h_s=8$ mm 时，人体最大加速度达到 3.7 m/s^2，人体振动的功率谱密度值为 0.36 m^2/s^3；而当 $h_s=2$ mm 时，人体最大加速度仅为 0.5 m/s^2，人体振动功率谱密度为 0.01 m^2/s^3。对比两组数据可以看出，轨道高低缺陷大小对人体振动的影响明显。在频率为 7.6 Hz 时人体振动最为强烈，符合人体对频率敏感 4~8 Hz 的客观事实。

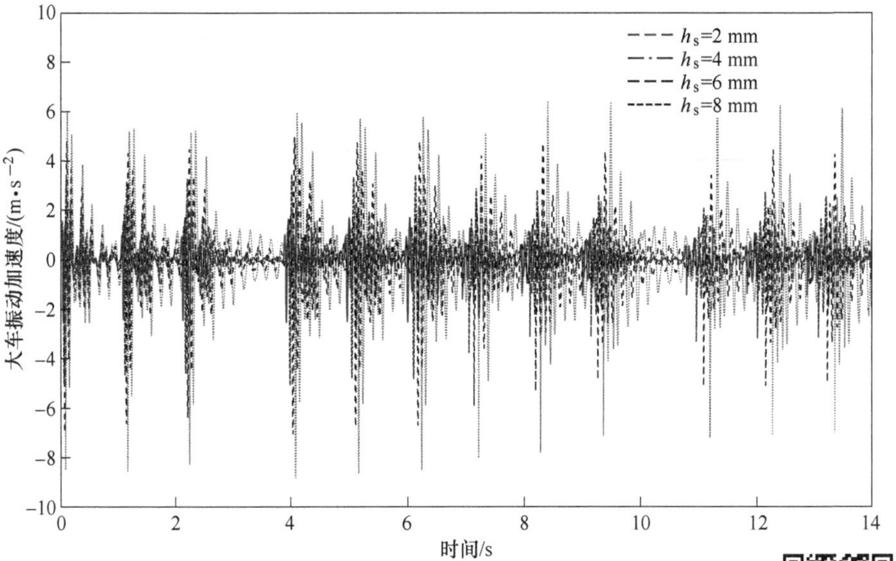

图 4.9 不同轨道高低差下的大车振动加速度时域响应

图 4.9 彩图

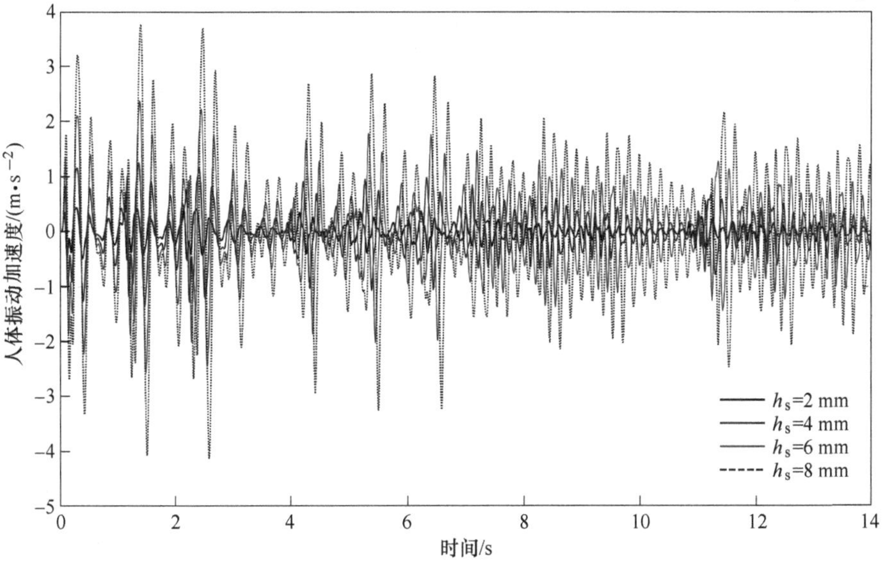

图 4.10 不同轨道高低差下的人体振动加速度时域响应

图 4.10 彩图

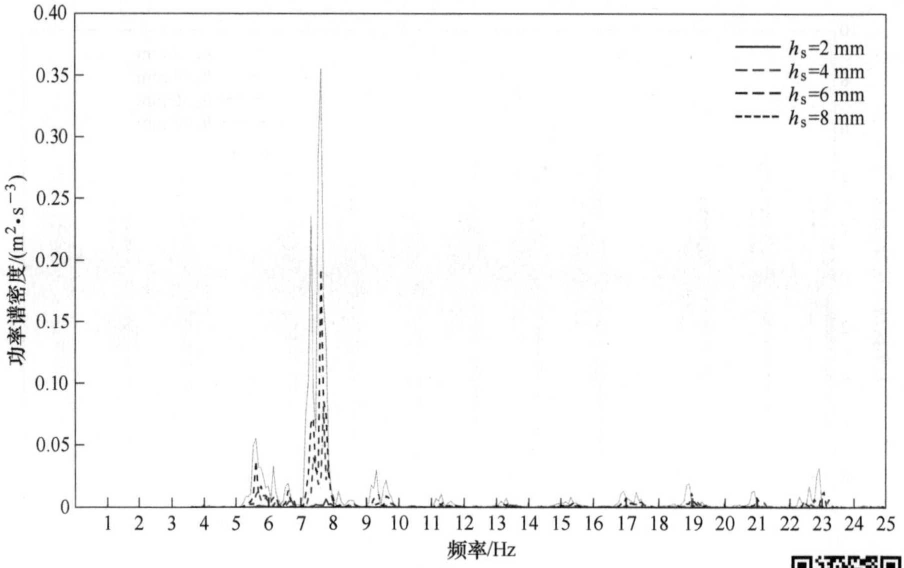

图 4.11　不同轨道高低差下人体的功率谱密度

图 4.11 彩图

当接缝缺陷 e_g 分别为 6 mm、12 mm、18 mm、24 mm 时，大车和人体振动的加速度时域响应计算结果如图 4.12 和图 4.13 所示，从图中可以看出，大车和人体振动加速度都随着间隙缺陷增大而增大，大车和人

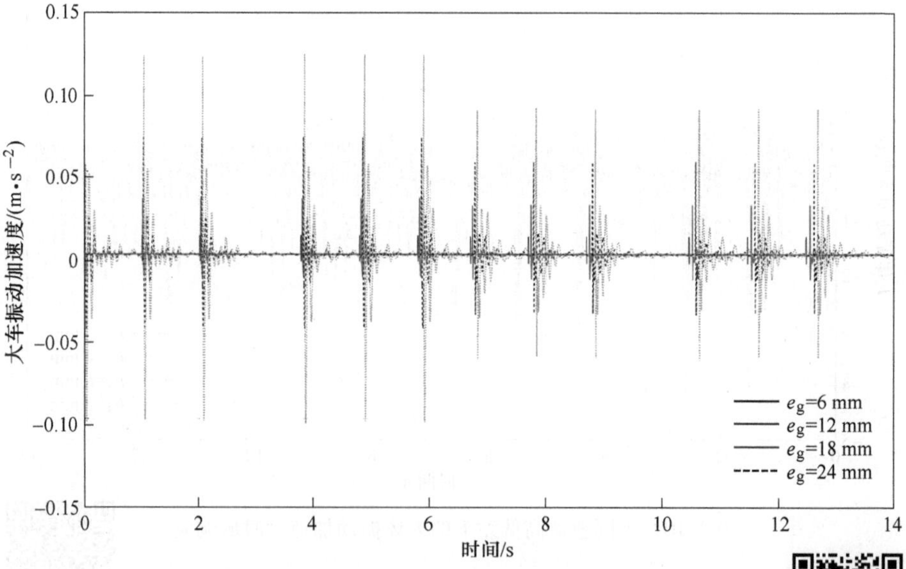

图 4.12　不同接缝间隙下大车加速度时域响应

图 4.12 彩图

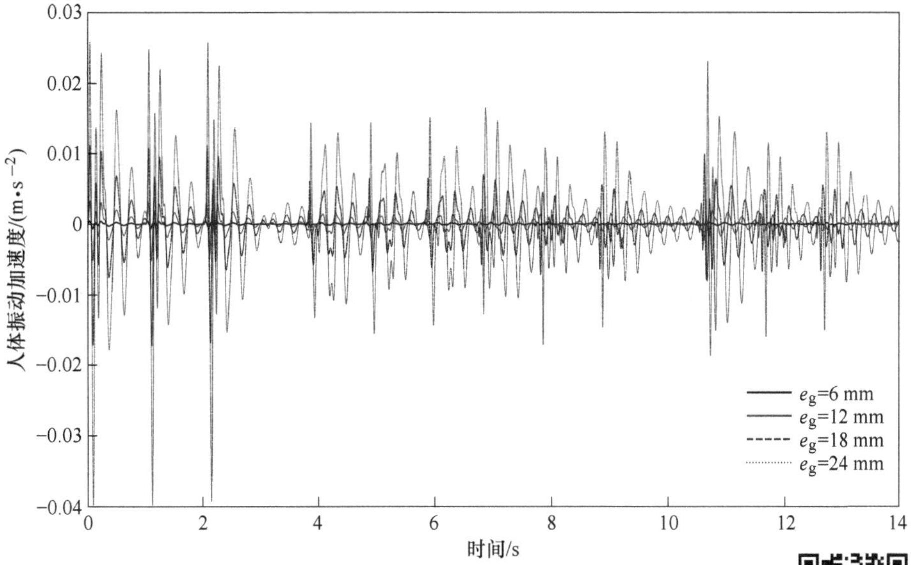

图 4.13 不同接缝间隙下人体加速度时域响应

图 4.13 彩图

体振动加速度的最大值分别为 0.12 m/s² 和 0.026 m/s²，相比于高低缺陷下的计算结果，间隙缺陷所引起的大车、人体振动加速度可忽略。因此，高低缺陷是引起起重机大车疲劳损伤和人体振动职业病的主要原因。

由图 4.13 可知，当 $e_g = 6$ mm 时，人体振动加速度峰值为 0.008 m/s²；当 $e_g = 24$ mm 时，人体振动加速度峰值为 $e_g = 6$ mm 时的 5 倍，在这种环境下，ISO 2631-1:1997/Amd. 1:2010 的评价结果仍然为“没有不舒适”，所以人并没有感觉到疲劳或烦恼。将人体振动加速度进行频域变换可得图 4.14 所示的功率谱密度图，从图中可以看出，在 7.6 Hz 附近人体振动功率谱密度值最大，在 6 Hz 左右位置出现第二个峰值，在这两个频率上人体振动最为强烈。

4.4.2 模型计算结果的有效性分析

在第 3 章已经通过实验测试结果验证了本书在大车运行冲击系数推导结果的可行性和有效性，为了验证本章建立的模型的有效性和可行性，将大车振动冲击系数与第 3 章的冲击系数相对比。当轨道高低缺陷为 2 mm、4 mm、6 mm 和 8 mm 时，大车向上的振动加速度分别为 1.8 m/s²、3.2 m/s²、5.0 m/s² 和 6.6 m/s²，依据大车受力情况可得对应冲击载荷系数分别为 1.1837、1.3265、1.5102 和 1.6735，对比表 3.1 中本书理论计算结果见表 4.1。两个计算结果的偏差很小，从而证明本章模型的有效性和计算方法的准确性。缺陷较大时理论计算结果比模型结果更保守，更有利于铸造起重机安全运行。

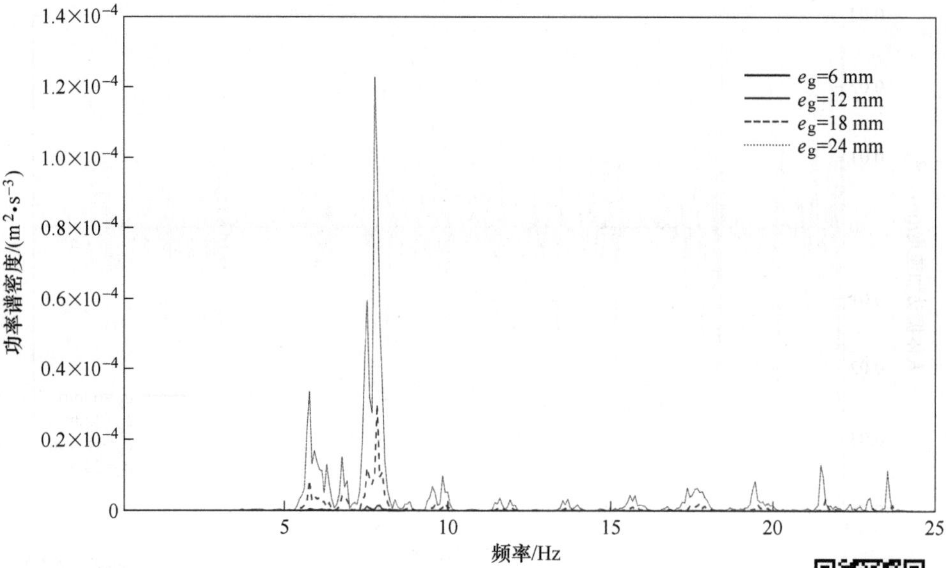

图 4.14　不同接缝间隙下人体振动的功率谱密度

图 4.14 彩图

表 4.1　模型计算结果和理论计算结果的对比

高低缺陷大小/mm	2	4	6	8
模型计算	1.1837	1.3265	1.5102	1.6735
理论计算	1.1651	1.3437	1.5206	1.6902

4.5　动态优化设计数学模型

动态优化设计是结构动力学、计算机技术、优化算法、实验测试技术与数据处理等学科综合应用的设计方法。具体方法是在目标或约束中考虑系统动力特性（如频率、振型）或动力响应（如动位移、动应力等）等因素，而得到优化设计参数，避免振动产生的有害作用，提高系统动态稳定性。动态优化设计的主要研究难点在于：建立一个与实际结构特征相吻合的动力学模型；选择有效结构动态优化设计方法。其中，结构动态优化设计方法分为“逆问题”与“正问题”两类[251]。本书根据工程应用需求选择结构动态优化方法中的“逆问题”研究方法，根据铸造起重机整机结构特点进行动态优化设计[252]。动态设计对机械系统设计分析起到了重要作用，起重机动态优化设计核心内容可以从以下几方面展开：

（1）对起重机整体结构和其他结构部件进行动态优化设计的结构动力学设计；

（2）对起重机的起升、运行、旋转等机构运动学和动力学进行动态优化设计的机构动力学设计；

（3）对起重机运动学参数和动力学参数进行分析的运动学与动力学参数设计；

（4）对起重机金属结构、结构组件及整机系统可靠度进行分析的强度与可靠性设计；

（5）对起重机相对运动组件进行动态摩擦设计与分析的动态摩擦设计；

（6）对起重机外观形态及环境影响与动力学相关的造型设计；

（7）其他相关设计。

动态优化设计的数学模型可描述为：

$$
\left.\begin{array}{r}
\text{设计变量：} X=[x_1,x_2,\cdots,x_n]^{\mathrm{T}} \\
\text{目标函数：} f(x)\rightarrow \min \\
\\
\text{约束条件：}\begin{cases}
G_i(X)\leqslant 0 & (i=1,2,\cdots,L)\\
Q_j(X)\leqslant 0 & (j=1,2,\cdots,M)\\
U_k(X)\leqslant 0 & (k=1,2,\cdots,T)\\
x_r^{\mathrm{l}}\leqslant x_r\leqslant x_r^{\mathrm{u}} & (r=1,2,\cdots,N)
\end{cases}
\end{array}\right\} \tag{4.20}
$$

式中 $G_i(X)$ ——静态约束函数；

$Q_j(X)$ ——动态约束函数；

$U_k(X)$ ——其他约束条件函数；

x_r^{u}，x_r^{l} ——第 r 个设计变量的上限和下限。

4.6 基于烦恼率的起重机系统动态优化

在结构动力学设计研究初期，设计变量主要包括少量结构尺寸和几何形态尺寸，之后又扩展到结构的拓扑构形。一般结构动力学设计往往仅包括结构尺寸和外形尺寸的设计与分析，而动力学优化设计的目标函数较广泛，通常为结构质量、固有频率、结构动应力、动力响应等[253]。约束条件可以是静载荷下的应力、变形、结构局部或全局稳定性约束固有频率、动响应、动应力约束结构质量、约束参数、尺寸限制等[254]。

在 4.2 节和 4.3 节数学模型的基础上建立起重机动态优化设计的数学模型，起重机系统动态优化设计模型过程包括选取设计变量、建立目标函数、给定约束条件（包括系统振动方程约束）、建立优化设计的数学模型等步骤及内容。

4.6.1　动态优化模型

（1）设计变量。

本优化设计取起重机大车轮等效刚度 k_1 和等效阻尼 c_1；小车轮等效刚度 k_2 和等效阻尼 c_2 司机室连接刚度 k_3 和等效阻尼 c_3；座椅刚度 k_4 和等效阻尼 c_4；钢丝绳刚度 k_5 和等效阻尼 c_5；人体等效刚度 k_6 和等效阻尼 c_6，设计变量向量形式可表示为：

$$\boldsymbol{X}=(k_1,k_2,k_3,k_4,k_5,k_6,c_1,c_2,c_3,c_4,c_5,c_6)^{\mathrm{T}} \tag{4.21}$$

（2）建立目标函数。

起重机在通过轨道缺陷时，人体会产生比较强烈的振动，这些振动会使司机产生职业病。Bongers 等[255]发现从事起重机操作工作 5 年以上的操作人员，罹患背部疾病的概率远高于对照组，并且轨道缺陷情况下司机的振动更加强烈。为了提高运行过程中司机的振动舒适性，优化目标函数选取为式（4.15），即以人体振动烦恼率的值作为优化目标。

（3）约束条件。

1）满足系统的振动方程约束，即式（4.13）。根据目标函数确定系统设计变量 $\boldsymbol{X}$ 后，首先必须满足系统动力学规律的要求，即满足描述系统运动学规律的状态方程，因此系统状态方程是确定最优设计变量的必备约束条件。

2）其他函数形式的约束及等价积分。起重机振动系统动态优化目标就是在通过轨道缺陷时，通过调整和优化起重机结构属性值，使司机身体产生的加速度最小及振幅在允许范围内，以满足人体振动舒适性的要求。因此，加速度峰值需要限制在一定范围之内，约束条件还应包括式（4.22）。

$$\max_{i=1,2,\cdots,6}|\ddot{z}_i(t)|\leqslant\delta_i \tag{4.22}$$

起重机在通过轨道缺陷时，为了提高人体振动的舒适性，各部件的振动位移需要限制在一定范围内，建立约束条件的方法是通过各连接部件之间相对位移 $\varepsilon_i(i=1,2,\cdots,10)$ 作为允许极限，约束条件方程可表示如下。

大车车轮 1 与轨道的相对位移约束为：

$$\xi_1(t)+a_1\theta_2^i(t)-b_1\theta_1^i(t)-y_1^i(t)\leqslant\varepsilon_1,\ 0\leqslant t\leqslant T\quad(i=1,2,\cdots,n) \tag{4.23}$$

大车车轮 2 与轨道的相对位移约束：

$$\xi_2(t)-b_1\theta_1^i(t)-a_2\theta_2^i(t)-y_1^i(t)\leqslant\varepsilon_2,\ 0\leqslant t\leqslant T\quad(i=1,2,\cdots,n) \tag{4.24}$$

大车车轮 3 与轨道的相对位移约束为：

$$\xi_3(t)+b_2\theta_1^i(t)-y_1^i(t)-a_2\theta_2^i(t)\leqslant\varepsilon_3,\ 0\leqslant t\leqslant T\quad(i=1,2,\cdots,n)\tag{4.25}$$

大车车轮 4 与轨道的相对位移约束为：

$$\xi_4(t)+a_1\theta_2^i(t)+b_2\theta_1^i(t)-y_1^i(t)\leqslant\varepsilon_4,\ 0\leqslant t\leqslant T\quad(i=1,2,\cdots,n)\tag{4.26}$$

小车车轮 1 与轨道的相对位移约束为：

$$\xi_5(t)+a_4\theta_3^i(t)-y_2^i(t)\leqslant\varepsilon_5,\ 0\leqslant t\leqslant T\quad(i=1,2,\cdots,n)\tag{4.27}$$

小车车轮 2 与轨道的相对位移约束为：

$$\xi_6(t)-a_6\theta_3^i(t)-y_2^i(t)\leqslant\varepsilon_6,\ 0\leqslant t\leqslant T\quad(i=1,2,\cdots,n)\tag{4.28}$$

小车车轮 3 与轨道的相对位移约束为：

$$\xi_7(t)-a_6\theta_3^i(t)-y_2^i(t)\leqslant\varepsilon_7,\ 0\leqslant t\leqslant T\quad(i=1,2,\cdots,n)\tag{4.29}$$

小车车轮 4 与轨道的相对位移约束为：

$$\xi_8(t)+a_4\theta_3^i(t)-y_2^i(t)\leqslant\varepsilon_8,\ 0\leqslant t\leqslant T\quad(i=1,2,\cdots,n)\tag{4.30}$$

司机室与大车的相对位移约束为：

$$y_3^i(t)+a_3\theta_2^i(t)-b_3\theta_1^i(t)-y_1^i(t)\leqslant\varepsilon_9,\ 0\leqslant t\leqslant T\quad(i=1,2,\cdots,n)\tag{4.31}$$

座椅与司机室的相对位移约束：

$$y_4^i(t)-y_3^i(t)\leqslant\varepsilon_{10},\ 0\leqslant t\leqslant T\quad(i=1,2,\cdots,n)\tag{4.32}$$

钢丝绳与小车的相对位移约束：

$$y_5^i(t)+a_5\theta_2^i(t)-y_2^i(t)\leqslant\varepsilon_{10},\ 0\leqslant t\leqslant T\quad(i=1,2,\cdots,n)\tag{4.33}$$

方程式（4.23）~式（4.32）相对位移均为时间的连续函数，若用 $\varphi(t)$ 统一表示，则上述连续函数的约束条件为 $\varphi(t)\leqslant 0$，$(0\leqslant t\leqslant T)$，可用如下的等效积分约束条件表示。

$$\int_0^T[\varphi(t)+|\varphi(t)|]\mathrm{d}t=0\tag{4.34}$$

式（4.33）统一写成等效积分通式形式为：

$$\rho_i=\int_0^T L_i[t,\boldsymbol{y}(t),X]\mathrm{d}t=0\quad(i=1,2,\cdots,10)\tag{4.35}$$

式中　$L_i[t,\boldsymbol{y}(t),X]$ ——拉格朗日函数。

综上所述，根据优化设计的要求选取设计变量 X，使目标函数即式（4.15）极小化，且满足式（4.13）、式（4.22）及式（4.35）约束条件即可得到起重机系统动态优化设计模型。动态优化设计数学模型建立过程虽然是依据起重机结构提出的，但是它已经概括了在瞬变输入条件下机械系统和结构系统动态优化设计建模问题的全部内容及方法步骤。由于桥式起重机结构组成基本一致，因此该数学模型具有普遍意义，适用于任意桥式起重机的结构动态优化设计，同样也适用于铸造起重机。

4.6.2　优化设计方法

机械产品设计需要经过调研分析、方案拟定、技术设计、零件工程图绘制等过程，整个设计是一个人工试凑、定量分析的思路，而对参数的反复修改和比较主要是凭借设计经验和主观判断[256]。实践证明，传统的优化方法并不是产品的最佳设计方案，有很大的提高余地。因而，现代优化计算方法吸取了传统优化设计的思想，并通过启发式算法求解高非线性、多约束、多极值等复杂工程问题[257]。

现代优化计算方法主要有模拟退火算法、遗传算法、神经网络算法、混沌优化算法和粒子群算法等[258]。这些算法是通过模拟自然现象和过程并结合生物进化、神经网络、统计学和数学等学科思想而创造。在工程问题的优化过程中这些算法都得到了广泛应用，并取得了很好的优化效果，本书选择粒子群算法作为优化设计方法。

对于粒子群算法，所有粒子（假设 n 个）通过速度 $v_i = (v_{i1}, v_{i2}, \cdots, v_{id})$ 更新其空间位置 $x_i = (x_{i1}, x_{i2}, \cdots, x_{id})$，并以适应度 F 为标准在 d 维空间中搜寻目标优化问题的最优解。每次迭代搜索将产生第 i 个粒子的个体最优解 $p_i = (p_{i1}, p_{i2}, \cdots, p_{id})$ 和整个粒子群当前最优解 $v_g = (v_{g1}, v_{g2}, \cdots, v_{gd})$。粒子根据式（4.36）和式（4.37）更新速度和位置：

$$v_{id}^{t+1} = \omega v_{id}^{t} + c_1 r_1 (p_{id}^{t} - x_{id}^{t}) + c_2 r_2 (p_{gd}^{t} - x_{gd}^{t}) \tag{4.36}$$

$$x_{id}^{t+1} = x_{id}^{t} + v_{id}^{t+1} \tag{4.37}$$

式中　ω——惯性因子；

v_{id}^{t}，x_{id}^{t}——t 时刻粒子 i 的速度向量和位置向量的第 d 维分量；

c_1，c_2——学习因子；

r_1，r_2——(0，1）区间的随机数，模型迭代终止后以全局最优位置向量 p_g 作为目标问题最优解。

4.6.3　优化设计流程

现役的 100/40 t-28.5 m 铸造起重机在工作过程中司机出现了振动不舒适的情况，通过 4.3 节对现役的 100/40 t-28.5 m 铸造起重机在轨道缺陷下运行时司机振动舒适性的分析发现，该设计参数并不能满足在轨道缺陷下人体舒适性要求，该起重机在设计初期并没有考虑轨道缺陷下司机振动的舒适性。因此，针对上述问题，提出了一种起重机司机振动舒适性的评价方法，并以人体舒适性作为优化目标实现结构参数的动态优化设计，优化流程如图 4.15 所示。

司机-起重机-轨道系统优化过程如下。

（1）根据 ISO 2631-1:1997/Amd.1:2010 评价准则，确定人体主观评价的隶

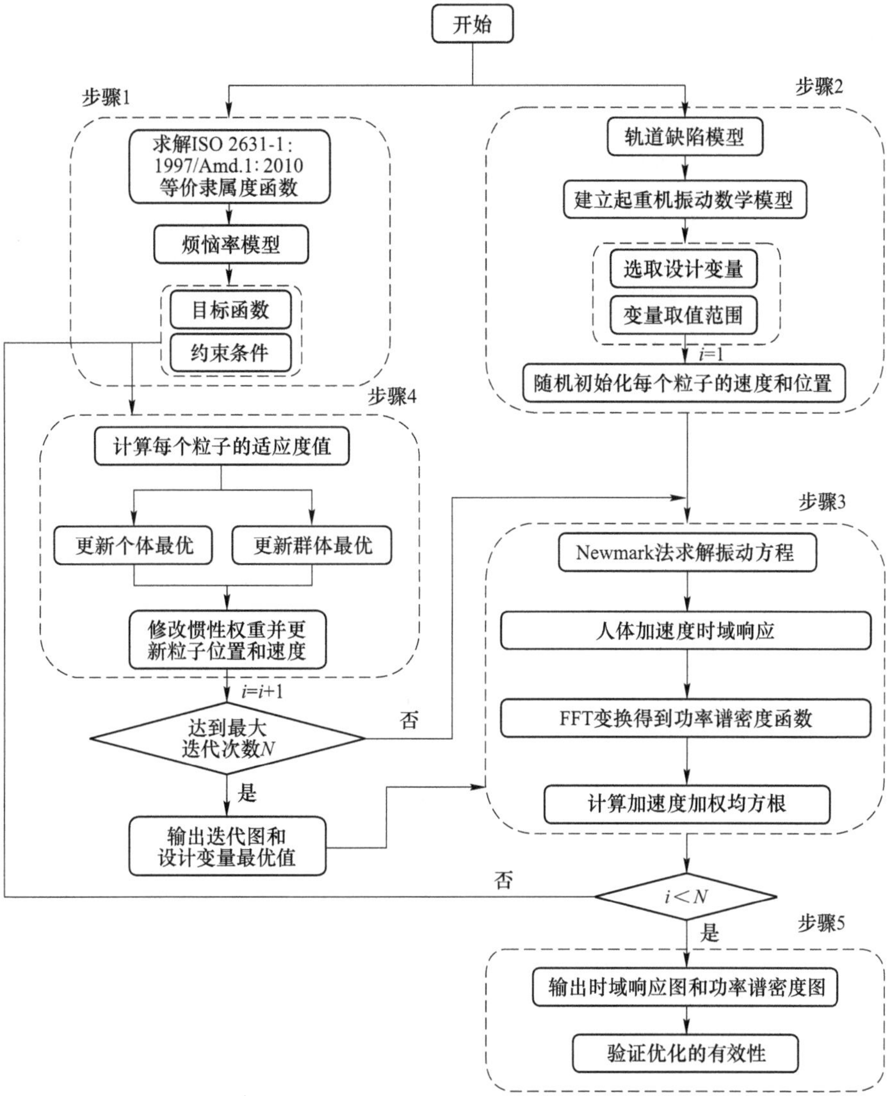

图 4.15 起重机振动系统动态优化过程

属度函数，结合心理物理学上的 Fechner 定律，建立仅与加速度加权均方根有关的人体振动舒适性评价烦恼率模型，并将其作为目标函数（即适应度函数）。

（2）在分析轨道缺陷的基础上建立起重机结构振动系统的数学模型，确定设计变量及变量的取值范围，利用 PSO 算法对每个粒子（即设计变量）的速度和位置进行随机初始化（此时迭代次数 $i=1$）。

（3）采用 Newmark 直接积分法，确定结构振动系统数学模型的数值解，得到人体加速度时域响应，结合 FFT 变换获取功率谱密度函数，以人体加速度时域响应为基础，采用 ISO 2631-1:1997/Amd. 1:2010 推荐的连续计权函数法得到人体振动加速度加权均方根。判断是否达到最大迭代次数 N，若不满足要求（$i<N$），执行步骤（4），直至满足条件（$i=N$），执行步骤（5）。

（4）结合起重机加速度幅值及位移幅值响应的约束条件，计算每个粒子的适应度值，确定最优个体和最优群体，在此基础上，修改惯性权重并更新粒子位置和速度，迭代次数 $i=i+1$。判断是否达到最大迭代次数 N，若满足要求（$i=N$），输出迭代过程图和设计变量最优值后，代入步骤（3）得到最优设计变量下的人体振动响应，否则将更新后的粒子位置和速度代入步骤（3）。

（5）输出时域响应图和功率谱密度图，并验证优化的有效性。

4.7　铸造起重机动态优化工程应用

4.7.1　数值计算结果

以 4.2 节的司机-起重机-轨道系统的九自由度数学模型为基础，根据起重机结构参数（附录 A），计算不同运行速度、不同轨道高低缺陷下，人体的计算加权速度均方根，结果见表 4.2。以烦恼率模型为基础，将加速度加权均方根转换成烦恼率值，结合 Matlab 软件绘制人体振动烦恼率与轨道缺陷和运行速度三维关系图，如图 4.16 所示。

表 4.2　不同运行速度和轨道高低差缺陷下人体的加权速度均方根

$v/(\mathrm{m\cdot s^{-1}})$	h_s/mm							
	1	2	3	4	5	6	7	8
0.4	0.09	0.247	0.389	0.562	0.704	0.834	1.006	1.124
0.6	0.073	0.190	0.297	0.428	0.588	0.737	0.8946	1.084
0.8	0.060	0.187	0.352	0.528	0.655	0.804	0.971	1.090
1.0	0.041	0.147	0.226	0.326	0.460	0.628	0.794	1.095
1.2	0.041	0.111	0.186	0.305	0.437	0.565	0.805	1.007
1.4	0.050	0.133	0.248	0.447	0.603	0.838	0.996	1.181
1.6	0.025	0.096	0.136	0.196	0.283	0.319	0.395	0.517
1.8	0.035	0.107	0.167	0.265	0.373	0.466	0.580	0.687
2.0	0.022	0.079	0.119	0.200	0.267	0.425	0.585	0.743
2.2	0.017	0.038	0.064	0.100	0.157	0.207	0.224	0.330

由表 4.2 可知，当 $v=1.0$ m/s，$h_s=6$ mm 时，人体振动的最大加速度均方根为 0.628 m/s^2 根据式（4.14）计算方法可得相应的烦恼率值为 31.3%，即处于该振动环境中的人有 31.3%会感到不舒适。由图 4.16 可知，随着轨道高度缺陷的增加，烦恼率值呈线性增加趋势，而运行速度对烦恼率的影响并不明显。

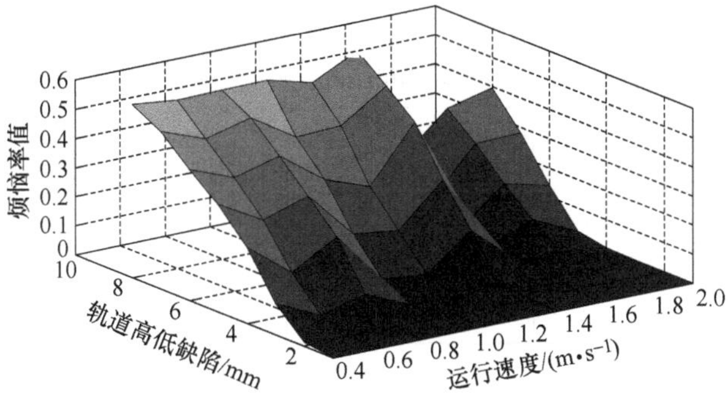

图 4.16 彩图

图 4.16 不同参数下烦恼率曲面

以起重机结构参数为基本变量（取值范围见表 4.3），以司机烦恼率模型为目标函数，以各组件的加速度幅值及相对位移幅值为约束条件，采用 PSO 算法对系统进行优化，得到满足司机舒适性指标的起重机结构参数的优化结果。优化过程中，初始状态选取 20 个粒子作为初始种群，经过 300 次迭代过程，并运行 50 次，迭代过程如图 4.17 所示，优化结果见表 4.4。

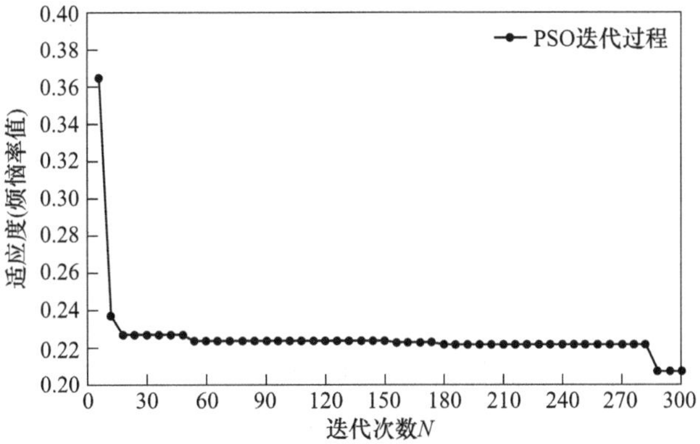

图 4.17 优化迭代过程中适应度值

由图 4.17 可知，在迭代过程中，适应度的值不断减小，达到迭代次数后得到适应度的值（烦恼率值）为 20.7%。相比于原来的 31.3%，本次优化目标得到了较好的改善。

表 4.3　参数的取值范围

参数	k_1/(N·m^{-1})	k_2/(N·m^{-1})	k_3/(N·m^{-1})	k_4/(N·m^{-1})
最小值	3×10^7	3×10^7	1×10^5	1×10^5
最大值	8×10^7	8×10^7	1×10^6	6×10^5
参数	k_5/(N·m^{-1})	k_6/(N·m^{-1})	c_1/(N·s·m^{-1})	c_2/(N·s·m^{-1})
最小值	3×10^8	4×10^4	6×10^4	6×10^4
最大值	8×10^8	1×10^5	1×10^5	1×10^5
参数	c_3/(N·s·m^{-1})	c_4/(N·s·m^{-1})	c_5/(N·s·m^{-1})	c_6/(N·s·m^{-1})
最小值	1×10^3	5×10^2	1×10^5	1.5×10^3
最大值	6×10^3	1×10^3	6×10^5	5×10^3

表 4.4　优化前后参数对比

参数	k_1/(N·m^{-1})	k_2/(N·m^{-1})	k_3/(N·m^{-1})	k_4/(N·m^{-1})
优化前	6.5×10^7	5.5×10^7	8.8×10^5	5×10^5
优化后	4.8×10^7	3.01×10^7	8.0×10^5	5.98×10^5
参数	k_5/(N·m^{-1})	k_6/(N·m^{-1})[259]	c_1/(N·s·m^{-1})	c_2/(N·s·m^{-1})
优化前	5×10^8	2.5×10^4	80742	60691
优化后	4.57×10^8	4.44×10^4	93000	98200
参数	c_3/(N·s·m^{-1})	c_4/(N·s·m^{-1})	c_5/(N·s·m^{-1})	c_6/(N·s·m^{-1})[259]
优化前	3416	1000	8×10^4	2000
优化后	5996	563	2.66×10^5	4663

将优化后的结构参数（见表 4.4）代入式（4.13）中并选取轨道高低缺陷为 6 mm，可得到优化后的人体振动时域响应和频率功率谱密度关系，优化前后结果对比如图 4.18 和图 4.19 所示，从图中可以看出，优化后的人体向上加速度为 1.9 m/s^2，明显小于优化的 2.45 m/s^2，优化后的功率谱密度 0.28 m^2/s^{3}明显小于优化前 0.47 m^2/s^3。因此，人体振动得到了很好的改善，可以说明本次优化过程有效。

为了更进一步验证优化结果的有效性，将优化后的结构参数代入系统振动方程中计算在轨道缺陷分别为 2 mm、4 mm、6 mm 和 8 mm 时的人体振动加速度均方根和烦恼率值，优化前后的结果对比见表 4.5。从表 4.5 中可以看出，优化后的人体振动加速度均方根和烦恼率值明显小于优化前。因此，可以说明优化结果有效，优化后人体会更舒适。

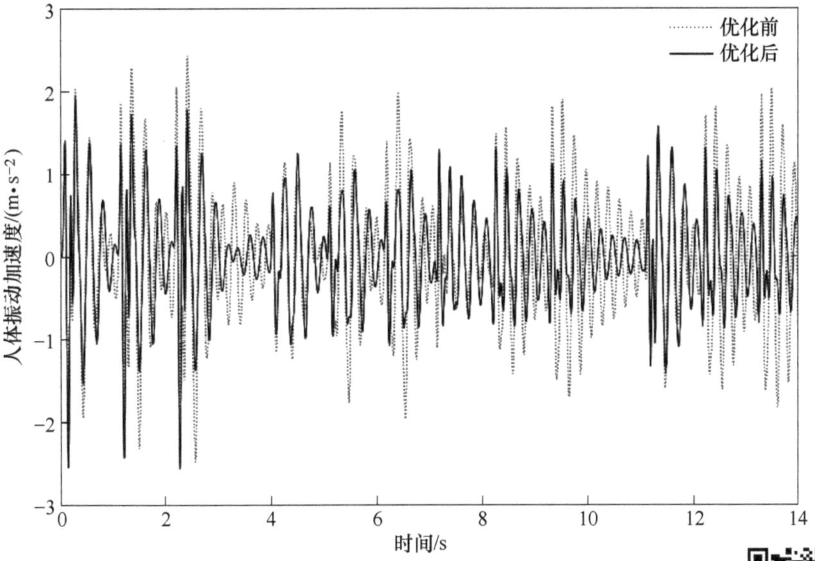

图 4.18　优化前后加速度时域响应对比

图 4.18 彩图

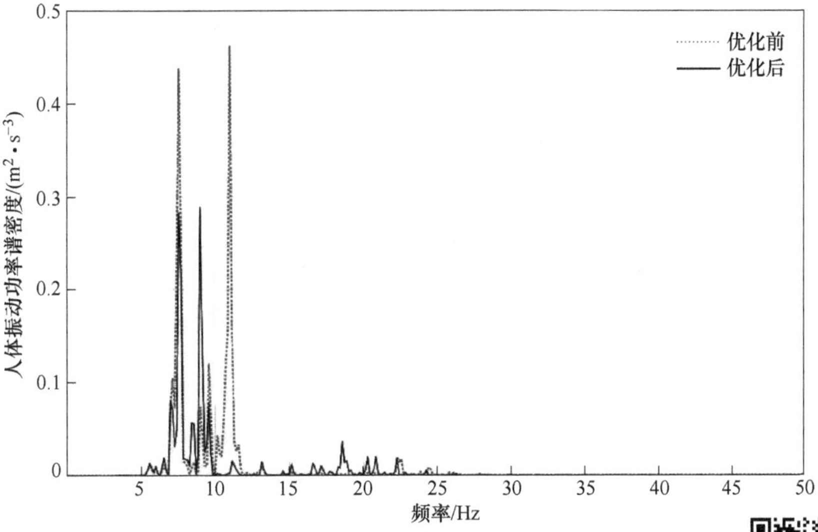

图 4.19　优化前后功率谱密度对比

图 4.19 彩图

表 4.5　不同缺陷下优化前后加速度均方根和烦恼率对比

轨道高低缺陷/mm	2	4	6	8
RMS（优化前）	0.147	0.326	0.628	1.095
RMS（优化后）	0.012	0.271	0.5	0.836
烦恼率（优化前）/%	0.013	5.44	31.3	58.1
烦恼率（优化后）/%	0	2.17	20.7	45

4.7.2　计算结果讨论

为了进一步确定基于司机-起重机-轨道系统动力学和烦恼率的起重机动态优化设计方法的科学性与适用性，分别从人体振动的产生原因、加速度响应、轨道缺陷的影响、人体舒适性方面进行讨论。

（1）人体振动产生的原因。

从图 4.7、图 4.8 和图 4.16 中可以看出，大车运行速度对人体振动加速度峰值影响不大，虽然人体振动最强烈的时间有所不同，但是当距司机室最近的车轮发生冲击时，人体产生的振动最强烈。这是由于司机室位置一般位于主梁端部，位置刚好处于大车轮上方，当该大车轮发生冲击时，通过结构传递到人体的激励力比较大，人体振动加速度幅值最大。当其他车轮发生冲击时，人体振动响应明显小于司机室下方车轮发生冲击时。随着冲击过程结束，人体振动在阻尼作用下衰减。

（2）人体加速度响应。

通过方程求解人体加速度时域响应后，将人体振动加速度通过 FFT 变换得到对应的人体振动功率谱密度函数。在 FFT 变换中采样频率为 100 Hz，采样点为 2000 个，因此可以分辨到 0.05 Hz，可以满足人体振动分析的要求。频响函数描述的是线性系统在频率域上的动态特性，是线性动力系统的本质特征，与外界激励大小及类型无关，从图 4.11、图 4.14 和图 4.19 中可以看出，人体振动在 7.6 Hz 左右时，人体振动最为强烈，在 6 Hz 是人体出现第二个峰值，这符合了人体共振频率在 4~8 Hz 的事实。

（3）轨道缺陷的影响。

轨道缺陷是产生人体振动的激励源。从图 4.10 和图 4.13 中可以看出，随着轨道缺陷增大，人体振动明显增加，这是由于在轨道缺陷增大后，起重机轨道对车轮的冲击力呈正比增加，振动系统激励力作用使人体振动变强烈。轨道高低缺陷对人体振动影响明显高于轨道间隙缺陷，这是因为系统的激励力是由车轮刚度和高低差引起，由于车轮直径远大于轨道接缝缺陷，由于轨道间隙所引起的垂直位移激励很小，振动系统所受到的激励力比高低缺陷激励力小很多。因此，在同时存在两种缺陷耦合激励时，可以忽略轨道间隙缺陷的影响。

对比图 4.11 和图 4.14 可以看出，轨道高低差 $h_s=6$ mm 和接缝 $e_g=18$ mm 两种缺陷下，人体功率谱密度值分别为 0.36 m^2/s^3 和 0.000122 m^2/s^3。存在轨道高度差缺陷的情况下，加速度振动峰值大小主要取决于轨道接缝处的高度差。因此，在起重机轨道安装中必须降低安装误差，同时在复杂环境影响下轨道地基不能出现大幅度的变形。

当轨道高低缺陷为 6 mm 时人体加速度均方根分别为 0.628 m/s^2，对比图 4.4 可以看出，人体舒适性评价在有一点不舒适和很不舒适之间，但更偏向于很不舒适。显然 ISO 2631-1:1997/Amd. 1:2010 很难精确地界定在该加速度均方根下人体舒适性程度，这也反映了提出精确的评价人体舒适性标准的必要性，但是可以得出人体处于“不舒适”状态的结论。

（4）人体舒适性分析。

通过 PSO 算法优化烦恼率模型，得到起重机系统参数的优化结果，将参数回代入式（4.13）中可得到优化后的系统振动的人体响应。优化后与优化前结果对比（见图 4.18），人体向下的振动加速度幅值均为 2.5 m/s^2，而人体向上的振动加速度峰值 2.45 m/s^2 减小为 1.9 m/s^2，加速度均方根由原来的 0.628 m/s^2 减小为 0.5 m/s^2，减小了 25.6%；从功率谱密度角度分析可发现，在共振频率为 7.6 Hz 时，峰值由 0.47 m^2/s^3 减小为 0.29 m^2/s^3，人体共振反应明显减小，减小幅度为 62.1%。根据 ISO 2631-1:1997/Amd. 1:2010 标准，人体舒适性评价结果由“很不舒适”变为“稍微不舒适”，人体主观舒适性明显改善；本书提出的烦恼率模型评价方法的计算结果由原来的 31.3%减少为 20.7%，感觉不舒适的人所占比例显著减小。这是因为当改变了起重机结构参数使传递到人体的能量变少，同时由于阻尼的存在消耗了一部分能量。优化结果有效地减小人体振动并提高人体舒适性。

5　基于精细积分法的人体各部位动力学响应与分析

5.1　引　言

机械系统（汽车、火车及起重机等）在工作过程中都会产生振动。当振动达到一定级别时，机械系统中操作人员会感觉到不舒适、疲劳，长期处于振动环境下工作更会产生振动职业病，甚至危及操作人员生命。因此，在动态环境下研究人-机-环境系统中人体振动特性十分必要。动态环境下的振动能量均是通过人-机相接触的座椅传递到人的盆骨，再经过腹部、胸部、颈部最终传递到头部，振动对人体各部位动态特性均有影响。因此，全面分析人体各部位结构特性十分重要。在起重机通过轨道缺陷过程中，司机已经产生了很强烈的不舒适性，而现有文献中鲜有关于起重机振动系统中人体各部位振动特性的分析和评价。本章构建了基于人体各部位与起重机-轨道系统耦合的系统动力学模型，该模型既可以用于分析轨道缺陷下人体各部位振动特性和评价各部位安全性，也可以在基于人体舒适性和安全性的起重机设计中起到一定参考作用。

5.2　起重机司机非线性生物力学模型

在人体生物力学建模时，由于人体肌肉和弹性组织可视为弹簧和阻尼，因此可将人体视为一个由弹簧和阻尼连接的复杂多自由度振动系统，如果忽略水平和侧向振动影响，人体可简化为垂直方向振动的多自由度系统。在 1.3.2 节已经对人体各个自由度振动模型进行详细综述，这些人体简化模型中的参数都是在实验测试基础上而得出的，具有很强参考价值，选择恰当复杂程度的模型和准确的生物力学参数甚至可以分析坐姿怀孕受试者的动态响应。本书采用的七自由度模型可以计算坐姿人体各个部位垂直振动的传递特性，反映振动在人体各部位传递时出现的差异性和滞后性。七自由度人体模型比其他模型更复杂、更符合人体结构特点，并在机械系统耦合分析中取得了很好的应用效果[260]，考虑到人体模型的完整性和准确性，本书选择七自由度人体模型进行动力学分析[261]。

5.2.1 七自由度人体模型描述

根据人体生物力学结构特点可以将人体分成头部（Head）、背部（Back）、躯干（Torso）、隔膜（Diaphragm）、胸部（Thorax）、腹部（Abdomen）、和盆骨（Pelvis）七个部分，如图 5.1 所示。与人体单自由度分析原理不同的是，在模型简化中假设将一组弹簧和阻尼器安装在人体各部位结构的下面来展现人体生物力学固有特性。虽然弹簧和阻尼器的增加是导致预测结果出现偏差的主要原因，而且模型与人体结构特征存在较大结构偏差，但在实际工程应用中，该理论模型更接近实际情况，并且与车辆座椅模型相结合，可以准确评估车辆行驶过程中人体振动情况[262]。

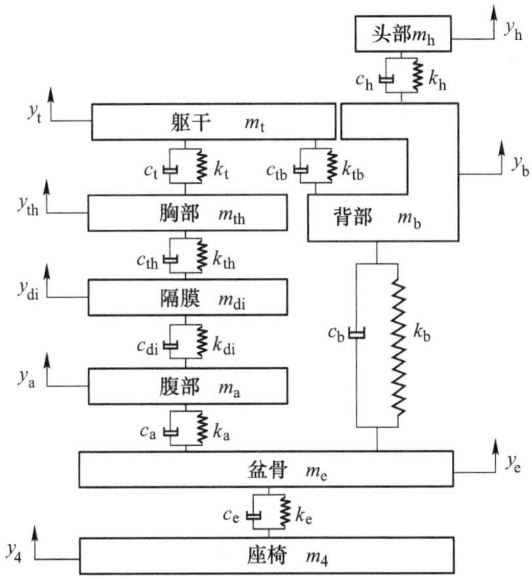

图 5.1 人体振动七自由度模型

在图 5.1 的模型中：m_4、m_e、m_a、m_{di}、m_{th}、m_t、m_b 和 m_h 分别为座椅、盆骨、腹部、隔膜、胸部、躯干、背部和头部的等效质量；k_e、k_a、k_{di}、k_{th}、k_t、k_b、k_{tb}和 k_h 分别为座椅与盆骨、盆骨与腹部、腹部与隔膜、隔膜与胸部、胸部与躯干、盆骨与背部、背部与躯干和头部与背部之间的连接刚度；c_e、c_a、c_{di}、c_{th}、c_t、c_b、c_{tb}和 c_h 分别为座椅与盆骨、盆骨与腹部、腹部与隔膜、隔膜与胸部、胸部与躯干、盆骨与背部、背部与躯干和头部与背部之间的等效阻尼；参照文献中的测试数据，七自由度非线性模型中人体总质量为 80 kg，七自由度人体模型参数见表 5.1[260]。

表 5.1　人体振动模型参数取值

等效质量/kg	取值	等效刚度/(N·m⁻¹)	取值	等效阻尼/(N·s·m⁻¹)	取值
m_e	27.23	k_{tb}	52600	c_{tb}	3580
m_a	5.921	k_a	877	c_a	292
m_{di}	0.455	k_{di}	877	c_{di}	292
m_{th}	1.362	k_{th}	877	c_{th}	292
m_t	32.762	k_t	877	c_t	292
m_b	6.82	k_b	52600	c_b	3580
m_h	5.45	k_h	52600	c_h	3580

5.2.2　人体振动模型假设

在起重机与轨道耦合振动系统中，由于轨道缺陷对起重机的冲击作用主要是垂直方向，大车、小车启动和制动时的加速度相对较小，因此司机全身振动以垂直为主。在七自由度人体振动模型中，根据人体各部位尺寸及结构特性，建立的人体振动系统模型基于以下假设：

（1）只考虑垂直方向的人体振动，忽略其他方向直线运动和旋转运动；

（2）人体各部位之间为线性或非线性刚度、阻尼连接；

（3）各部件简化成质量块且各质量块在平衡位置做微幅振动；

（4）系统中刚度与位移、阻尼与相应速度均呈线性关系。

5.2.3　非线性人体模型的运动方程

根据图 5.1 人体振动模型原理、系统基本假设以及第 2 章机械系统建模原理，建立人体各部位的运动方程。考虑非线性人体模型特点，系统中能量包含相对位移和速度的四次方形式。非线性人体系统的动能 $\boldsymbol{T}_2$ 可表示为：

$$\boldsymbol{T}_2 = \frac{1}{2}m_h\dot{y}_h^2 + \frac{1}{2}m_b\dot{y}_b^2 + \frac{1}{2}m_t\dot{y}_t^2 + \frac{1}{2}m_{th}\dot{y}_{th}^2 + \frac{1}{2}m_{di}\dot{y}_{di}^2 + \frac{1}{2}m_a\dot{y}_a^2 + \frac{1}{2}m_e\dot{y}_e^2 \tag{5.1}$$

非线性人体系统的势能 $\boldsymbol{U}_2$ 可表示为：

$$U_2 = \frac{1}{2}k_e(y_e - y_4)^2 + \frac{1}{2}k_h(y_h - y_b)^2 + \frac{1}{2}k_b(y_b - y_e)^2 + \frac{1}{2}k_{tb}(y_b - y_t)^2 +$$
$$\frac{1}{2}k_t(y_{th} - y_t)^2 + \frac{1}{2}k_{th}(y_{th} - y_{di})^2 + \frac{1}{2}k_{di}(y_{di} - y_a)^2 + \frac{1}{2}k_a(y_a - y_e)^2 +$$
$$\frac{1}{4}k_b(y_b - y_e)^4 + \frac{1}{4}k_{tb}(y_b - y_t)^4 + \frac{1}{4}k_t(y_{th} - y_t)^4 + \frac{1}{4}k_{th}(y_{th} - y_{di})^4 +$$

$$\frac{1}{4}k_{di}(y_{di}-y_a)^4+\frac{1}{4}k_a(y_a-y_e)^4+\frac{1}{4}k_e(y_e-y_4)^4 \tag{5.2}$$

非线性人体系统的耗散能 $\boldsymbol{D}_2$ 可表示为：

$$\begin{aligned}\boldsymbol{D}_2=&\frac{1}{2}c_e(\dot{y}_e-\dot{y}_4)^2+\frac{1}{2}c_h(\dot{y}_h-\dot{y}_b)^2+\frac{1}{2}c_b(\dot{y}_b-\dot{y}_e)^2+\frac{1}{2}c_{tb}(\dot{y}_b-\dot{y}_t)^2+\\&\frac{1}{2}c_t(\dot{y}_{th}-\dot{y}_t)^2+\frac{1}{2}c_{th}(\dot{y}_{th}-\dot{y}_{di})^2+\frac{1}{2}c_{di}(\dot{y}_{di}-\dot{y}_a)^2+\frac{1}{2}c_a(\dot{y}_a-\dot{y}_e)^2+\\&\frac{1}{4}c_b(\dot{y}_b-\dot{y}_e)^4+\frac{1}{4}c_{tb}(\dot{y}_b-\dot{y}_t)^4+\frac{1}{4}c_t(\dot{y}_{th}-\dot{y}_t)^4+\frac{1}{4}c_{th}(\dot{y}_{th}-\dot{y}_{di})^4+\\&\frac{1}{4}c_{di}(\dot{y}_{di}-\dot{y}_a)^4+\frac{1}{4}c_a(\dot{y}_a-\dot{y}_e)^4+\frac{1}{4}c_e(\dot{y}_e-\dot{y}_4)^4\end{aligned} \tag{5.3}$$

根据式（2.18）拉格朗日方程原理可以得到人体模型的七自由度振动方程，头部振动微分方程可表示为：

$$m_h\ddot{y}_h+k_h(y_h-y_b)+c_h(\dot{y}_h-\dot{y}_b)=0 \tag{5.4}$$

背部振动微分方程可表示为：

$$\begin{aligned}&m_b\ddot{y}_b+k_h(y_b-y_h)+c_h(\dot{y}_b-\dot{y}_h)+k_b(y_b-y_e)+c_b(\dot{y}_b-\dot{y}_e)+\\&k_{tb}(y_b-y_t)+c_{tb}(\dot{y}_b-\dot{y}_t)+k_{tb}(y_b-y_t)^3+c_{tb}(\dot{y}_b-\dot{y}_t)^3=0\end{aligned} \tag{5.5}$$

躯干振动微分方程可表示为：

$$\begin{aligned}&m_t\ddot{y}_t+k_t(y_t-y_{th})+c_t(\dot{y}_t-\dot{y}_{th})+k_t(y_t-y_{th})^3+c_t(\dot{y}_t-\dot{y}_{th})^3+\\&k_{tb}(y_t-y_b)+c_{tb}(\dot{y}_t-\dot{y}_b)+k_{tb}(y_t-y_b)^3+c_{tb}(\dot{y}_t-\dot{y}_b)^3=0\end{aligned} \tag{5.6}$$

胸部振动微分方程可表示为：

$$\begin{aligned}&m_{th}\ddot{y}_{th}+k_t(y_{th}-y_t)+c_t(\dot{y}_{th}-\dot{y}_t)+k_t(y_{th}-y_t)^3+c_t(\dot{y}_{th}-\dot{y}_t)^3+\\&k_{th}(y_{th}-y_{di})+c_{th}(\dot{y}_{th}-\dot{y}_{di})+k_{th}(y_{th}-y_{di})^3+c_{th}(\dot{y}_{th}-\dot{y}_{di})^3=0\end{aligned} \tag{5.7}$$

隔膜振动微分方程可表示为：

$$\begin{aligned}&m_{di}\ddot{y}_{di}+k_{di}(y_{di}-y_a)+c_{di}(\dot{y}_{di}-\dot{y}_a)+k_{di}(y_{di}-y_a)^3+c_{di}(\dot{y}_{di}-\dot{y}_a)^3+\\&k_{th}(y_{di}-y_{th})+c_{th}(\dot{y}_{di}-\dot{y}_{th})+k_{th}(y_{di}-y_{th})^3+c_{th}(\dot{y}_{di}-\dot{y}_{th})^3=0\end{aligned} \tag{5.8}$$

腹部振动微分方程可表示为：

$$\begin{aligned}&m_a\ddot{y}_a+k_{di}(y_a-y_{di})+c_{di}(\dot{y}_a-\dot{y}_{di})+k_{di}(y_a-y_{di})^3+c_{di}(\dot{y}_a-\dot{y}_{di})^3+\\&k_a(y_a-y_e)+c_a(\dot{y}_a-\dot{y}_e)+k_a(y_a-y_e)^3+c_a(\dot{y}_a-\dot{y}_e)^3=0\end{aligned} \tag{5.9}$$

盆骨振动微分方程可表示为：

$$m_e\ddot{y}_e + k_a(y_e - y_a) + c_a(\dot{y}_e - \dot{y}_a) + k_a(y_e - y_a)^3 + c_a(\dot{y}_e - \dot{y}_a)^3 + k_b(y_e - y_b) + c_b(\dot{y}_e - \dot{y}_b) + k_e(y_e - y_4) + c_e(\dot{y}_e - \dot{y}_4) = 0 \quad (5.10)$$

当座椅受到非线性谐波激励进行人体振动特性分析时，式（5.4）~式（5.10）通过矩阵形式表示为：

$$[\boldsymbol{M}]\{\ddot{y}\} + [\boldsymbol{C}]\{\dot{y}\} + [\boldsymbol{K}]\{y\} = \{f_y\} \quad (5.11)$$

5.3 人体非线性振动分析与评价方法

人体集中质量-参数模型包括线性系统和非线性系统，线性系统中分析人体振动响应时采用频域分析法，非线性振动系统中，必须通过直接积分法求解系统振动响应后才能进行人体时域分析。两种分析方法主要通过传递性（TR）、机械驱动点阻抗（DPM）和视在质量（AP）三种评价指标分析人体响应。人体每一个肌肉、器官和关节等结构都具有一定承受损伤极限的能力，超过承受范围会使人体产生损伤或者疲劳，因此在分析人体振动响应时需要分析人体损伤可能性。

5.3.1 人体线性振动频域分析法

频域分析法主要适用于具有谐波激励的线性系统，该方法只是考虑系统的稳态响应。忽略系统非线性因素并将式（5.11）进行傅里叶变换可以得到频域分析的矩阵方程为：

$$\{\boldsymbol{Y}(\mathrm{j}\omega)\} = ([\boldsymbol{K}] - \omega^2[\boldsymbol{M}] - \mathrm{j}\omega[\boldsymbol{C}])^{-1}\{\boldsymbol{F}_y(\mathrm{j}\omega)\} \quad (5.12)$$

式中 $\boldsymbol{Y}(\mathrm{j}\omega)$，$\boldsymbol{F}_y(\mathrm{j}\omega)$——$\{y\}$ 和 $\{f_y\}$ 的傅里叶变换向量；

ω——激励力频率。

（1）传递性（TR）。

传递性通常被定义为输出响应和输入激励的一个比值，可通过位移比来反映出输入激励在人体各部位的传递强弱，因此传递性定义为：

$$\mathrm{TR} = \frac{Y_i(\mathrm{j}\omega)}{Y_0(\mathrm{j}\omega)} \quad (5.13)$$

式中 $Y_0(\mathrm{j}\omega)$—— 输入激励力幅值；

$Y_i(\mathrm{j}\omega)$—— 人体相应部位振动幅值。

（2）机械驱动点阻抗（DPM）。

DPM 可以定义为盆骨和座位之间弹簧力和阻尼力之和与座位输入速度之比，在七自由度人体振动模型中可表示为：

$$\mathrm{IM} = \left|\frac{(k_e + \mathrm{j}\omega c_e)(Y_0(\omega) - Y_e(\mathrm{j}\omega))}{\mathrm{j}\omega Y_0(\omega)}\right| \quad (5.14)$$

(3) 视在质量（AP）

视在质量是在DPM基础上定义的一个比值，见式（5.15）。

$$\mathrm{AM} = \frac{\mathrm{IM}}{\mathrm{j}\omega} \tag{5.15}$$

5.3.2 人体非线性振动时域分析法

时域分析法适用于线性和非线性系统，可以求解系统瞬态和稳态响应。由于瞬态响应时间持续很短，在频域分析的三种方法中可以被忽略。时域分析法在非线性模型求解中被广泛应用，最常用的有四阶龙格库塔法、Newmark法等，非线性系统时域分析的三种方法可如下定义。

(1) 传递性（TR）。

非线性系统中传递性定义为对应集中质量时域响应过程中的最大加速度与输入最大加速度之比的绝对值，见式（5.16）。

$$\mathrm{TR} = \left| \frac{\ddot{Y}_{i,\max}(t)}{\ddot{Y}_0(\omega)} \right| \tag{5.16}$$

式中 $\ddot{Y}_{i,\max}(t)$—— 时域求解的最大值；

$\ddot{Y}_0(\omega)$—— 系统输入的最大加速度。

(2) 机械驱动点阻抗（DPM）。

$$\mathrm{IM} = \left| \frac{k_e(y_0 - y_e) + c_e(\dot{y}_0 - \dot{y}_e)}{\omega Y_0(\omega)} \right|_{\max} \tag{5.17}$$

式中 y_0，$\dot{y}_0$——座椅的输入位移和速度；

y_e，$\dot{y}_e$——盆骨的位移和速度响应。

(3) 视在质量（AP）。

$$\mathrm{AM} = \frac{\mathrm{IM}}{\omega} \tag{5.18}$$

5.3.3 人体振动损伤评价标准

根据人体解剖学理论，处在振动环境中人体会加速疲劳，人体组织结构或脏器发生共振将会导致人心理和生理上的危害。起重机司机的心理变化主要表现在工作信心降低以致无法按操作规范继续工作或注意力分散等。在工作中判断能力降低、思维反应急剧下降、感觉器官功能减退或紊乱（视觉模糊、听力下降和判断迟缓等）等是容易导致事故的不利因素。起重机司机的肌肉系统、呼吸系统、血液循环系统、植物神经系统和感官系统等也会发生生理变化[263]，容易导致肌肉疲劳、椎间盘受损等生理疾病。

测量、预测身体响应（加速、力等）相关损伤情况是一项极其复杂的工作[264]，但将测量或预测得到的人体振动响应与损伤标准或损伤评估值进行对比可以完成对人体安全性评估。人工作时所处环境情况是多种多样的，同时每个人身体所能承受损伤的极限也各不相同，因此各种工作情况下人体损伤评价标准并不相同。为了提高汽车司机操作舒适性，减少人体疲劳损伤，学者们进行了人体损伤研究并预测了人体各部位所能承受载荷或加速度的临界值。

联邦机动车安全评估标准[265-266]指定盆骨负荷标准为 7.6 kN，由于盆骨（Pelvis）的断裂应变率敏感性，对于短脉冲荷载作用而言该标准相对保守。而依据载荷性质，颈椎（Cervical spine）轴向载荷可以分为压缩和张力两类，由于颈椎结构的复杂性，加载过程通常为两种载荷耦合作用[267-269]。腹部（abdomen）是人体最大的腔体，由于腹部中包含了大量器官，在工程模型简化计算中并不能被认为是腔体。从文献［270］中可知，中度伤害的第 10 百分位为 0.22 kN、第 50 百分位是 2.6 kN，而第 90 百分位是 6.7 kN[271-272]，本书中选择 2.6 kN 作为内脏（Viscera）的损伤标准。颈部承受拉伸和压缩载荷分别为 1.45 kN 和 6 kN[273-274]，盆骨最大承受力为 7.6 kN[275]。在 20 世纪 70 年代根据人体头部重心加速度平均值而提出了头部损伤标准（HIC），通过将加速度大小和加速度产生时间联系在一起量化振动对头部的影响[273]，一般情况下，人体头部损伤上限值为 1000，计算方法见式（5.19）[276]。

$$\begin{aligned} \mathrm{HIC} &= \max\left[\left(\frac{1}{t_2 - t_1}\right)^{1.5}\left(\int_{t_1}^{t_2}\ddot{y}_{\mathrm{h}}(t)\,\mathrm{d}t\right)^{2.5}\right] \\ &= \max\left[\frac{\left(\dot{y}_{\mathrm{h}}(t_2) - \dot{y}_{\mathrm{h}}(t_1)\right)^{2.5}}{(t_2 - t_1)^{1.5}}\right] \end{aligned} \tag{5.19}$$

式中　t_1，t_2——任意相应加速度历程的两个时间点；

$\ddot{y}_{\mathrm{h}}(t)$——头部振动加速度时间历程。

HIC 积分时间分别为 15 ms 和 36 ms 时头部损伤标准曲线，如图 5.2 所示。在 HIC 积分时间不超过 15 ms 前提下，HIC=1400 时大约有 50%的可能性危及人体脑损伤，而受到控制的 HIC=1000，风险概率约为 18%。

文献［277］依据对 Hybrid Ⅲ模型实验测试与分析提出了头部、颈部、胸部和下肢损伤标准，人体各部位疲劳忍受极限参见表 5.2。另外，盆骨损伤风险比其他部位要高，这与第 1 章文献综述部分人体坐姿状态下出现了大量 LBP 职业病的事实相符合，与结构直接接触部位是高损伤风险，因此在分析人体各部位损伤时盆骨损伤需要重点研究。头部是人体最重要的部位，其损伤可能会对人体各组织器官产生影响，头部也是损伤研究的重要部分，人体坐姿安全研究中主要分析头部和盆骨损伤。

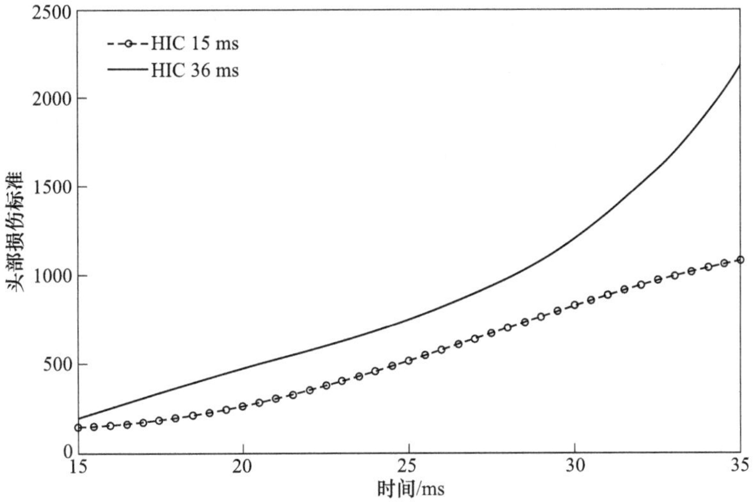

图 5.2 不同积分时间下的头部损伤标准

表 5.2 头部、颈部、胸部和下肢损伤标准推荐值

损伤部位	评价参数	第 95 百分位	第 50 百分位	第 5 百分位	6 岁儿童	3 岁儿童	1 岁婴儿
头部	HIC(15 ms)	700	700	700	700	570	390
	HIC(50 ms)	1000	1000	1000	1000	—	—
颈部	张力/N	8216	6806	4287	—	—	—
	压缩/N	7440	6160	3880	—	—	—
	弯曲/Nm	415	310	155	—	—	—
	旋转/Nm	179	135	67	—	—	—
	张力峰值/N	5030	4170	2620	—	—	—
	压缩峰值/N	4830	4000	2520	—	—	—
胸部	加速度/g	55	60	60	60	55	50
	挠度/mm	70	63	52	40	34	30
下肢	股骨载荷/kN	12.7	10	6.8	N/A	N/A	N/A

注："N/A" 表示不适用；"—" 表示不存在。

虽然很多文献通过对坐姿人体进行实验测量得到人体响应，但是为了降低实验成本，也有很多学者构建了人体部件与机械系统耦合的动力学模型，并取得了与实验误差很小的计算结果。为了对人体振动特性进行评价，建立人体各部位与起重机系统耦合的动力学模型，并将人体各部位振动结果与现有文献中人体损伤标准进行对比，分析人体各部位振动安全性。

5.4　司机-起重机-轨道系统数学模型

现有的司机-起重机-轨道系统振动模型中考虑了二维和三维系统模型，这两种模型均能反映轨道缺陷对起重机和司机舒适性的影响，也能计算出轨道缺陷对起重机所产生的冲击作用，基于这两个模型建立人体各部位振动分析并评价这两个模型的准确情况。

5.4.1　二维起重机-轨道模型

文献［278］通过对结构分析和研究构建了基于轨道缺陷的二维起重机-轨道动力学模型，并分析了人体振动舒适性问题。在构建系统振动模型时，为简化系统模型和求解过程，将各部件简化成质量块在平衡位置做微幅振动且系统中的刚度与位移、阻尼与速度均呈线性关系。建立起重机振动系统的七自由度模型，如图 5.3 所示。图 5.3 中：k_1、k_2、k_3、k_4、k_5 和 k_6 分别为大车、小车、司机室、座椅、钢丝绳和人体的等效刚度；c_1、c_2、c_3、c_4、c_5 和 c_6 分别为大车、小车、司机室、座椅、吊重和人体的阻尼系数；m_1、m_2、m_3、m_4、m_5、m_6 和 J 分别为大车、小车、司机室、座椅、吊重、人体的质量和主梁的转动惯量；l_1 为轮组 1 到大车质心距离；l_2 为司机室悬挂点到大车质心距离；l_3 小车质心到大车质心距离；l_4为轮组 2 到大车质心距离，且 $l_4=l_1$；$\xi_1(t)$ 和 $\xi_2(t)$ 为轨道对轮组 1 和 2 的激励位移。$y_i(i=1\sim6)$、$\dot{y}_i(i=1\sim6)$、$\ddot{y}_i(i=1\sim6)$ 分别为各质量块广义垂直位移、速度和加速度坐标；φ、$\dot{\varphi}$ 和 $\ddot{\varphi}$ 分别为主梁广义转动位移、速度和加速度坐标，根据动力学原理可得系统运动微分方程见式（5.20）~式（5.26）。

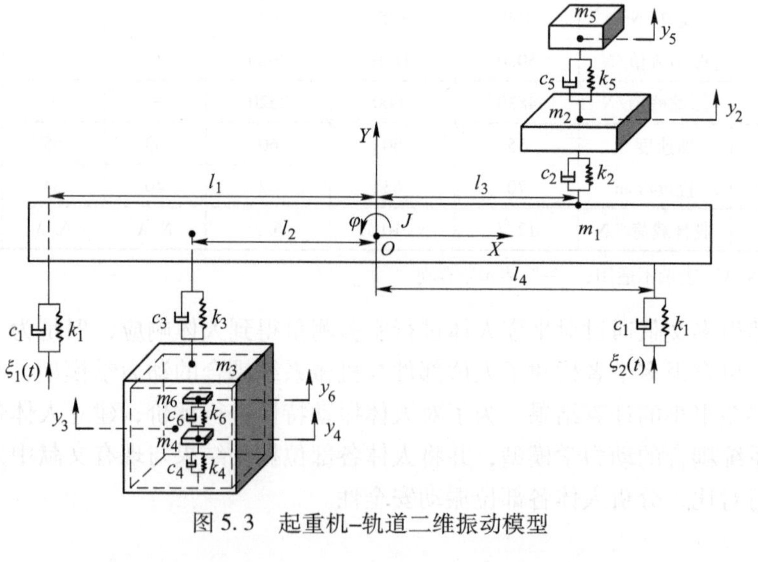

图 5.3　起重机-轨道二维振动模型

大车 Y 方向的振动微分方程可表示为：

$$m_1\ddot{y}_1 + k_1[2y_1 - \xi_1(t) - \xi_2(t) + (l_4 - l_1)\varphi] + k_2(l_3\varphi + y_1 - y_2) + k_3(y_1 - l_2\varphi - y_3) + c_1[2\dot{y}_1 - \dot{\xi}_1(t) + \dot{\xi}_2(t)] + c_2(l_3\dot{\varphi} + \dot{y}_1 - \dot{y}_2) + c_3(\dot{y}_1 - l_2\dot{\varphi} - \dot{y}_3) = 0 \tag{5.20}$$

小车 Y 方向的振动微分方程可表示为：

$$m_2\ddot{y}_2 - k_2(l_3\varphi + y_1 - y_2) + k_5(y_2 - y_5) - c_2(l_3\dot{\varphi} + \dot{y}_1 - \dot{y}_2) + c_5(\dot{y}_2 - \dot{y}_5) = 0 \tag{5.21}$$

司机室 Y 方向的振动微分方程可表示为：

$$m_3\ddot{y}_3 - k_3(y_1 - l_2\varphi - y_3) - k_4(y_4 - y_3) - c_3(\dot{y}_1 - l_2\dot{\varphi} - \dot{y}_3) - c_4(\dot{y}_4 - \dot{y}_3) = 0 \tag{5.22}$$

座椅 Y 方向的振动微分方程可表示为：

$$m_4\ddot{y}_4 + k_4(y_4 - y_3) - k_6(y_6 - y_4) + c_4(\dot{y}_4 - \dot{y}_3) - c_6(\dot{y}_6 - \dot{y}_4) = 0 \tag{5.23}$$

吊重 Y 方向的振动微分方程可表示为：

$$m_5\ddot{y}_5 - k_5(y_2 - y_5) - c_5(\dot{y}_2 - \dot{y}_5) = 0 \tag{5.24}$$

司机 Y 方向的振动微分方程可表示为：

$$m_6\ddot{y}_6 + k_6(y_6 - y_4) + c_6(\dot{y}_6 - \dot{y}_4) = 0 \tag{5.25}$$

大车转动的振动微分方程可表示为：

$$J\ddot{\varphi} + k_1[l_1^2\varphi + l_4^2\varphi + l_1\xi_1(t) - l_1\xi_2(t)] + l_3k_2(l_3\varphi + y_1 - y_2) - l_2k_3(y_1 - l_2\varphi - y_3) + c_1[l_1^2\dot{\varphi} + l_4^2\dot{\varphi} + l_1\dot{\xi}_1(t) - l_1\dot{\xi}_2(t)] + l_3c_2(l_3\dot{\varphi} + \dot{y}_1 - \dot{y}_2) - l_2c_3(\dot{y}_1 - l_2\dot{\varphi} - \dot{y}_3) = 0 \tag{5.26}$$

5.4.2 人体各部位与三维起重机-轨道耦合模型

上述二维起重机过轨模型忽略了大车和小车两个方向的旋转自由度，在模型计算和分析中可能会使人体振动计算结果不准确。为了更准确描述起重机通过轨道缺陷的实际运动情况，在构建人体各部位、起重机和轨道缺陷耦合系统时可以采用第 4 章中三维动力学模型。将 4.2.3 节中式（4.4）~式（4.8）、式（4.10）~式（4.12）与式（5.4）~式（5.10）结合，构建了人体各部位、起重机和轨道缺陷耦合的系统动力学方程，式（5.27）为二阶微分方程的矩阵形式。

$$\boldsymbol{M}_{\mathrm{R}}\ddot{\boldsymbol{Y}}(t) + \boldsymbol{C}_{\mathrm{R}}\dot{\boldsymbol{Y}}(t) + \boldsymbol{K}_{\mathrm{R}}\boldsymbol{Y}(t) = \boldsymbol{F}_{\mathrm{R}}(t) \tag{5.27}$$

式中，$\boldsymbol{M}_{\mathrm{R}}$、$\boldsymbol{C}_{\mathrm{R}}$ 和 $\boldsymbol{K}_{\mathrm{R}}$ 分别代表质量矩阵、阻尼矩阵、刚度矩阵，在分析过程中保持不变；$\boldsymbol{Y}(t)$、$\dot{\boldsymbol{Y}}(t)$ 和 $\ddot{\boldsymbol{Y}}(t)$ 分别代表位移向量、速度向量和加速度向量；$\boldsymbol{F}_{\mathrm{R}}(t)$ 为随时间变化的非线性荷载向量。

完成模型构建并得到人体各部位与三维起重机-轨道耦合动力学方程后，整理可得式（5.27）中矩阵和变量的表达式，见附录 D。虽然式（5.27）的精确解很难得到，但是可以通过精细积分法得到与精确解偏差很小的数值解，从而满足工程计算和分析需求。

5.5　精细积分法在人体振动分析中的计算流程

采用隐式积分方法求解二阶振动系统主要应用迭代方法，然而迭代计算时可能出现不收敛情况，且这种不收敛状态并不能随着积分步长减小而消失[279]。显式积分则可以避免迭代过程中出现不收敛情况，但必须将积分步长变得更小才能保证计算稳定性和准确性。精细积分法利用矩阵指数函数可以在计算机上精确计算的特点求解结构动力学问题，最终得到较精确的数值解[280]，实际工程结构的自由度很大可能会导致计算量过大而无法计算出实际结果，因此精细积分法在一定范围内也有局限性。本书所计算的动力学方程自由度相对较小，可以选择该方法进行动力学响应求解。下面以 PTSIM-L 格式为例计算人体各部位振动响应，其计算主要流程如下：

（1）将起重机系统方程与人体振动方程结合为统一形式见式（5.27），并分析计算质量矩阵 $\boldsymbol{M}_{\mathrm{R}}$、阻尼矩阵 $\boldsymbol{C}_{\mathrm{R}}$、刚度矩阵 $\boldsymbol{K}_{\mathrm{R}}$ 和逆矩阵 $\boldsymbol{M}_{\mathrm{R}}^{-1}$；

（2）计算方程中的系数矩阵，并依据式（2.47）和式（2.48）计算矩阵 $\boldsymbol{H}$ 和向量 $\boldsymbol{r}$；

（3）输入轨道缺陷信息，如高低缺陷大小和轮轨冲击顺序等；输入系统动力响应计算所需的控制参数，如大车运行时间、大车速度以及精细积分法的控制参数等；

（4）给定 t 时刻动态响应并将各部件振动响应（速度、位移和加速度）初值设为零；

（5）初始化线性加速度的斜率并根据式（2.56）和式（2.57）选取参数 $p=5$ 计算得到参数 $\boldsymbol{G}_{\mathrm{a0}}$；

（6）设置时间积分步长 Δt 和线性积分数 N，通过式（2.58）~式（2.61）计算指数矩阵 $\boldsymbol{G}(\Delta t)$，$\boldsymbol{G}(\Delta t(1-\xi_1/2))$，…，$\boldsymbol{G}(\Delta t(1-\xi_n/2))$ 等；

（7）根据式（2.63）计算 $t+\Delta t$ 时刻各个集中质量的动态响应；

（8）将上述计算过程进行迭代计算最终得到人体各部位振动加速度时域响应；

（9）分析人体各部位结构受力情况，绘制力的时间历程。

通过上述求解过程可计算式（5.27）的数值解，分析上述计算过程得到的起重机与人体各部位耦合振动响应，计算人体各部位受力情况并与人体各部位损伤标准对比，得到在不同轨道缺陷下人体各部位振动舒适性情况和人体各部位疲劳损伤程度，为人体各部位的评价与分析提供理论。

5.6 工程应用

起重机设计分析中司机操作舒适性至关重要，某企业生产的100/40 t-28.5 m铸造起重机运行通过轨道缺陷时，司机身体各部位出现了不舒适性。因此，对该起重机动态优化后人体各部位振动舒适性进行分析，该方法在企业中得到应用。

5.6.1 起重机运行和轨道缺陷对人体各部位振动的影响

在第4章中分析了运行速度和轨道缺陷大小对大车和人体振动影响，当起重机设计完成后其结构参数已经确定，影响人体各部位振动舒适性的因素主要是起重机的运行速度和轨道缺陷大小，下文从这两个方面对人体各部位振动进行分析。

5.6.1.1 大车不同运行速度下人体各部位振动响应

第4章中对不同运行速度下起重机大车及人体振动进行了分析，结果发现在低速运行时振动响应较大，达到一定速度后速度对振动影响很小。因此有必要分析在不同运行速度时人体各部位振动响应情况。根据起重机-人体各部位耦合振动方程及求解方法，图5.4中给出了高低缺陷 $h_s = 8$ mm、大车运行速度为0.5 m/s、1.0 m/s、1.5 m/s和2.0 m/s时人体生物力学模型中各部位（盆骨、腹部、隔膜、胸部、躯干、背部和头部）振动加速度时域响应，该结果可以用来评价人体疲劳极限和司机潜在的身体疲劳损伤分析。从图5.4中可以得出以下结论。

（1）通过对图5.4中（a）~（g）的对比分析，人体各部位振动趋势基本一致，只是加速度幅值不同。轮组1发生冲击过程中人体各部位加速度最大，这是因为人体到轮组1的距离最小，这结论与考虑单自由度时人体计算结果一致。

（2）当运行速度为0.5 m/s时人体各部位振动加速度响应最大，1.0 m/s、1.5 m/s和2.0 m/s时人体各部位振动加速度幅值基本不变。

（3）将不同速度下七个部位的加速度最大值进行对比发现，人体各部位振动加速度最大值相差不大，因此对人体整体舒适性分析时，各部位振动可以作为整体的一个参考。也间接证明了第4章中将人体简化为单自由度的可行性。

（4）从冲击过程上分析，第一次的三个冲击对人体振动影响最大，第三次冲击对人体各部位振动影响最小，主要原因是第一次的三个冲击位置距离司机室和人体最近，大部分能量通过座椅传递到人体各部位，而第三次冲击距离司机室和人体较远，冲击能量主要传递到起重机设备部件中。

当大车运行速度为1.0 m/s时，盆骨、腹部、隔膜、胸部、躯干、背部和头部振动加速度均方根分别为：0.68 m/s^2、0.65 m/s^2、0.65 m/s^2、0.63 m/s^2、

0. 61 m/s^2、0. 6. m/s^{2}和 0. 58 m/s^2。对照图 4. 4 可得：人体各部位均“不舒适”，与单自由度模型评价结果一致。

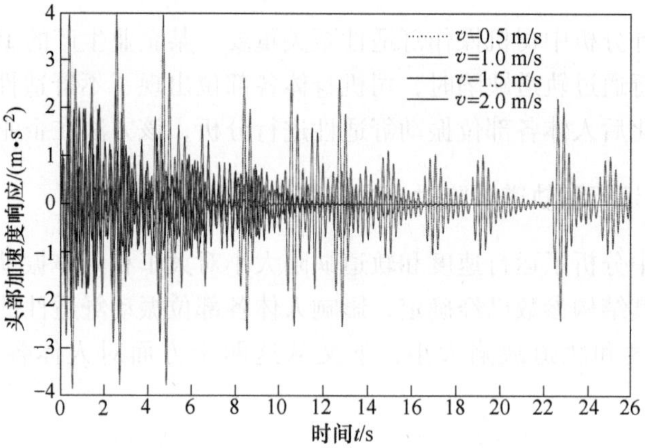

(a)

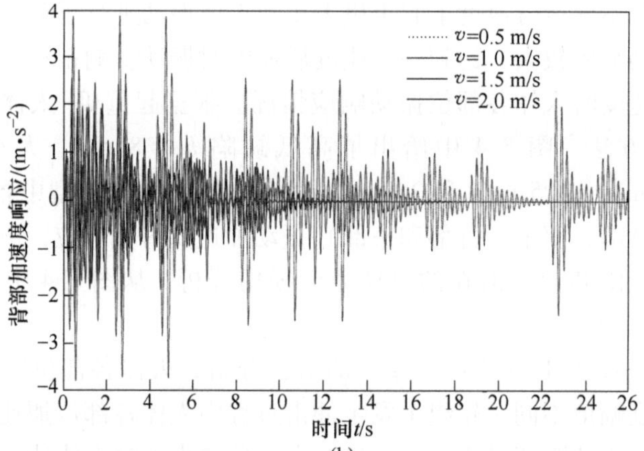

(b)

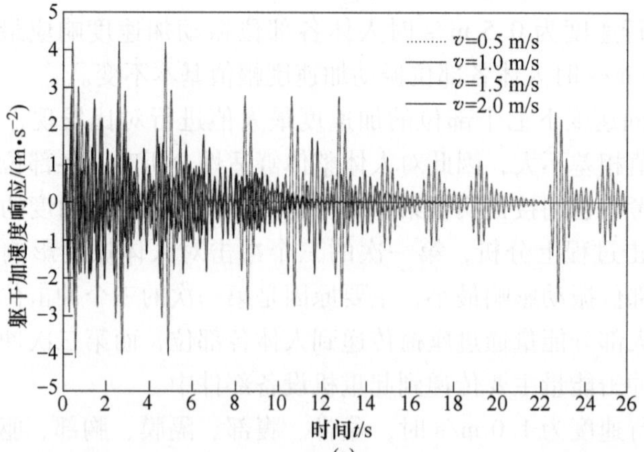

(c)

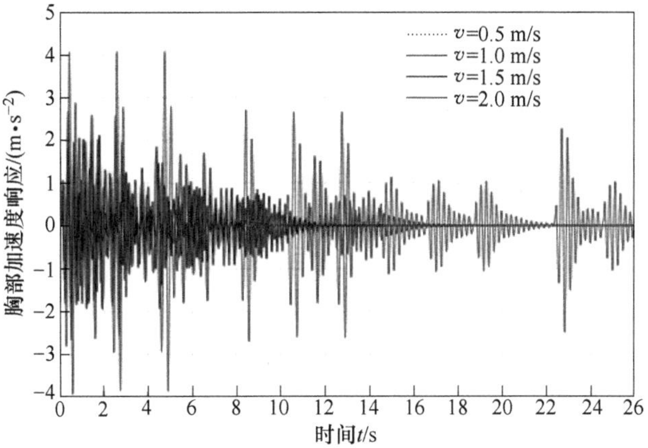
v=0.5 m/s
v=1.0 m/s
v=1.5 m/s
v=2.0 m/s
胸部加速度响应/(m·s⁻²)
时间t/s
(d)

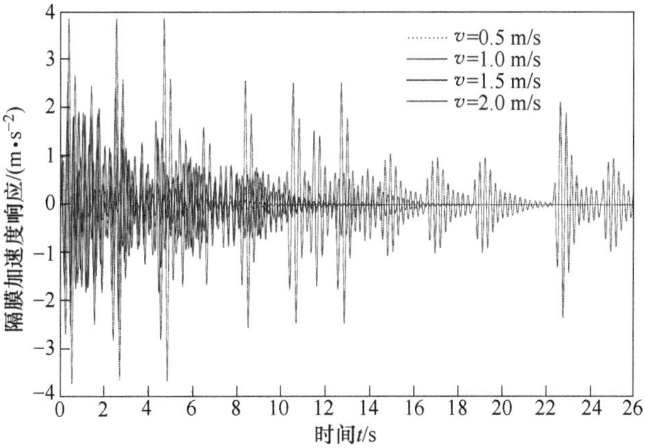
v=0.5 m/s
v=1.0 m/s
v=1.5 m/s
v=2.0 m/s
隔膜加速度响应/(m·s⁻²)
时间t/s
(e)

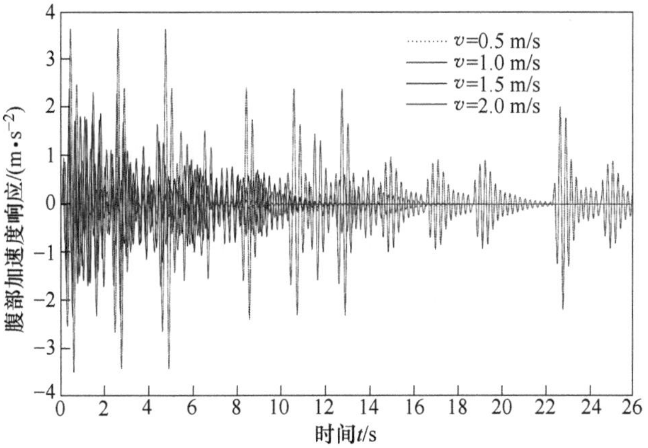
v=0.5 m/s
v=1.0 m/s
v=1.5 m/s
v=2.0 m/s
腹部加速度响应/(m·s⁻²)
时间t/s
(f)

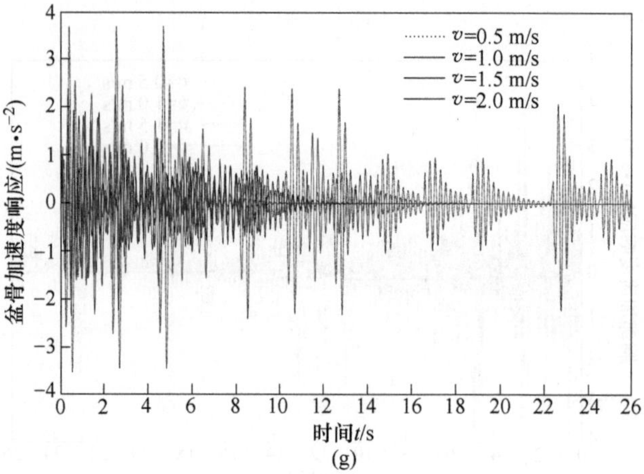

图 5.4 彩图

图 5.4　不同运行速度时人体各部位振动响应

(a) 头部；(b) 背部；(c) 躯干；(d) 胸部；(e) 隔膜；(f) 腹部；(g) 盆骨

5.6.1.2　不同轨道缺陷大小下人体各部位振动响应

根据第 3 章中对轨道高低缺陷和间隙缺陷对起重机冲击系数影响的讨论结果可以看出，轨道高低缺陷对起重机的冲击起主导作用，对起重机结构损伤最大，也是引起人体振动不舒适性的根本原因。因此，有必要分析在不同轨道高低缺陷作用下人体各部位振动舒适性。图 5.5 所示为在 1 m/s 运行速度时，不同高低缺陷下人体各部位（盆骨、腹部、隔膜、胸部、躯干、背部和头部）的加速度响应。对比分析图 5.5 中 (a)~(g) 可以得出以下结论。

(1) 对比不同高低缺陷下各部位振动响应，人体振动加速度随轨道缺陷的增大而增大且增幅十分显著。对比相同轨道缺陷下七个部位响应可以发现躯干振动加速度最大，而盆骨振动加速度最小。例如：8 mm 缺陷下躯干振动加速度最大为 2.8 m/s^2，而盆骨最大加速度为 2.3 m/s^2，其他部位最大加速度在 2.5 m/s^2 左右。

(2) 从冲击过程上分析，轨道冲击位置距离人体近时，人体各部位振动强烈，这一结论与上一节和第 4 章中的结论一致。

(3) 起重机一共受到 12 次轨道缺陷冲击，而图中也出现了 12 个冲击高点，计算结果符合轨道冲击过程的实际情况。

5.6.2　人体各部位位移响应与舒适性分析

5.6.2.1　人体各部位位移响应

不仅加速度对人体舒适性会产生影响，人体各部位振幅过大也会影响人体振动舒适性，计算各部位位移响应十分必要。在 8 mm 高低缺陷作用下人体各部位

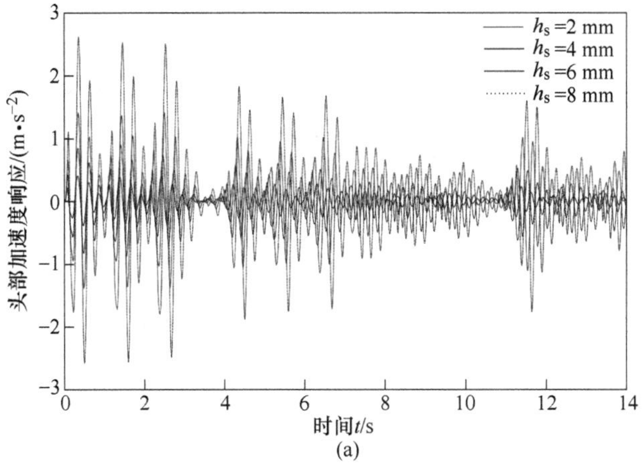

头部加速度响应/(m·s⁻²)
时间t/s
hs =2 mm
hs =4 mm
hs =6 mm
hs =8 mm

(a)

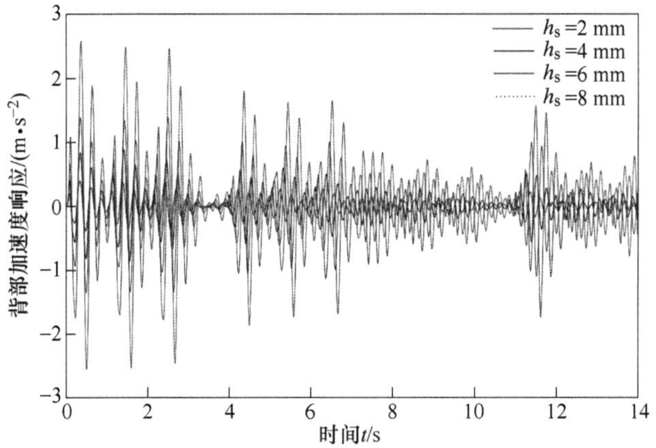

背部加速度响应/(m·s⁻²)
时间t/s
hs =2 mm
hs =4 mm
hs =6 mm
hs =8 mm

(b)

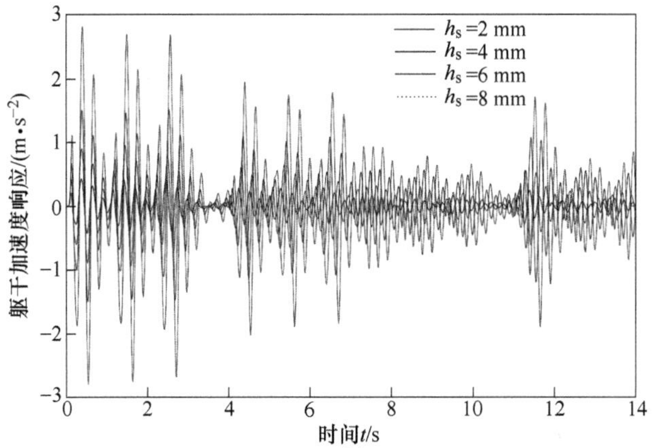

躯干加速度响应/(m·s⁻²)
时间t/s
hs =2 mm
hs =4 mm
hs =6 mm
hs =8 mm

(c)

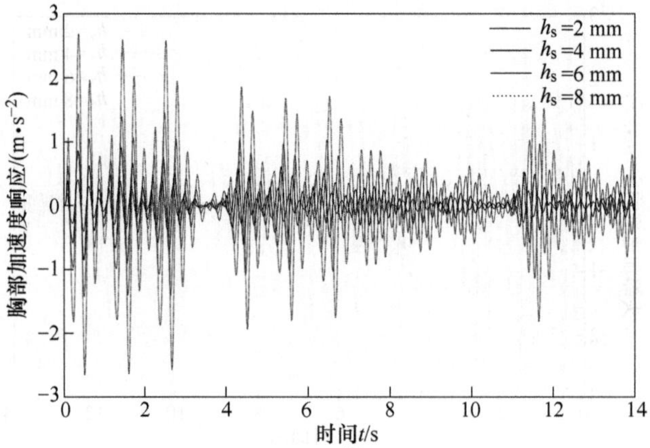
h_s =2 mm
h_s =4 mm
h_s =6 mm
h_s =8 mm
胸部加速度响应/(m·s^{-2})
时间t/s

(d)

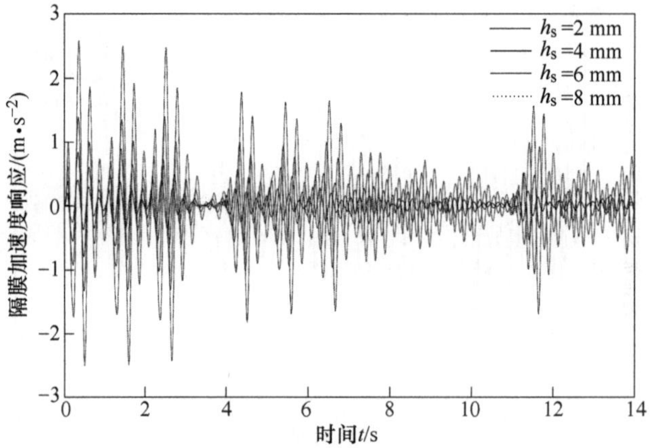
h_s =2 mm
h_s =4 mm
h_s =6 mm
h_s =8 mm
隔膜加速度响应/(m·s^{-2})
时间t/s

(e)

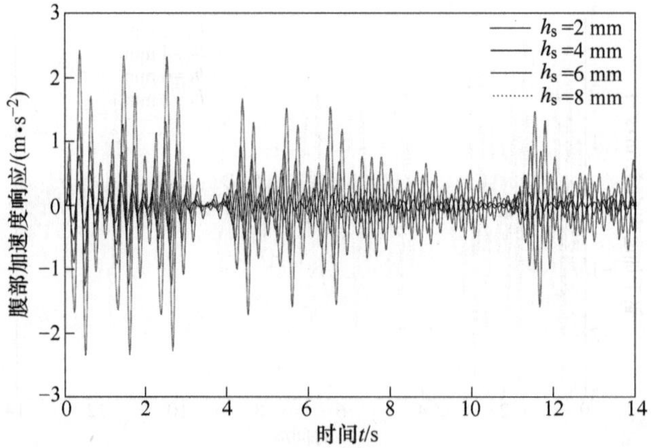
h_s =2 mm
h_s =4 mm
h_s =6 mm
h_s =8 mm
腹部加速度响应/(m·s^{-2})
时间t/s

(f)

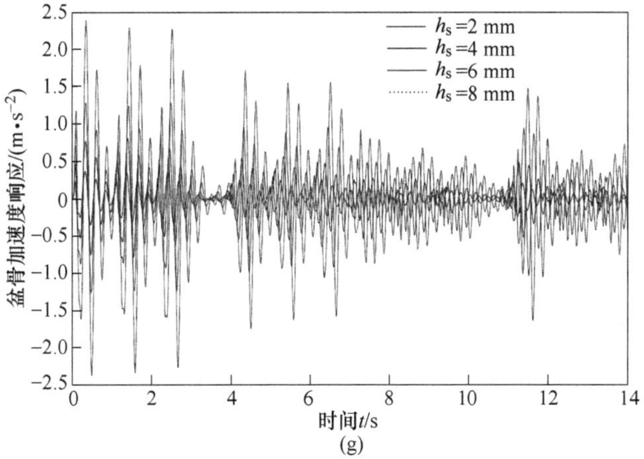

图 5.5 彩图

图 5.5 不同轨道缺陷大小时人体各部位振动响应

(a) 头部; (b) 背部; (c) 躯干; (d) 胸部; (e) 隔膜; (f) 腹部; (g) 盆骨

振动位移响应如图 5.6 所示。可以看出，躯干振动位移的幅值最大为 6.9 mm，盆骨位移的幅值最小为 5.98 mm，头部、背部、腹部、胸部和隔膜位移的幅值为 6.49 mm、6.58 mm、6.1 mm、6.42 mm 和 6.72 mm。显然此计算结果会影响到各部位振动舒适性，为了提高各部位振动舒适性，必须从根本上减小振动能量的来源，即降低轨道缺陷大小。

5.6.2.2 人体各部位舒适性分析

选取大车运行速度为 1 m/s、轨道高低缺陷 h_s = 8 mm 作为计算的初始参数，计算得到人体各部位振动加速度均方根，并将其他各部位加速度均方根与盆骨加速度均方根的比值定义为振动影响因子，结果见表 5.3。

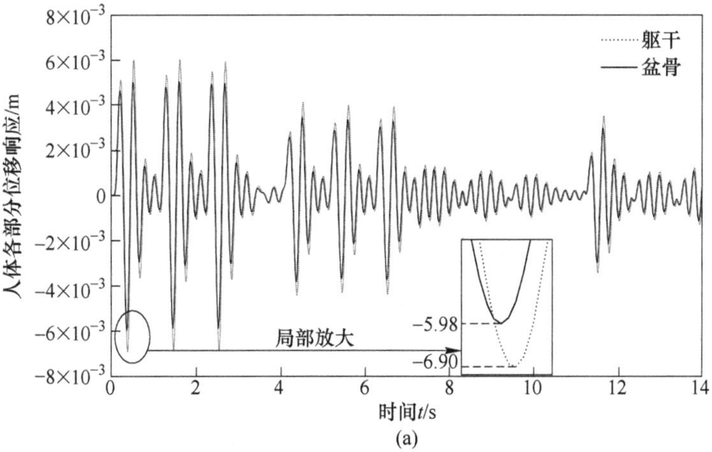

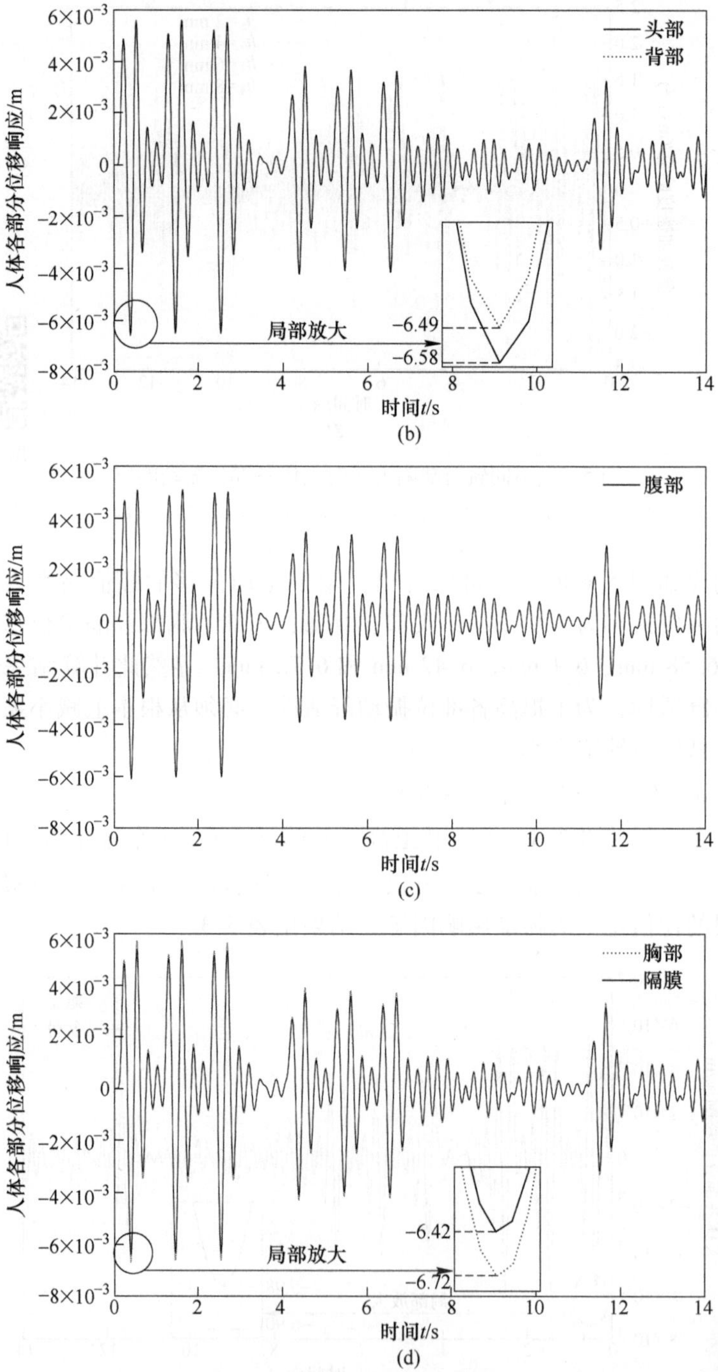

图 5.6　人体各部位振动位移响应（$h_s = 8$ mm）

（a）躯干和盆骨；（b）头部和背部；（c）腹部；（d）胸部和隔膜

图 5.6 彩图

表 5.3 人体各部位振动加速度均方根 $h_s = 8$ mm

人体部位	头部	背部	躯干	胸部	隔膜	腹部	盆骨
RMS/(m · s^{-2})	0.693	0.682	0.740	0.707	0.668	0.627	0.636
影响因子	1.09	1.07	1.16	1.11	1.05	0.99	1

从表 5.3 中可以看出，在轨道高低缺陷 $h_s = 8$ mm 时，人体各部位振动加速度均方根范围为 0.627 ~ 0.740 m/s^2，人体各部位振动烦恼率范围为 31.2% ~ 37.0%。对照图 4.4 可以发现：人体各部位处于“不舒适”范围内，人体感受到不舒适的比例较大。人体各部位加速度均方根的计算结果、舒适性评价结果与第 4 章中人体作为一个整体时的结论一致。

5.6.2.3 人体各部位损伤分析

人各部位振动主要受到与其作用的弹簧力、阻尼力以及自身重力的影响。分析并计算人体各部位进行受力后，得到 $h_s = 8$ mm 缺陷下人体各部位受力响应，如图 5.7 所示。

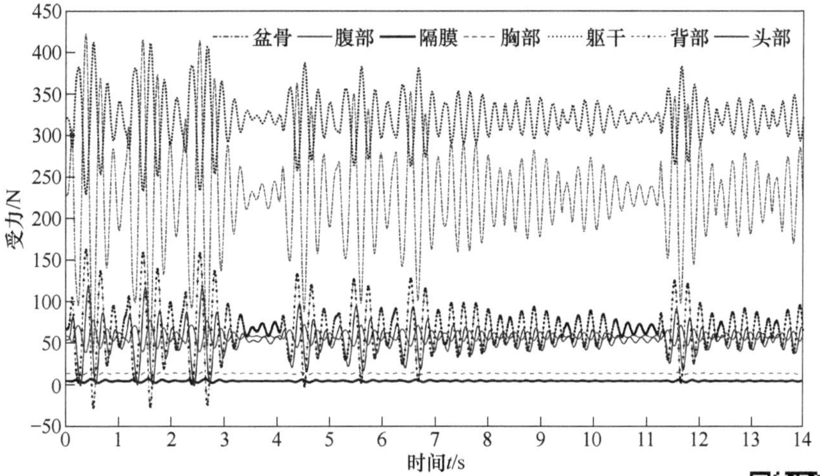

图 5.7 人体各部位受力时域响应（$h_s = 8$ mm）

图 5.7 彩图

从图 5.7 中可以看出盆骨、腹部、隔膜、胸部、躯干、背部和头部所承受的最大作用力分别为 422.9 N、77.7 N、6.6 N、15.3 N、412.4 N、162.5 N 和 118.2 N。对比表 5.2 中人体损伤标准以及文献中的参考值，从承受力的角度分析，人体各部位没有损伤危险。

座椅是连接人体和起重机的纽带，其刚度和阻尼大小对人体振动有一定的影响，而头部是人体所有部位的控制中心，头部振动会给人体带来很多心理和生理问题。因此，依据式（5.19）计算在不同座椅刚度和阻尼作用下头部损伤 HIC 的值，并在 MATLAB 中绘制 HIC 与座椅刚度、阻尼之间的关系，如图 5.8 所示。

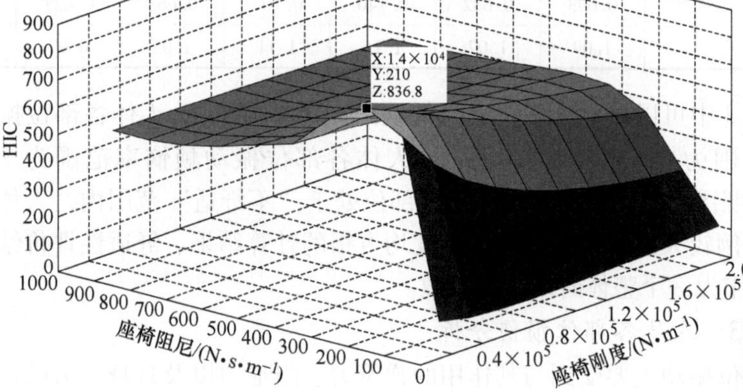

图 5.8　座椅刚度和阻尼与 HIC 之间的关系

图 5.8 彩图

从图 5.8 中可以看出，在座椅刚度和阻尼分别为 14000 N/m 和 210 N · s/m 时头部损伤的值为 836.8，对比表 5.2 中人体损伤标准以及文献中的参考值，头部损伤在标准范围内且安全性较好。在起重机设计时，选取合适的座椅参数时可以提高头部振动舒适性，降低人体头部不适和其他部位的损伤概率。

5.6.2.4　轨道缺陷下人体头部和盆骨功率谱分析

头部和臀部是坐姿人体最容易出现疲劳损伤的部位，在 8 mm 轨道高低缺陷作用下，将头部和盆骨加速度时域响应进行变换得到功率谱密度函数，如图 5.9 所示。

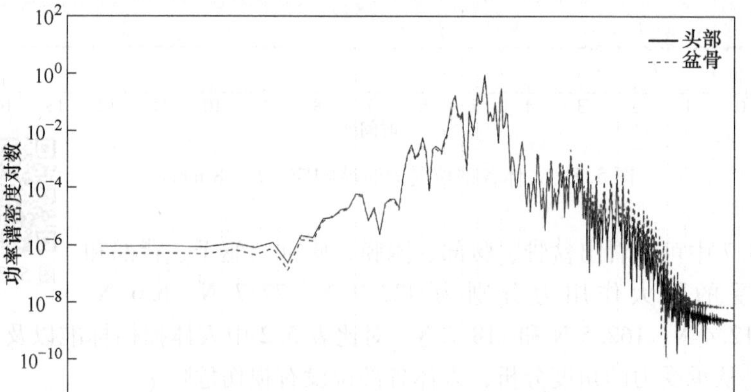

图 5.9　人体头部和盆骨加速度功率谱密度曲线

图 5.9 彩图

从图 5.9 中可以看出，5 ~ 10 Hz 为人体头部和盆骨振动最敏感区域，在 7.4 Hz 左右头部和盆骨振动最为强烈，该计算结果与单自由度人体振动时的 7.6 Hz 较为接近。

5.6.3 座椅特性对人体各部位振动影响

当轨道缺陷大小 $h_s = 8$ mm 时，计算不同座椅刚度下人体各部位承受的最大载荷，如图 5.10 所示。

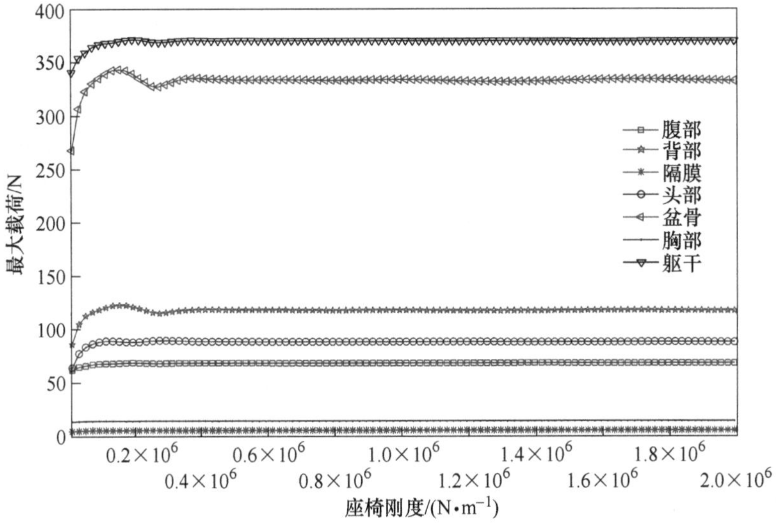

图 5.10 不同座椅刚度下人体各部位的最大载荷

图 5.10 彩图

从图 5.10 中可以看出，随着座椅刚度增加，胸部和躯干承受的最大载荷基本不变，腹部承受的最大载荷略有增加后保持不变，背部和盆骨承受的最大载荷先增大后减小最后基本保持不变，隔膜和头部承受的最大载荷先增大后基本保持不变。当质量较大时振动所引起的惯性力较大，但人体各部位受力均在允许范围内。

轨道缺陷大小 $h_s = 8$ mm 时计算不同座椅阻尼参数下人体各部位承受的最大载荷，如图 5.11 所示。从图 5.11 中可以看出，阻尼变化对人体各部位承受的最大载荷影响很小。阻尼的作用并没有改变系统中各部位最大振动加速度，但可以减小人体振动加速度平均值。

5.6.4 人体非线性因素的影响

在七自由度人体非线性模型中存在非线性因素，忽略非线性因素并求解线性模型和非线性模型下头部振动加速度响应，如图 5.12 所示。从图 5.12 中可以看出，非线性因素减小了激励力作用，计算结果中非线性模型中的幅值比线性模型计算结果略大。

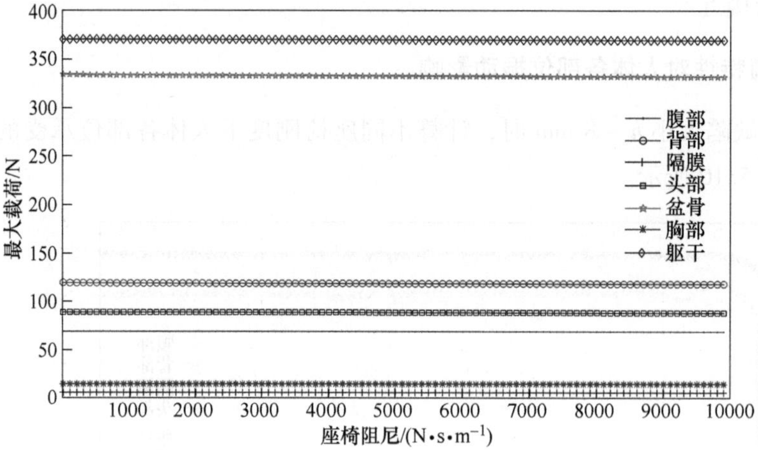

图 5.11 彩图

图 5.11　不同座椅阻尼下人体各部位的最大载荷

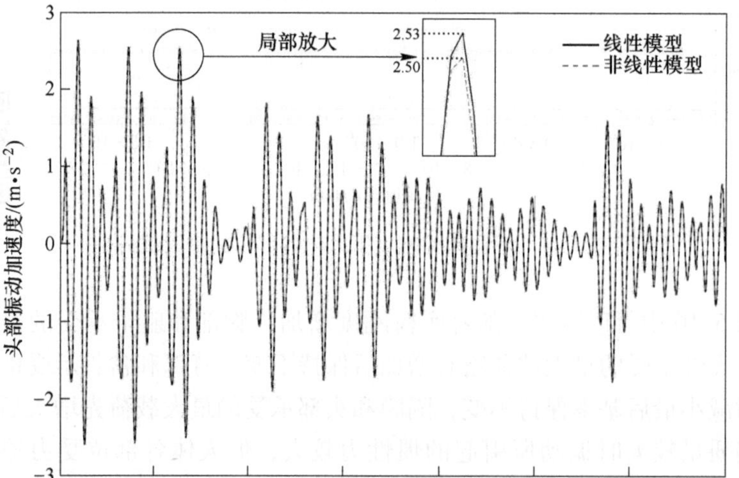

图 5.12　线性与非线性模型下头部响应对比

线性模型和非线性模型下盆骨振动加速度响应，如图 5.13 所示。从图 5.13 中可以看出，两种情况下盆骨加速度响应变化不大。从工程需求和计算结果精度分析，线性与非线性对求解结果影响很小。同理可以计算得到在线性和非线性模型下人体其他部位加速度响应的对比，并从中发现线性和非线性的差别。从计算结果上分析，两种计算结果偏差非常小，其他部位所得出的主要结论与头部振动情况基本一致。因此，其他部位在线性和非线性两种情况下的对比不一一列出。

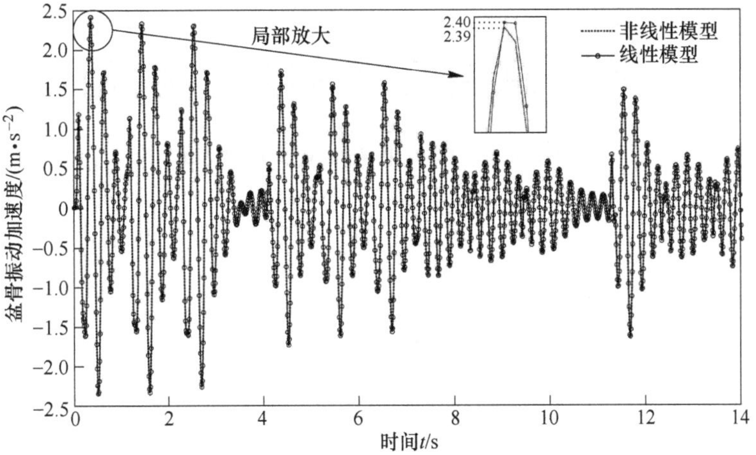

图 5.13 线性与非线性模型下盆骨响应对比

5.6.5 模型有效性分析

首先，起重机刚柔耦合系统动力学模型在第 4 章中已经证明了模型的可行性和准确性。其次，Goldman 等[281]和 Pradko 等[282-283]通过实验证明了人体各部位在不同频率时，盆骨与其他部位的传递比范围是 0.9~1.15，而本书计算盆骨与其他部位加速度均方根传递结果为 0.99~1.16，见表 5.3。因此本书计算结果与实验结果具有很好的一致性，可以说明司机-起重机-轨道系统中七自由度人体模型的可行性。另外，Coermann 等[284]和 Roberts[285]研究结果中，在大约 5 Hz 时人体振动出现第一次共振峰，与本书的研究结果基本吻合。综上所述可以说明本书所选取的模型及参数在分析起重机和人体每一部位振动响应时具有准确性和可行性。

6 考虑高温环境的起重机刚柔耦合系统动态响应

6.1 引　　言

不仅大车运行通过轨道缺陷会对起重机结构和司机产生严重影响，而且小车运行时也会对主梁、司机室振动产生一定影响，小车运行过程也是起重机设计与分析中需要关注的问题。小车-桥架耦合振动系统和吊重-主梁耦合振动系统动力学分析中可简化为移动质量-梁耦合系统。一般情况下，在移动质量对简支梁动态特性影响的分析中，梁的挠度随着小车移动速度增大而增大，而且吊重摆动和移动质量的加速度对梁横向振动影响也不能忽略。司机室作为起重机司机的工作场所，其安装位置和安装方式都会对主梁动态特性产生影响，另外高温环境也会改变金属材料的力学性能。因此，高温环境对起重机主梁动态特性也会产生很大影响。在分析移动质量对主梁动态特性影响时，需要考虑小车运行速度、吊重质量、钢丝绳长度和司机室相关参数等因素，这些因素对主梁响应和司机室振动的影响在起重机设计和分析中意义重大。

6.2 移动质量作用下的主梁动态响应物理模型

移动质量作用下起重机主梁动态响应的研究中，很多学者都提出了有效的物理模型，在这些模型中所考虑的因素并不相同，模型求解方式也不尽相同。从铸造起重机的结构特点和模型简化角度分析，适合铸造起重机系统动力学分析的模型包括以下两种。

6.2.1 承受移动质量的简支梁振动模型[286]

图 6.1 所示为小车与主梁耦合系统模型，小车在主梁上运动时，基于梁的强迫振动模型，考虑任意时刻小车质量及其惯性效应，易推导出系统振动微分方程为：

$$EI\frac{\partial^4 z(x,t)}{\partial x^4} + m\frac{\partial^2 z(x,t)}{\partial t^2} = m_c[g - \ddot{z}(x,t)]\delta(x - x_c) \tag{6.1}$$

式中　m_c——小车质量；

E ——材料弹性模量；

I ——梁截面惯性矩；

m ——主梁单位长度的质量；

$z(x,t)$ ——主梁上 x 位置处在 t 时刻 Z 方向位移；

g ——重力加速度；

δ ——Dirac 函数。

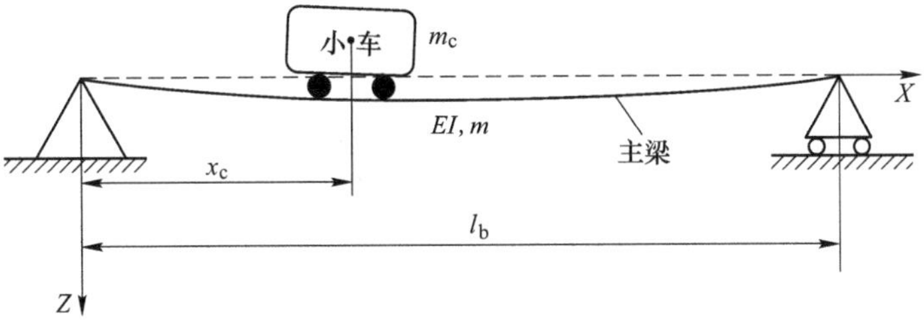

图 6.1　小车运行简支梁模型

起重机工作时小车在主梁上作往复运动，在垂直方向上小车速度可表示为：

$$\dot{z}(x,t)=\frac{\partial z(x,t)}{\partial x}\dot{x}+\frac{\partial z(x,t)}{\partial t} \tag{6.2}$$

将式（6.2）对时间求一阶微分可得小车运行过程中垂直方向加速度为：

$$\ddot{z}(x,t)=\frac{\partial z(x,t)}{\partial x}\ddot{x}+\frac{\partial^2 z(x,t)}{\partial x^2}\dot{x}^2+2\frac{\partial^2 z(x,t)}{\partial x\partial t}\dot{x}+\frac{\partial^2 z(x,t)}{\partial t^2} \tag{6.3}$$

式（6.3）中右端第一项包含小车运行加速度，当小车做匀速运动时这一项为零；后三项分别为小车向心加速度、科氏加速度和主梁、小车间的牵连加速度。将式（6.3）代入式（6.1）中，小车-主梁耦合系统振动方程转换为：

$$\begin{aligned}&EI\frac{\partial^4 z(x,t)}{\partial x^4}+m\frac{\partial^2 z(x,t)}{\partial t^2}\\&=m_c\left[g-\frac{\partial z(x,t)}{\partial x}\ddot{x}+\frac{\partial^2 z(x,t)}{\partial x^2}\dot{x}^2+2\frac{\partial^2 z(x,t)}{\partial x\partial t}\dot{x}+\frac{\partial^2 z(x,t)}{\partial t^2}\right]\delta(x-x_c)\end{aligned} \tag{6.4}$$

6.2.2　考虑吊重摆动的小车运行物理模型

起重机在工作过程中小车在主梁上不断做变速运动，吊重不仅会随着小车做水平运动也会在水平面上摆动。吊重摆动不仅会使主梁结构所承受的外激励不断变化，而且通过有限元法分析主梁动态响应时，系统的质量矩阵、阻尼矩阵和刚度矩阵也在动态变化，因此在分析主梁动态响应时经常会考虑到吊重摆动影响而建立如图 6.2 所示的物理模型。

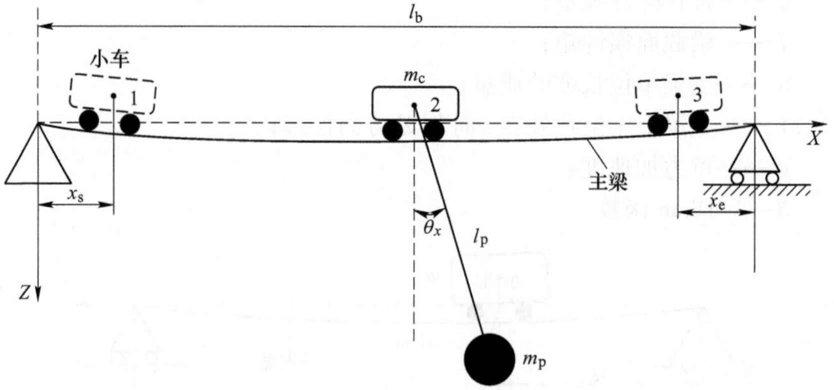

图 6.2　考虑吊重摆动的小车运行物理模型

图 6.2 所示为模型可以通过拉格朗日法或有限元法建立系统动力学方程。分析中假设小车与起重机主梁保持接触，忽略摆动吊重的离心力作用，吊重摆动和小车质量对主梁的作用效果可以通过式（6.5）所示的等效移动质量 m_{eq} 表示。因此将带有摆动的移动质量模型转换成了不具有摆动的简支梁-移动质量模型，将式（6.4）中小车质量转换成等效质量 m_{eq} 即可计算考虑吊重摆动因素影响的主梁动态响应。

$$m_{eq} = m_c + m_p \cos^2\theta_x \tag{6.5}$$

6.3　考虑温度及司机室影响因素的起重机动力学模型

通常情况下司机室的安装位置位于主梁一侧，相当于在主梁上悬挂一个集中质量，随着智能化进程的不断推进，司机室的安装位置和安装方式也在不断发生变化，而且司机室的设计关系到司机身心健康和操作准确性。上述两种模型推导过程中得到了主梁-小车耦合系统动力学响应方程，但是在模型的建立当中并没有考虑大小车运行过程中吊重质量 m_p 和摆动角度 θ_x，也没有考虑到司机室重量、连接方式和安装位置等因素，此类数学模型并不能与实际工况很好吻合，因此，本章提出了更能符合起重机实际工作情况的物理模型，如图 6.3 所示。

6.3.1　仅考虑司机室影响的动力学模型

6.3.1.1　系统振动描述

铸造起重机包含框架结构、小车运行机构、司机室和吊重等组成部分，根据系统组成构件的尺寸及结构特性，铸造起重机系统振动动力学模型的建立基于以下假设：

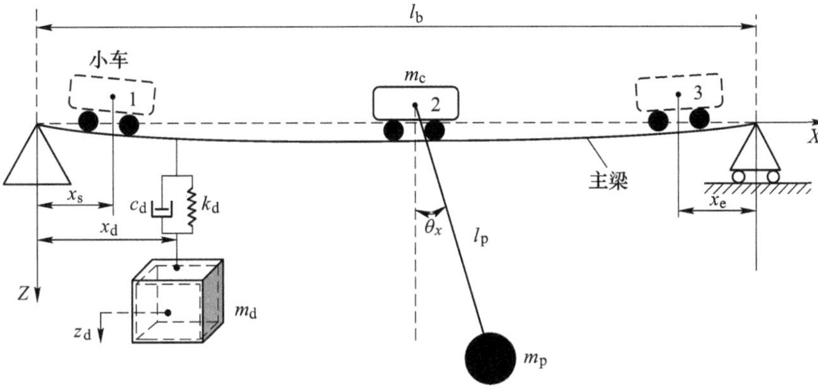

图 6.3 小车运行过程主梁振动物理模型

(1) 主梁作为柔性体只考虑垂直方向的振动，假定所有弹性体内的阻尼均为黏滞阻尼，梁体阻尼对结构振动影响很小[287]，通常阻尼比为 0.1%~0.7%；

(2) 司机室简化为只考虑垂直振动的集中质量，司机室与主梁的连接简化为刚度较大的弹簧和阻尼；

(3) 轨道缺陷冲击作用时考虑钢丝绳变形，但小车运行过程中钢丝绳变形相对较小，根据桥式起重机载重运行的实际工作特点，吊绳假设为无质量刚性吊绳[288]；

(4) 吊重简化为一个摆动集中质量，通过无质量的刚性吊绳悬挂在小车上，随着小车一起运动并且在平面内摆动；

(5) 在铸造起重机动力学响应分析中，假设主梁挠度为线性，而忽略主梁非线性挠度对主梁和司机室动态特性的影响。

在桥式起重机设计中，主梁具有一定上拱度，主梁校核计算主要采用的是许用应力法和极限状态法。许用应力法假设主梁挠度为线性，而极限状态法则考虑到了主梁非线性挠度，文献 [289]-[290] 在主梁结构疲劳和动态特性的计算过程中发现，两种计算结果基本相同。此外，在设计和制造完成后，主梁会形成上拱曲线，起重机主梁振动幅度相对较小，因此本书提出了上述第 5 个假设。

基于 Euler-Bernoulli 梁的性质可将起重机主梁上小车运行模型简化为移动质量在简支梁上运行，即不考虑梁的剪切刚度与扭转刚度，仅计算弯曲刚度。移动质量作用下主梁动态特性模型如图 6.3 所示。在该模型中：E 为主梁杨氏模量；ρ 为主梁体密度；A 为主梁截面面积；l_b 为钢丝绳长度；I 为截面惯性矩；m_c 为小车质量；m_p 为吊重质量；m_b 为主梁单位长度质量；l_p 为钢丝绳长度；k_d 为司机室与主梁之间的连接刚度；c_d 为司机室与主梁之间的阻尼；m_d 为司机室质量；x_d 为司机室在安装位置坐标；g 为重力加速度；V_m 为小车最大运行速度；ξ_i 为主梁结构的第 i

阶振型阻尼比；x_s 为小车运行左侧极限位置；x_e 为小车运行右侧极限位置；θ_x 为吊重摆动的摆角。

6.3.1.2　小车运行下起重机系统振动方程

已知梁的模态振型函数可以应用动力学模型进行分析，小车以最大速度 v_{max} 在主梁上做变速运行时，主梁上 Z 方向 x 处在 t 时刻的弹性位移曲线可如下表示：

$$w(x,t) = \sum_{i=1}^{N} \phi_i(x) q_i(t) \tag{6.6}$$

式中　$q_i(t)$ ——主梁弹性位移主梁广义坐标；

N ——广义坐标数目。

简支梁的第 i 阶模态可表示为：

$$\phi_i(x) = \sin(i\pi x/l_b) \tag{6.7}$$

依据图 6.3 中所简化的物理模型可以定义各质量的坐标向量，在该坐标系下，主梁上各元素的位置向量 $\bar{\boldsymbol{r}}_b$、小车位置向量 $\bar{\boldsymbol{r}}_c$、吊重位置向量 $\bar{\boldsymbol{r}}_p$ 和起重机司机室位置向量 $\bar{\boldsymbol{r}}_d$ 可分别表示为：

$$\bar{\boldsymbol{r}}_b = x \cdot \boldsymbol{i} + w(x,t) \cdot \boldsymbol{k} \tag{6.8}$$

$$\bar{\boldsymbol{r}}_c = x_c \cdot \boldsymbol{i} + w(x_c,t) \cdot \boldsymbol{k} \tag{6.9}$$

$$\bar{\boldsymbol{r}}_p = (x_c + l_p\sin\theta_x) \cdot \boldsymbol{i} + [w(x_c,t) + l_p\cos\theta_x] \cdot \boldsymbol{k} \tag{6.10}$$

$$\bar{\boldsymbol{r}}_d = x_d \cdot \boldsymbol{i} + [z_d - w(x_d,t)] \cdot \boldsymbol{k} \tag{6.11}$$

假设系统的总动能为 $\boldsymbol{T}_1$，其中两根主梁中的能量为 $\boldsymbol{T}_b$，移动小车的运行动能为 $\boldsymbol{T}_c$，吊重的动能为 $\boldsymbol{T}_p$，系统中各部分的动能分别表示为：

$$\boldsymbol{T}_b = \frac{1}{4} m_b l_b \sum_{i=1}^{N} \dot{q}_i^2 \tag{6.12}$$

$$\boldsymbol{T}_c = \frac{1}{2} m_c \left\{ \dot{x}_c^2 + \left[\dot{x}_c \sum_{i=1}^{N} \phi_i'(x_c) q_i(t) + \sum_{i=1}^{N} \phi_i(x_c) \dot{q}_i \right]^2 \right\} \tag{6.13}$$

$$\begin{aligned} \boldsymbol{T}_p = \frac{1}{2} m_p \Bigg\{ & \left[\dot{x}_c \sum_{i=1}^{N} \phi_i'(x_c) q_i(t) + \sum_{i=1}^{N} \phi_i(x_c) \dot{q}_i \right]^2 + \dot{x}_c^2 + l_p^2 \dot{\theta}_x^2 + 2 l_p \dot{x}_c \dot{\theta}_x \cos\theta_x - \\ & 2 l_p \dot{\theta}_x \sin\theta_x \left[\dot{x}_c \sum_{i=1}^{N} \phi_i'(x_c) q_i(t) + \sum_{i=1}^{N} \phi_i(x_c) \dot{q}_i \right] \Bigg\} \end{aligned} \tag{6.14}$$

$$\boldsymbol{T}_d = \frac{1}{2} m_d \left\{ \left[\sum_{i=1}^{N} \phi_i(x_d) \dot{q}_i(t) \right]^2 - 2 \dot{z}_d \sum_{i=1}^{N} \phi_i(x_d) \dot{q}_i(t) + \dot{z}_d^2 \right\} \tag{6.15}$$

在耦合系统模型中，系统势能包括：主梁的弹性应变能 $\boldsymbol{U}_b$；主梁与司机室之间等效弹簧的弹性势能 $\boldsymbol{U}_d$；在运动过程中，小车、司机室和吊重自身的重力所做的总功 $\boldsymbol{W}_3$ 也会改变系统的势能。因此，起重机振动系统的总势能可表示为：

$$\boldsymbol{U}_3 = \boldsymbol{U}_b + \boldsymbol{U}_d - \boldsymbol{W}_3 \tag{6.16}$$

根据弹性力学理论，主梁的弹性应变所产生的弹性应变能为：

$$\boldsymbol{U}_{\mathrm{b}} = \frac{1}{2}EI_y\int_0^{l_{\mathrm{b}}}\left[\frac{\partial^2 w(x,t)}{\partial x^2}\right]^2\mathrm{d}x = \frac{1}{2}EI_y\int_0^{l_{\mathrm{b}}}\left[\sum_{i=1}^{N}\phi''_i(x)q_i(t)\right]^2\mathrm{d}x = \frac{EI_y\pi^4}{4l_{\mathrm{b}}^3}\cdot\sum_{i=1}^{N}i^4q_i^2(t) \tag{6.17}$$

主梁和司机室之间的等效连接弹簧的弹性势能为：

$$\boldsymbol{U}_{\mathrm{d}} = \frac{1}{2}k_{\mathrm{d}}\left[z_{\mathrm{d}} - \sum_{i=1}^{N}\phi_i(x_{\mathrm{d}})q_i(t)\right]^2 \tag{6.18}$$

起重机大车、小车和司机室在系统振动过程中自身重力所做的总功为：

$$\boldsymbol{W}_3 = (m_{\mathrm{c}} + m_{\mathrm{p}})g\cdot\sum_{i=1}^{N}\phi_i(x_{\mathrm{c}})q_i(t) + m_{\mathrm{p}}gl_{\mathrm{p}}\cos\theta_x + m_{\mathrm{d}}gz_{\mathrm{d}} \tag{6.19}$$

将式（6.17）~式（6.19）代入式（6.16）中，系统中的总势能 $\boldsymbol{U}_3$ 可表示为：

$$\boldsymbol{U}_3 = \frac{EI_y\pi^4}{4l_{\mathrm{b}}^3}\cdot\sum_{i=1}^{N}i^4q_i^2(t) - (m_{\mathrm{c}} + m_{\mathrm{p}})g\cdot\sum_{i=1}^{N}\phi_i(x_{\mathrm{c}})q_i(t) - m_{\mathrm{p}}gl_{\mathrm{p}}\cos\theta_x - m_{\mathrm{d}}gz_{\mathrm{d}} + \frac{1}{2}k_{\mathrm{d}}\left(z_{\mathrm{d}} - \sum_{i=1}^{N}\phi_i(x_{\mathrm{d}})q_i(t)\right)^2 \tag{6.20}$$

系统中耗散能 $\boldsymbol{D}_3$ 主要包括结构阻尼和司机室连接阻尼对系统能量的消耗，总耗散能 $\boldsymbol{D}_3$ 可表示为：

$$\boldsymbol{D}_3 = \frac{1}{2}\sum_{i=1}^{N}c_i\dot{q}_i^2(t) + \frac{1}{2}c_{\mathrm{d}}\left(\dot{z}_{\mathrm{d}} - \sum_{i=1}^{N}\phi_i(x_{\mathrm{d}})\dot{q}_i(t)\right)^2 \tag{6.21}$$

在式（6.21）中的主梁结构阻尼 c_i 可以通过式（6.22）和式（6.23）求得。

等截面简支梁的第 i 阶圆频率为：

$$\omega_i = \frac{i^2\pi^2}{l_{\mathrm{b}}^2}\sqrt{\frac{EI}{m_{\mathrm{b}}}} \tag{6.22}$$

主梁第 i 阶振型的结构阻尼可表示为：

$$c_i = 2\xi_i m_{\mathrm{b}}\omega_i \tag{6.23}$$

式中　ξ_i——第 i 阶振型的阻尼比。

非保守系统的拉格朗日方程可表示为：

$$\frac{\mathrm{d}}{\mathrm{d}t}\left(\frac{\partial T}{\partial\dot{y}_i}\right) - \frac{\partial T}{\partial y_i} + \frac{\partial U}{\partial y_i} + \frac{\partial D}{\partial\dot{y}_i} = F_i \quad (i = 1,\ 2,\ \cdots,\ n) \tag{6.24}$$

式中　T——系统的动能；

U——系统的势能；

D——系统的能量耗散函数；

$\frac{\partial D}{\partial\dot{y}_i}$——因能量耗散函数 D 而引起的阻尼力；

F_i——外部作用的广义激振力；

y_i ——广义坐标；

$\dot{y}_i$ ——广义速度。

依据式（6.24）所示的非保守系统拉格朗日方程和系统能量的计算方法，可推导出系统运动微分方程。梁的模态振型函数已知就可以应用该动力学模型进行分析，根据模态假设原理，将主梁简化为 j 阶模态叠加形式，因此主梁的振动方程为 j 个，其振动微分方程可统一为如下形式：

$$\frac{1}{2}m_b l_b \ddot{q}_j + (m_c + m_p) \cdot \phi_j(x_c) \sum_{i=1}^{N} \phi_i(x_c) \ddot{q}_i + m_d \phi_j(x_d) \sum_{i=1}^{N} \phi_i(x_d) \ddot{q}_i +$$

$$2(m_c + m_p) \cdot \phi_j(x_c) \dot{x}_c \sum_{i=1}^{N} \phi_i'(x_c) \dot{q}_i + 2\xi_j m_b l_b \omega_j \dot{q}_j + c_d \phi_i(x_d) \sum_{i=1}^{N} \phi_i(x_d) \dot{q}_i(t) +$$

$$(m_c + m_p) \cdot \phi_j(x_c) \left(\ddot{x}_c \sum_{i=1}^{N} \phi_i'(x_c) q_i(t) + \dot{x}_c^2 \sum_{i=1}^{N} \phi_i''(x_c) q_i(t) \right) +$$

$$k_d \phi_j(x_d) \sum_{i=1}^{N} \phi_i(x_d) q_i(t) + \frac{EI_y \pi^4 j^4}{2l_b^3} q_j - (m_c + m_p) g \phi_j(x_c) -$$

$$k_d z_d \phi_j(x_d) - m_p \cdot l_p \phi_j(x_c)(\ddot{\theta}_x \sin\theta_x + \dot{\theta}_x^2 \cos\theta_x) -$$

$$m_d \phi_j(x_d) \ddot{z}_d - c_d \phi_j(x_d) \dot{z}_d = 0 \tag{6.25}$$

吊重摆动的微分方程可表示为：

$$l_p \ddot{\theta}_x - \left[\left(\dot{x}_c \sum_{i=1}^{N} \phi_i'(x_c) \dot{q}_i + \sum_{i=1}^{N} \phi_i(x_c) \ddot{q}_i \right) + \ddot{x}_c \sum_{i=1}^{N} \phi_i'(x_c) q_i(t) + \right.$$

$$\left. \dot{x}_c \left(\dot{x}_c \sum_{i=1}^{N} \phi_i''(x_c) q_i(t) + \sum_{i=1}^{N} \phi_i'(x_c) \dot{q}_i(t) \right) \right] \sin\theta_x + g\sin\theta_x + \ddot{x}_c \cos\theta_x = 0$$

$$\tag{6.26}$$

司机室振动的微分方程可表示为：

$$m_d \left[\ddot{z}_d - \sum_{i=1}^{N} \phi_i(x_d) \ddot{q}_i(t) \right] + k_d z_d - k_d \sum_{i=1}^{N} \phi_i(x_d) q_i(t) -$$

$$m_d g + c_d \dot{z}_d - c_d \sum_{i=1}^{N} \phi_i(x_d) \dot{q}_i(t) = 0 \tag{6.27}$$

对于一般线性动力学系统，式（6.25）~式（6.27）可以通过统一的矩阵方程形式表示，即式（6.28）。

$$\boldsymbol{M}_e \ddot{\boldsymbol{q}}(t) + \boldsymbol{C}_e \dot{\boldsymbol{q}}(t) + \boldsymbol{K}_e \boldsymbol{q}(t) = \boldsymbol{F}_e(t) \tag{6.28}$$

式中　$\boldsymbol{M}_e$，$\boldsymbol{C}_e$，$\boldsymbol{K}_e$ ——质量矩阵、阻尼矩阵和刚度矩阵；

$\ddot{\boldsymbol{q}}(t)$，$\dot{\boldsymbol{q}}(t)$，$\boldsymbol{q}(t)$ ——系统加速度向量、速度向量和位移向量；

$\boldsymbol{F}_e(t)$ ——载荷向量。

系统中矩阵、向量具体形式见附录 E。

6.3.1.3 非线性振动方程的求解流程

非线性因素广泛地存在于工程中，如非线性力、运动非线性、非线性本构关系、材料的非线性和弹性大变形等几何非线性，工程中的大多数模型均为非线性。非线性动力学在工程问题中的研究越来越重要，而非线性建模后的求解过程也是现在学者研究的主要方面。Newmark 法[247-248]是一种典型的隐式求解结构动力学问题的方法，具有收敛性好、精度高、稳定性好等优点。由于该方法条件稳定，而且其稳定性条件很容易满足，因此被广泛应用在工程中。

系统的振动式（6.25）~式（6.27）构成了一个 $N+2$ 维的二阶非线性时变微分方程组。该方程组不能直接求得精确解。因此，本书采用一种直接积分法和矩阵迭代法近似求解系统振动响应，计算原理参见第 2 章求解方法。在移动小车作用下，主梁和司机室的动力学响应计算流程如图 6.4 所示，计算过程如下：

（1）首先给定主梁振动响应初始值 $\ddot{\boldsymbol{q}}_0$、$\dot{\boldsymbol{q}}_0$ 和 $\boldsymbol{q}_0$、吊重摆角初始值 $\ddot{\theta}_{x0}$，$\dot{\theta}_{x0}$ 和 θ_{x0} 以及司机室振动响应初始值 $\ddot{z}_{d0}$、$\dot{z}_{d0}$ 和 z_{d0} 均为零，通过式（2.37）~式（2.45）计算在 Δt 时刻式（6.28）的动态响应 $\ddot{\boldsymbol{q}}_{\Delta t}$、$\dot{\boldsymbol{q}}_{\Delta t}$ 和 $\boldsymbol{q}_{\Delta t}$；

（2）将步骤（1）得到的结果代入式（6.26）和式（6.27）中并依据式（2.37）~式（2.45）计算得到 Δt 时刻吊重摆角响应 $\ddot{\theta}_{x\Delta t}$、$\dot{\theta}_{x\Delta t}$ 和 $\theta_{x\Delta t}$ 和司机室振动响应 $\ddot{z}_{d\Delta t}$、$\dot{z}_{d\Delta t}$ 和 $z_{d\Delta t}$；

（3）将步骤（2）得到的结果作为下一次迭代的初始值代入到步骤（1）中计算下一个 Δt 时刻主梁振动响应，再重复步骤（2）操作，迭代计算步骤（1）和步骤（2），直到时间达到预先设定好的终止时间，最终得到了主梁、吊重摆角以及司机室振动的数值解；

（4）判断计算结果 $\ddot{\boldsymbol{q}}(t)$、$\ddot{\theta}_x(t)$ 和 $\ddot{z}_d(t)$ 的收敛性，如果不收敛则返回步骤（2）进行进一步的分析和计算。

6.3.2 考虑温度及司机室影响因素的动力学模型

温度对金属材料的弹性模量会产生影响，而铸造起重机长期工作在高温环境下，因此，铸造起重机主梁的弹性模量会随温度变化而变化。分析小车运行状态下主梁动态响应时，考虑温度对主梁动态特性影响，需通过实验测试温度影响下主梁弹性模量变化规律；考虑司机室和温度两个影响因素下小车运行动力学建模时，建模、推导过程和求解方法与正常温度下相同，不同之处在于弹性模量取值。因此，以 6.3.1 节仅考虑司机室影响的动力学模型为基础，将运动学方程式（6.25）中弹性模量换成相应温度下弹性模量的实验结果，即可完成高温环境和司机室影响因素的建模、求解过程。

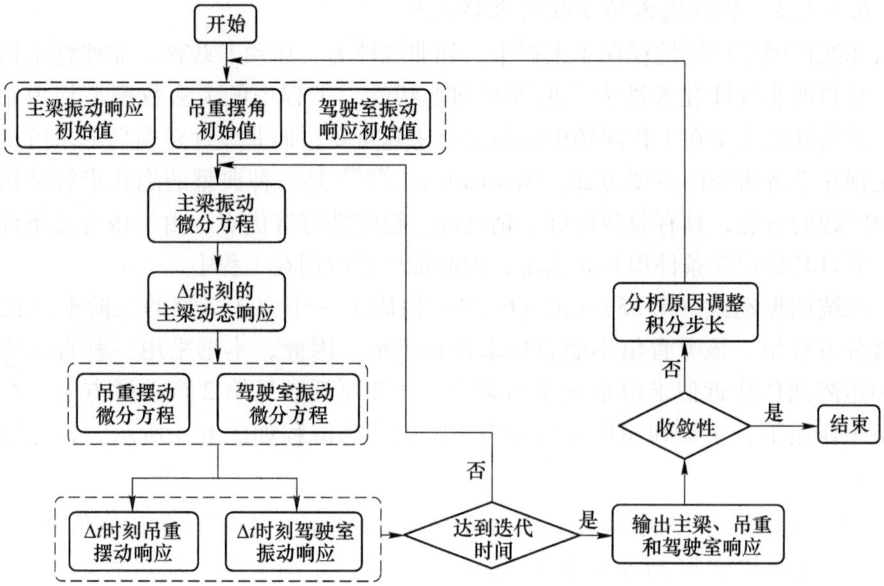

图 6.4 非线性振动方程计算流程

6.4 系统模型的有效性验证

6.4.1 移动质量作用下的主梁响应

为了更进一步验证上述模型的合理性和计算程序的准确性，令 6.3 节模型中的司机室质量、连接刚度和阻尼均为零，同时钢丝绳刚度、阻尼以及吊重质量均为零，则本书模型与文献［43］和［291］中模型考虑的因素相一致，其参数见表 6.1。

表 6.1 文献［43］和［291］中参变量取值

参数	取值	参数	取值
移动小车质量 m	70 kg	主梁截面面积 A	9.0024×10^{-4} m^2
小车运行速度 v_{max}	3.34 m/s	主梁截面惯性矩 I	1.04×10^{-6} m^4
主梁长度 L_b	10 m	主梁弹性模量 E	2.068×10^{11} Pa
主梁密度 ρ	7820 kg/m^3	时间步长	0.01 s

文献［291］通过有限元理论求解出移动质量对简支梁中点形态影响，而文献［43］通过模态假设的方式求解主梁中心动态响应。本书将模态假设与系统能量守恒相结合来求解主梁中点振动时域响应。三种方法的计算结果如图 6.5 所

示，从图中可以看出，在计算移动质量对主梁动态响应的影响时，文献中的计算结果与本书中计算结果略有差别，这是因为计算机本身的一些限制，从趋势变化上看三种计算结果基本一致。因此，可说明本书的主梁动态响应计算原理和程序求解方法正确。

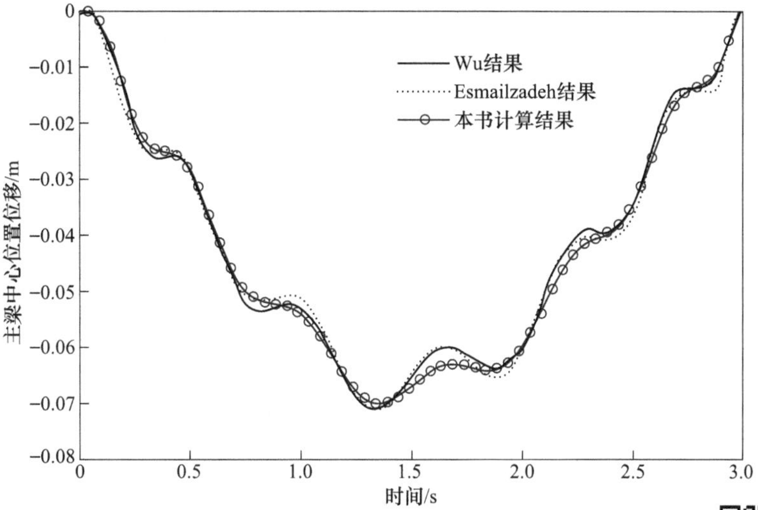

图 6.5 主梁中心位置挠度计算结果与文献［43］和［291］对比

图 6.5 彩图

6.4.2 吊重摆动验证

主梁-吊重振动系统中，吊重摆角动态特性受到小车运行加速度和钢丝绳长度的影响，为了更进一步验证本书模型中关于吊重摆角求解的可行性和求解方法的准确性。参照文献［291］中参数：简支梁上移动小车质量 $m_c=97.9\ \text{kg}$；吊重质量 $m_p=97.9\ \text{kg}$；主梁长度 $l_b=6\ \text{m}$；主梁截面面积 $A=2.04\times10^{-2}\ \text{m}^2$；主梁截面惯性矩 $I=2.13\times10^{-7}\ \text{m}^4$；主梁体密度 $\rho=8000\ \text{kg/m}^3$；杨氏模量 $E=2.11\times10^{11}\ \text{Pa}$。在仿真求解过程中，小车初速度为零，在恒定加速度下运行 $t_1=15\ \text{s}$ 至额定速度 $v=0.1333\ \text{m/s}$，匀速运行 $t_2=45\ \text{s}$ 后开始减速，再经过 $t_3=15\ \text{s}$ 小车以恒定加速度减速运行直至速度减到零，吊重初始摆角 $\theta_x(0)=-0.01(\text{rad})$。

将司机室质量以及连接刚度和阻尼均设置为零，忽略结构阻尼影响，则考虑的因素与文献［291］一致。图 6.6 为本书方程简化计算结果与文献之间的对比，其中虚线为本书计算结果，实线为文献计算结果。从图中可以看出，本书计算结果与文献［291］结果基本一致。说明本书方法在求解吊重摆角的过程中，计算原理和求解程序均是有效的。

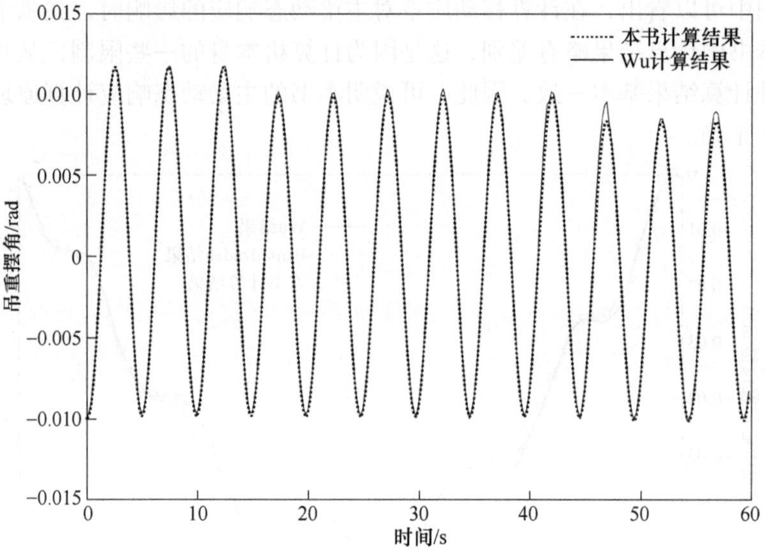

图 6.6　计算结果与文献［291］一致性对比

6.5　工 程 应 用

在证明本书模型和计算方法的有效性后，以 100/40 t-28.5 m 铸造起重机为例进行研究。该起重机在其服役期间，地基沉陷导致轨道缺陷产生，并出现操作人员人体震感强烈、设备损毁等状况。在分析起重机结构破坏和冲击增大原因时，本书模型和分析方法得到了应用，为 100/40 t-28.5 m 铸造起重机事故原因分析提供理论依据，也为铸造起重机设计提供了模型参考与分析方法。该铸造起重机振动系统初始参数取值见表 6.2。

表 6.2　铸造起重机刚柔耦合系统参数取值

参数	取值	参数	取值	参数	取值
m_c	20000 kg	l_b	28.5 m	k_d	10^8 N/m
m_p	20000 kg	l_p	5.7 m	c_d	10^5 N · s/m
ρ	7820 kg/m^3	ξ_i	0.001	x_d	5 m
E	2.06×10^{11} Pa	g	9.81 N/kg	m_d	2000 kg
I	0.0093 m^4	A	0.128 m^2	v_{max}	72 m/min
x_s	2.25 m	x_e	2.25 m	θ_x	0 rad

6.5.1 起重机主梁和吊重摆角的动态响应

从系统振动方程模型来分析，影响起重机主梁动态响应的因素不仅与主梁截面属性和尺寸参数有关，而且与小车运行速度以及司机室质量与位置等因素有关。因此，从这几方面来分析主梁振动和吊重摆角响应。

6.5.1.1 小车运行速度对起重机动态响应的影响

铸造起重机与其他起重机相比，吊运的钢包属于高危物品，运行速度过快可能直接导致钢包摆动角度过大，大大降低了生产过程中的安全性。因而小车运行最大速度比其他起重机略小，最大可达到 80 m/min 左右。在工程实例中，小车运行速度模式如图 6.7 所示，小车加速和减速的时间均设置为 5 s，小车运行轨迹是从一侧极限位置运行到另一侧极限位置，铸造起重机小车最大运行速度 $v_{max}^3 = 1.2$ m/s，以保证在小车运行过程中的安全性，以下计算结果都是基于小车三种运行模式展开。

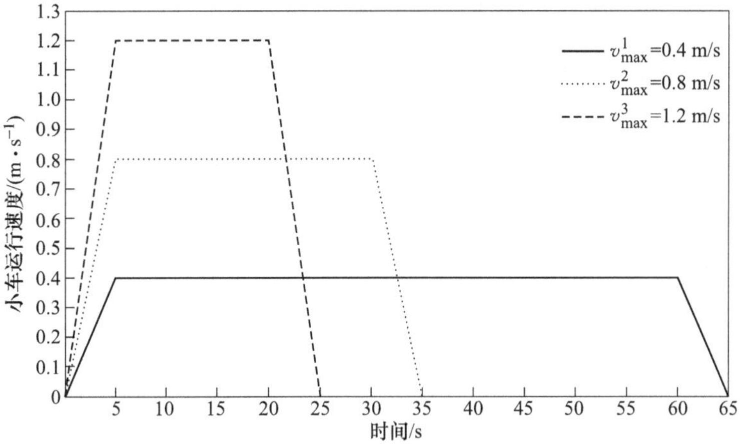

图 6.7 小车运行的三种模式

图 6.8 所示为三种运行模式下，主梁跨中位置的垂直振动位移响应，从图中可以看出，当小车运行到主梁中心位置附近时，跨中位置的振幅最大，小车最大运行速度为 0.4 m/s、0.8 m/s 和 1.2 m/s 时，跨中的最大位移分别为 3.7 mm、3.8 mm 和 3.9 mm。因此在该速度范围内，小车最大速度越大，跨中响应的最大位移越大，但增大幅度并不明显。

图 6.9 所示为小车不同运行速度下吊重摆角响应，从图中可以看出：最大速度为 v_{max}^3 运行模式下，0~5 s 时小车处于加速阶段吊重摆角呈现先增大后减小趋势；5~20 s 时小车处于匀速运动状态，吊重呈现往复周期性摆动，吊重摆动周期 $T = 2\pi\sqrt{l_p/g}$，代入初始参数计算得到周期为 4.7894 s，与匀速运行阶段吊重

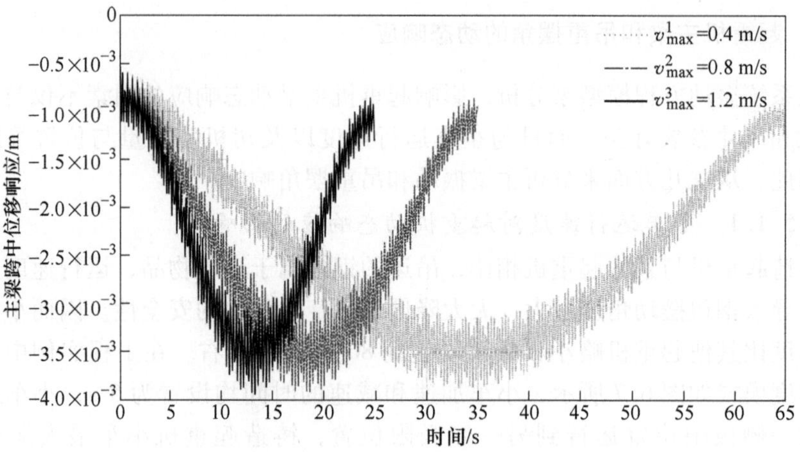

图 6.8　小车运行最大速度对主梁挠度的影响

摆动周期相同，因此也能证明计算结果是正确的；20～25 s 时小车处于减速阶段，吊重摆角先增大后减小，这是由于减速作用增大了匀速运动阶段的吊重摆动幅值。加速阶段最大摆角为 2.75°，而减速阶段最大摆角为 3.15°，减速阶段的摆角最大值略大于加速阶段。这是由于在匀速运动结束而进入减速阶段时，吊重仍然存在摆动速度，且该速度方向与减速运行所产生的速度方向一致。

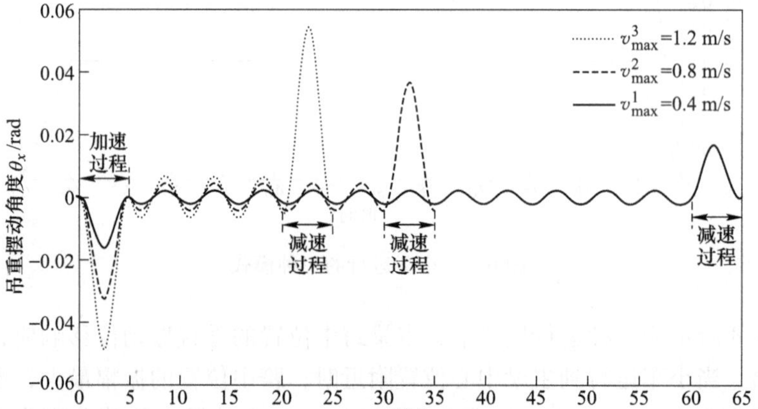

图 6.9　小车运行速度对吊重摆角影响

从图 6.9 中还可以看出，在小车最大运行速度为 0.4 m/s，0.8 m/s，1.2 m/s 时，加速阶段的最大摆角分别为：0.17 rad、0.32 rad 和 0.49 rad，减速阶段的最大摆角分别为：0.18 rad、0.38 rad 和 0.55 rad，随着小车最大运行速度增大，吊重最大摆角增加明显。这是因为相同加速和减速时间（5 s）里，加速度越大吊重摆角越大。改变吊重质量和司机室刚度值，吊重摆角的计算结果基本不变。因此，吊重摆角与小车运行速度和加速度有关，与吊重质量和司机室刚度值无关。

6.5.1.2 吊重质量和钢丝绳长度对起重机动态响应的影响

吊重质量会直接影响跨中挠度，图 6.10 所示为吊重质量对主梁跨中振动的影响。从图 6.10 中可以看出，吊重质量分别为 20 t、40 t、60 t、80 t 和 100 t 时，跨中最大挠度分别为 3.5 mm、5.3 mm、7 mm、8.9 mm 和 10.8 mm。吊重每增加 20 t 时，主梁跨中挠度增幅分别为 1.8 mm、1.7 mm、1.9 mm 和 1.9 mm。因此，可以看出随着吊重质量增加，主梁跨中垂直方向挠度明显增大，且增大的幅度基本呈线性变化趋势，同时振动的波动性也越来越明显。

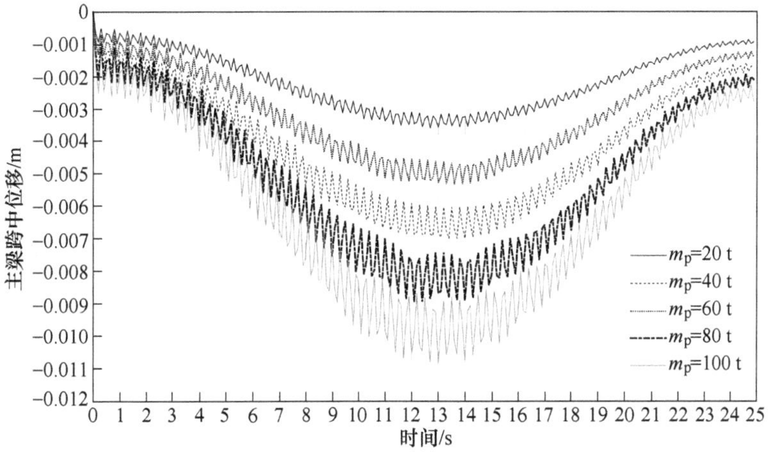

图 6.10 吊重质量对主梁中心挠度的影响

图 6.11 所示为钢丝绳长度对主梁跨中挠度的影响，从图中可以看出，不同钢丝绳长度下的计算结果基本重合，钢丝绳长度对主梁中心位置的振幅基本没有影响。这是由于吊重摆角很小，当钢丝绳长度发生变化时，吊重摆动所吸收的能量变化也很小，而摆动模型部分对主梁变形起主要影响的是吊重质量。

根据吊重摆动周期 $T = 2\pi\sqrt{l_p/g}$ 可知，钢丝绳长度决定了吊重摆动周期。从图 6.12 中可以看出，在 0~5 s 加速阶段，不同绳长下吊重摆角幅值差别不大，5~60 s 匀速运行阶段，摆角幅值随摆线长度增大而增大，60~65 s 减速运行阶段，摆角振幅与摆线长度没有必然的线性关系。产生该现象的原因主要是：摆线长度决定了吊重摆动周期，而在本工程实例中小车加速和减速时间均设计成 5 s，四种钢丝绳长度下吊重摆动周期分别为 4.79 s、5.35 s、6.18 s 和 7.57 s。在加速阶段，吊重失去小车对其产生的激励作用时，吊重摆动初始位置有很大区别，因而在匀速运行阶段摆动的幅值会有很大区别，同样在减速阶段，减速时初始相位角和周期不同，导致了摆动幅值无线性规律变化。在起重机设计过程中需要充分研究吊重摆动周期和小车加速时间，才能从根本上减小吊重摆角，也可以通过控制摆线长度来降低吊重摆角。

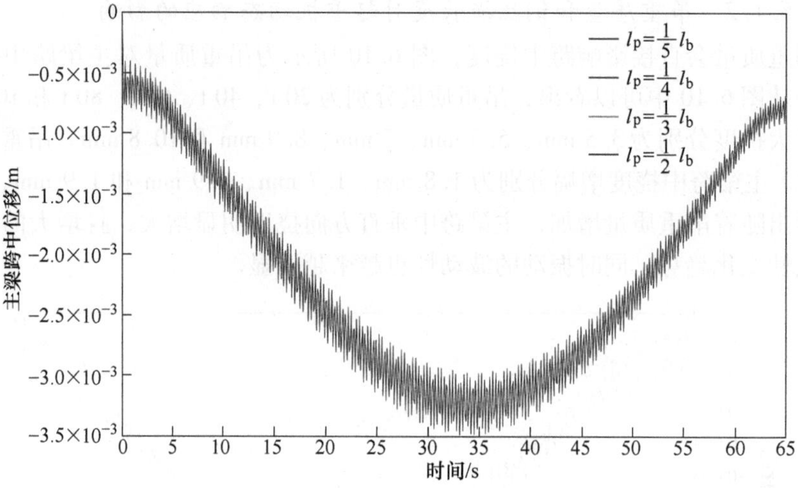

图 6.11　钢丝绳长度对主梁跨中挠度影响

图 6.11 彩图

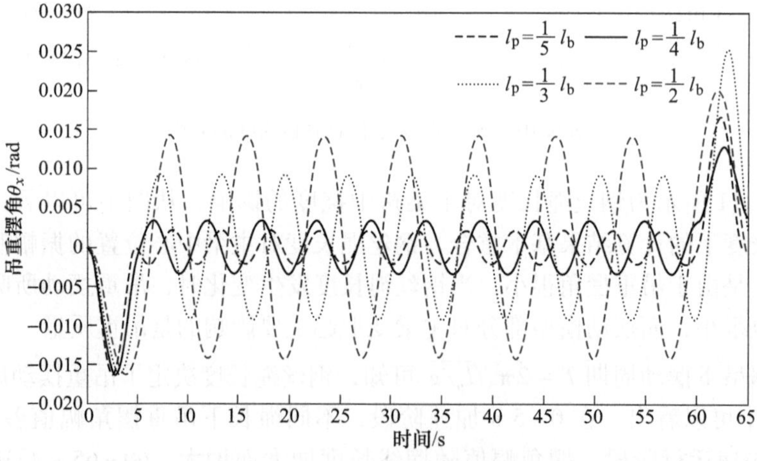

图 6.12　钢丝绳长度对吊重摆角的影响

6.5.1.3　司机室相关参数对主梁动态响应的影响

司机室在模型中简化为集中质量，图 6.13 所示为司机室质量对主梁跨中挠度的影响。从图中可以看出，司机室质量为 1 t、2 t、3 t 和 4 t 时，跨中位移分别为 3.2 mm、3.4 mm、3.6 mm 和 3.8 mm。吊重质量每增加 1 t，跨中位移增加 0.2 mm。主梁跨中垂直方向的振幅随着司机室质量增大而增大，但是由于司机室质量相对于主梁质量和小车质量很小，因此对主梁跨中振动的影响较小。

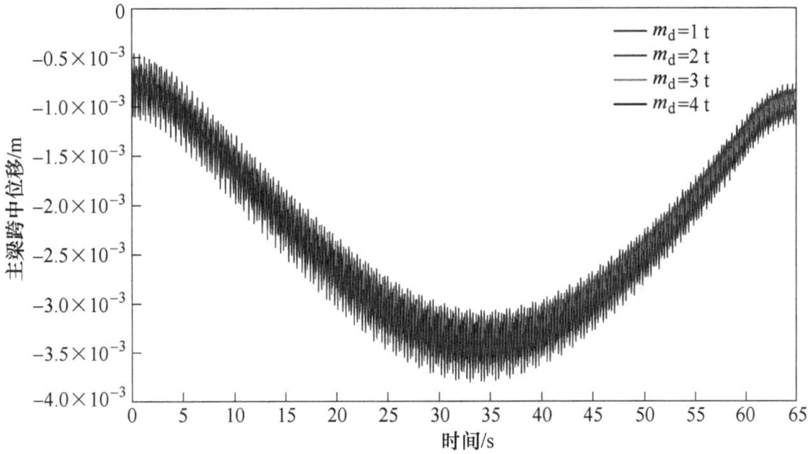

图 6.13 司机室质量对主梁中心挠度的影响

图 6.13 彩图

司机室位置通常位于主梁跨端，可以减小主梁垂直方向的变形对司机操作的影响，同时可以提高操作舒适性，降低人体振动职业病的可能性。司机室位置设计可以在小幅度范围内变化。从图 6.14 中可以看出，主梁距离跨端为 5 m、6 m、和 7 m 时，跨中挠度分别为 3.1 mm、3.4 mm 和 3.8 mm。司机室至主梁跨中距离越近，跨中垂直方向振幅越大，而且增幅的灵敏度越高。作为集中质量的司机室对主梁作用与吊重对主梁的影响效果相似。

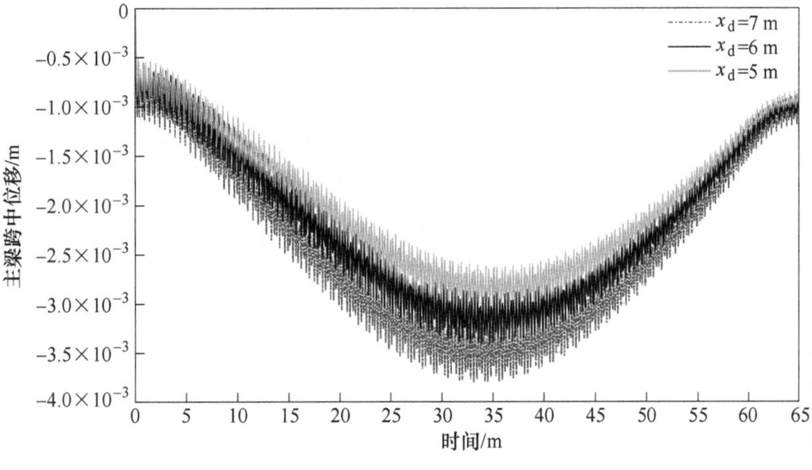

图 6.14 司机室位置对主梁中心挠度的影响

图 6.14 彩图

司机室连接刚度对主梁跨中振动的影响如图 6.15 所示，从图中可以看出，当连接刚度为 $k_d = 10^7$ N/m、$k_d = 10^8$ N/m 时，跨中振动非线性波动明显，而当连接刚度 $k_d = 10^9$ N/m、$k_d = 10^{10}$ N/m 时，振动非线性波动不明显，振幅随着连接刚度增大而减小，司机室连接刚度较小时，司机室振幅较大且振动强烈，因而对主梁振动产生很大的影响，在安装司机室时应该保持与主梁的紧密连接，避免产生活动空间。

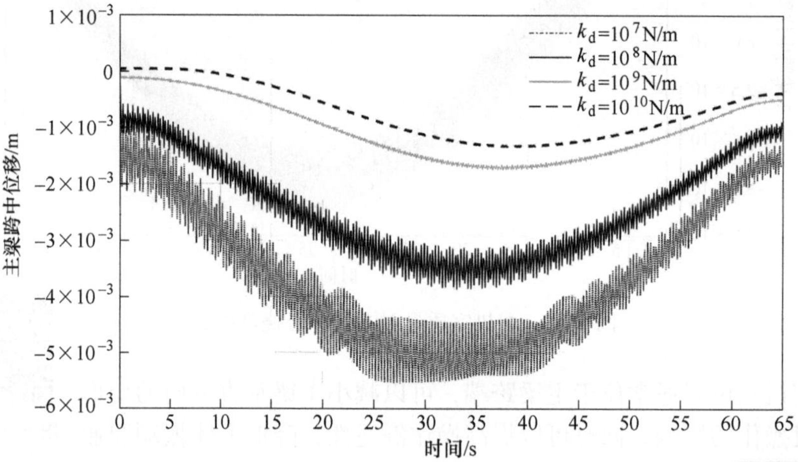

图 6.15　司机室连接刚度对主梁中心挠度影响

图 6.15 彩图

6.5.1.4　主梁结构阻尼影响

从文献中可以发现主梁结构阻尼很小，但是在起重机主梁振动中，结构阻尼对系统振动也会产生一些影响，这些细微的影响可能导致铸造起重机满载时出现事故。因此分析结构阻尼的影响也是十分必要的。图 6.16 为不同结构阻尼下主梁跨中振动时域响应。可以看出，当 $\xi = 0.001$ 时，振动非线性明显且最大振幅为 3.8 mm，并且在小车运行到主梁跨端时，主梁振动仍有非线性波动，而当 $\xi = 0.007$ 时，振动非线性波动减小很多，振幅波动也降低很多，最大振幅为 3.55 mm，振幅减小了 6.6%。因此，在满载工况时，主梁结构阻尼所产生的作用不可忽略。

起重机主梁结构内部存在粒子的黏性摩擦作用，在结构振动过程中，阻尼不断对振动系统做负功，使系统的能量不断减小。由于阻尼消耗了主梁系统中的一部分能量，所以出现了图 6.16 中阻尼越大主梁振动幅值越小的现象。

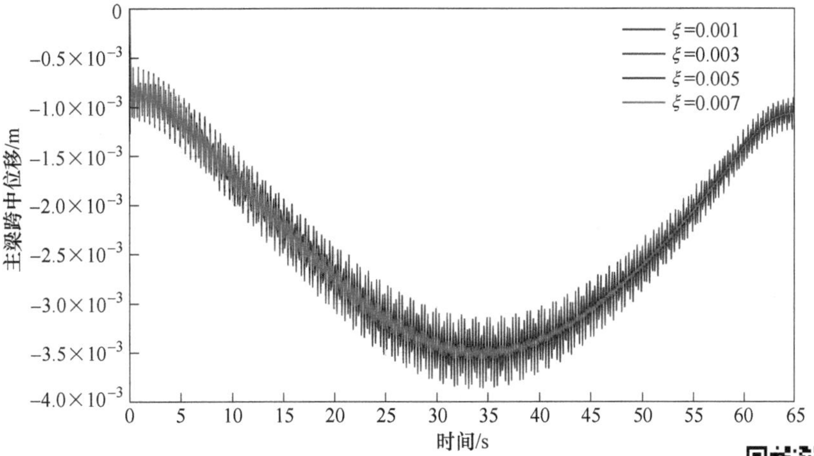

图 6.16　主梁结构阻尼对中心位置振动影响

图 6.16 彩图

6.5.2　司机室动态响应分析

在起重机工作过程中，司机室振动直接影响司机的工作舒适性，对司机室振动产生直接影响因素为司机室的连接刚度。图 6.17～图 6.19 为不同刚度下司机室振动响应。从图 6.17 中可以看出，司机室连接刚度越大司机室振动振幅越小，当 $k_d = 10^{10}$ N/m 时司机室振动振幅基本为零，而当连接刚度 $k_d = 10^7$ N/m 时，司机室的振幅波动很大，非线性波动明显，最大振幅为 7.7 mm。

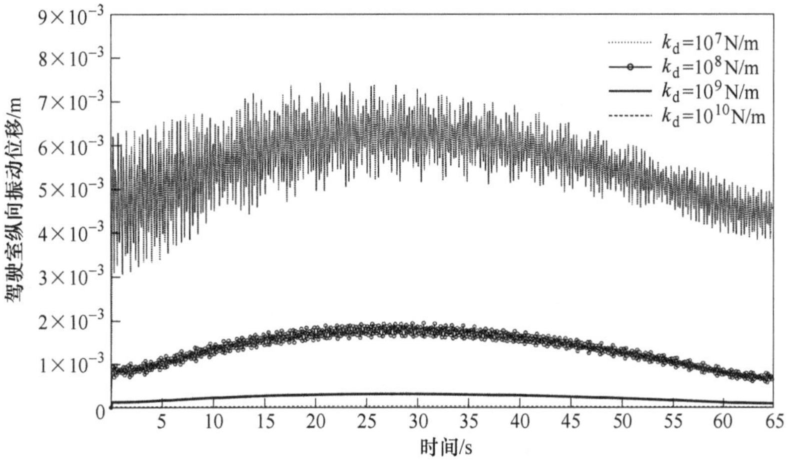

图 6.17　不同连接刚度下司机室位移响应

图 6.17 彩图

从图 6.18 中可以看出当连接刚度 $k_d = 10^9$ N/m、$k_d = 10^{10}$ N/m 时司机室与主梁相对位移基本为 0，当 $k_d = 10^7$ N/m 时，司机室与

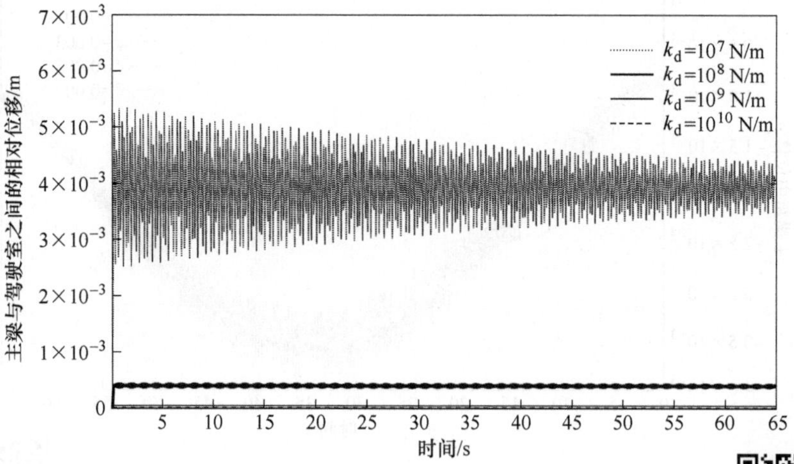

图 6.18　不同连接刚度下司机室和主梁间位移响应

图 6.18 彩图

主梁相对位移最大为 5.2 mm。从图 6.19 中可以看出，司机室连接刚度为 10^7 N/m、10^8 N/m、10^9 N/m 和 10^{10} N/m 时，司机室垂直向上的最大振动加速度分别为 4.5 m/s^2、1.8 m/s^2、0.6 m/s^{2}和 0.2 m/s^2，司机室连接刚度越大，司机室振动加速度越小。

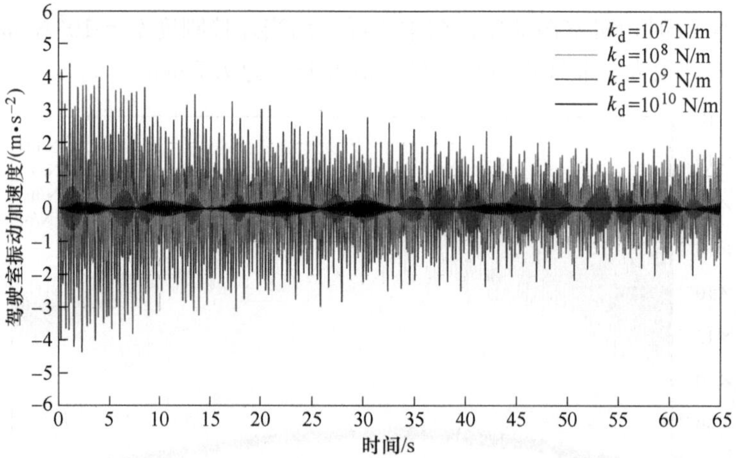

图 6.19　不同连接刚度下司机室的振动加速度时域响应

图 6.19 彩图

综上所述，为了减小司机室振动强度，提高司机的操作舒适性，司机室在安装时必须很好地固定在主梁跨端。

6.5.3　非线性因素对系统振动的影响

非线性是线性的本质表征，线性是非线性的特例，通过非线性理论来诠释起重机系统振动的物理现象具有普遍意义。6.3 节中起重机刚柔耦合系统非线性振动方程中包含了非线性元素。从附录 E 中激励力的表达式可以看出，非线性激励力受到小车和吊重质量的影响，而且与吊重摆角及司机室振动情况相关，激励力具有复杂的非线性特征。忽略方程中的几何非线性因素，可计算线性系统中主梁和司机室动态响应，对比线性系统和非线性系统的计算结果可以看出非线性因素对主梁和司机室振动的影响。

在分析非线性因素对起重机系统振动的影响时，选取参数为：小车质量 m_c = 2000 kg，吊重质量 m_p = 2000 kg，小车最大运行速度 v_{max}^3 = 1.2 m/s，司机室连接刚度 $k_d = 10^7$ N/m。计算得到线性系统和非线性系统中主梁和司机室振动时域响应如图 6.20 和图 6.21 所示。

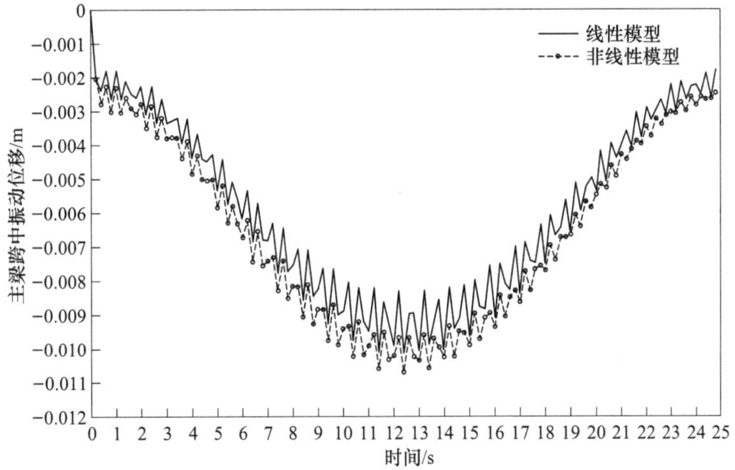

图 6.20 非线性因素对主梁振动的影响

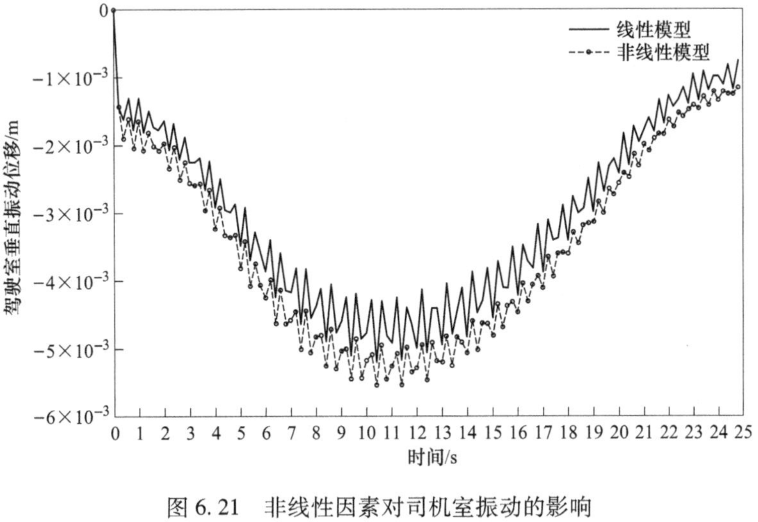

图 6.21 非线性因素对司机室振动的影响

从图 6. 20 和图 6. 21 中可以看出，非线性系统中主梁和司机室的位移响应曲线处于线性系统响应的下方，因此非线性因素会对主梁和司机室振动产生影响。线性系统中主梁和司机室最大振幅分别为 10. 1 mm 和 5. 1 mm，而非线性系统中主梁和司机室最大振幅分别为 10. 7 mm 和 5. 5 mm，非线性系统中，主梁和司机室振动响应的增幅在 5. 9%和 7. 8%。虽然影响不明显，但是在铸造起重机满载运行时，主梁变形接近许用挠度，非线性因素所产生的影响可能会直接导致事故的发生。因此，在分析计算过程中考虑非线性因素也是十分必要的。

6. 6　温度-起重机刚柔耦合系统动力学响应

铸造起重机长期处于熔融金属所产生的高温环境下，其金属材料特性受高温环境影响很大，对自身结构性能及寿命会带来很大影响。因此有必要对处于高温下的金属材料性能进行深入研究，本节从实验角度分析，通过实验测得高温下金属材料的弹性模量，并分析高温环境对起重机动力学特性的影响。

6. 6. 1　实验目的

铸造起重机主要用于吊运装有熔融金属的钢包，由于工作场所和性质的特殊性，对其动态特性和安全系数有很高要求。铸造起重机尺寸较大、结构复杂，温度对主梁材料的弹性模量和结构动态特性影响可能会直接导致安全系数的降低，给工作人员安全带来很大威胁。因此，基于温度对材料弹性模量影响测试实验台，测量得到金属结构弹性模量随时间变化规律为实验的目的。

6. 6. 2　实验过程

6. 6. 2. 1　测试系统组成

Q355 合金钢的弹性模量随温度变化关系测试设备有：结构加载系统、温度控制系统、数据采集系统。结构测试系统的组成和测试实验台分别如图 6. 22 和图 6. 23 所示，实验主要设备包括计算机控制电子万能实验机（UTM6000）、电子引伸计（YSJ50/25-ZC）、高温炉、温度控制装置（WGDN-7300 L）、Material Test 系统（万能实验机配套）、直流电源等[292]。

关键设备性能参数如下。

（1）计算机控制电子万能实验机（UTM6000）：最大载荷为 1000 kN，加载的控制精度为 1%。

（2）电子引伸计（YSJ50/25-ZC）：测量标距为 50 mm，最大量程为 25 mm，精度为 0. 05 mm。

（3）温度控制装置（WGDN-7300L）：设备的控制范围为 100～600 ℃。当温

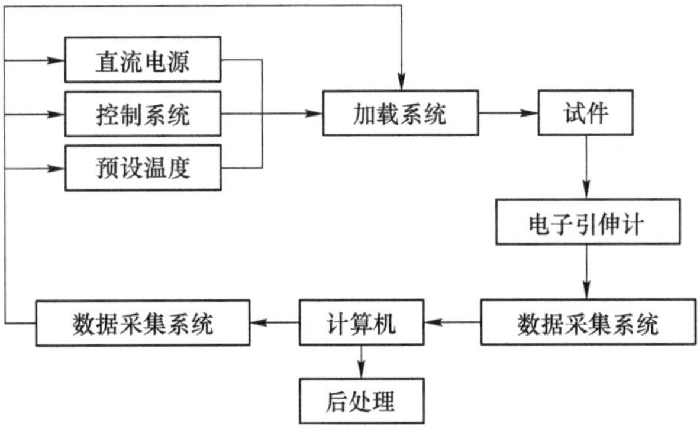

图 6.22 测试系统组成

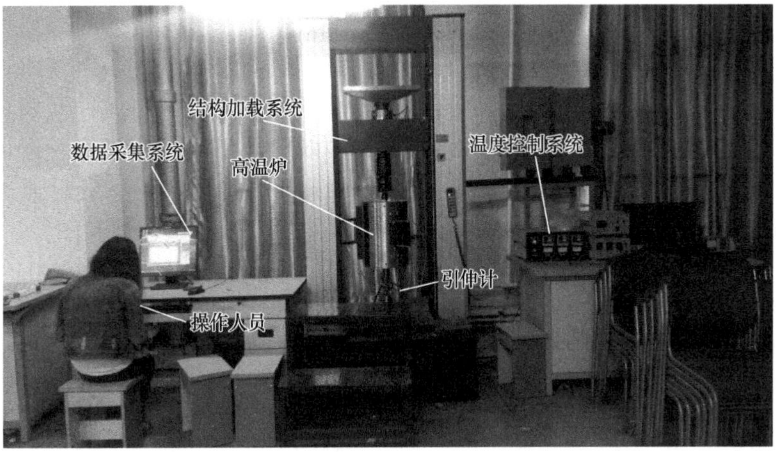

图 6.23 实验台

度小于等于 300 ℃时，控制误差±1 ℃范围内；当温度大于 300 ℃时，控制误差在±2.5 ℃范围；保温控制过程中，温度变化在±1.0 ℃范围内。

6.2.2.2 试件设计

试件材质为 Q355 低合金高强度钢，根据产品质量说明书显示其主要化学成分见表 6.3。从元素含量角度分析，属于合格品。

表 6.3 试件材料主要化学成分（质量分数）

试件成分	C	Mn	Si	S	P
元素含量/%	0.17	1.61	0.43	0.026	0.016

试件加工尺寸严格按照 GB/T 228.1—2021[293] 和 GB/T 4338—2006[294] 所规定的要求加工。试件厚度、标距长度、平行段总长度分别为 3 mm、100 mm 和 120 mm，平行段与夹持部分的过渡区域半径为 18 mm，试件两端销轴连接部分的夹持长度为 45 mm，轴孔直径为 8 mm，试件形状和其他尺寸如图 6.24 所示。试

件加工精度需要满足以下要求：

（1）销轴连接处加工的绝对误差小于 0. 05 mm；

（2）标距部分加工的绝对误差小于 0. 5 mm；

（3）厚度加工的绝对误差小于 0. 05 mm。

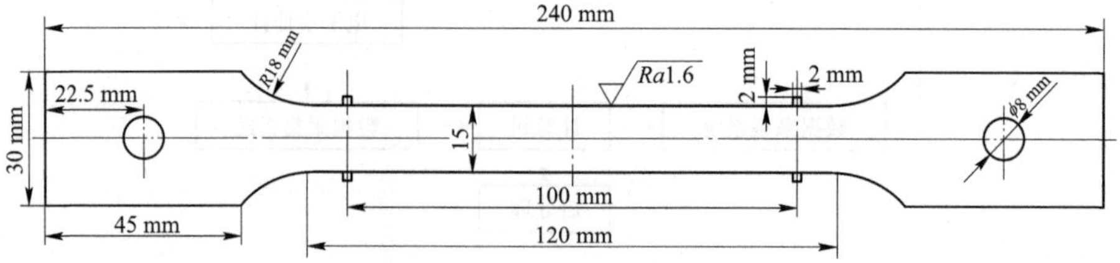

图 6. 24　试件的形状和尺寸

6. 6. 2. 3　实验方法[295]

首先安装调试设备，确保实验过程的安全和准确。其次将试件安装在实验机上，并保持试件处于垂直方向。在温度测试系统中调节高温炉坐标，保证整个试件都处于高温炉内，控制试件温度并保温 10 min 后进行实验。最后通过加载系统测试试件的弹性模量，并在 Material Test 软件中显示测试数据和图像。

本实验数据通过电子万能实验机配置的 Material Test 软件采集，Material Test 的操作界面如图 6. 25 所示。

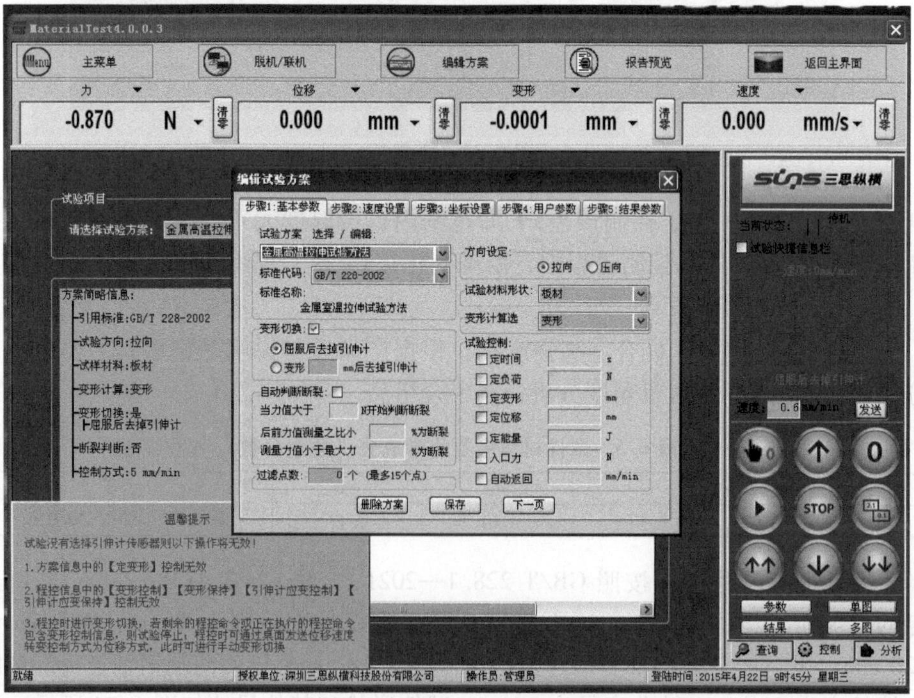

图 6. 25　Material Test 操作界面

6.6.2.4 实验结果分析

材料应力达到屈服强度之前，测试得到的应力与应变存在近似线性关系。在常温下弹性模量的定义为应力-应变曲线的斜率，因此，可通过高温状态下试件应力-应变曲线计算试件的高温弹性模量。通常状况下，材料变形范围在0.01%~0.1%时，可将应力和应变的比值作为试件高温下的弹性模量，实验测得弹性模量值见表6.4。

表6.4 弹性模量的实验值

温度/℃	试件序号	弹性模量/Pa	
		测量值	平均值
20	1	2.06×10^{11}	2.06×10^{11}
	2	2.06×10^{11}	
	3	2.06×10^{11}	
300	1	1.80×10^{11}	1.79×10^{11}
	2	1.79×10^{11}	
	3	1.79×10^{11}	
400	1	1.59×10^{11}	1.59×10^{11}
	2	1.58×10^{11}	
	3	1.59×10^{11}	
600	1	1.10×10^{11}	1.11×10^{11}
	2	1.10×10^{11}	
	3	1.12×10^{11}	

从表6.4中可以看出，从变化趋势上分析，试件的弹性模量随温度升高逐渐降低。从变化率的角度分析，温度从20 ℃加热到300 ℃时，弹性模量变化较慢。而从300 ℃加热至600 ℃时，弹性模量下降速率较快。因此，当温度达到很高时，试件的弹性模量将会变得很小，高温会降低起重机金属结构的可靠性和设备的安全系数。

本书测试了Q355合金钢在高温下的弹性模量，现有文献中也对类似的钢结构弹性模量进行了测试。欧洲建筑钢结构大会上，关于温度对结构疲劳的影响问题学者们提出了以下关于钢结构弹性模量和温度的关系表达式，见式(6.29)[296]，Trahair建议采用式（6.30）计算不同温度环境下金属钢结构的弹性模量[297]。

$$E_T = E(1 + 1.59\times10^{-4}T - 3.45\times10^{-6}T^2 + 1.18\times10^{-9}T^3 - 1.72\times10^{-11}T^4)\quad 0\ ℃ < T \leqslant 600\ ℃ \tag{6.29}$$

$$E_T = E + \frac{ET}{2000}\left[\ln\left(\frac{T}{1100}\right)\right]^{-1} \tag{6.30}$$

陆洲导[198]、吕彤光等[212]和同济大学的谭巍[213]分别通过实验测得不同温度下钢结构的弹性模量和力学性能，并将这些离散数据拟合，得出了不同温度下钢结构弹性模量的计算方法分别见式（6.31）~式（6.33）。

$$E_T = \begin{cases} E - 4.86 \times 10^{-4}T & 0 < T \leqslant 370\ ℃ \\ (1.515 - 1.879 \times 10^{-3}T)E & 370\ ℃ < T \leqslant 700\ ℃ \end{cases} \tag{6.31}$$

$$E_T = \frac{E}{1.03 + 7 \times 10^{-17}(T - 20)^6} \qquad 20\ ℃ < T \leqslant 600\ ℃ \tag{6.32}$$

$$E_T = E[0.911 - 5.896\times10^{-4}(T-308.57) - 2.2\times10^{-6}(T-308.57)^2 - 9.652\times10^{-9}(T-308.57)^3 - 1.88\times10^{-11}(T-308.57)^4] \qquad T \leqslant 600\ ℃ \tag{6.33}$$

《建筑钢结构防火技术规范》（CECS200：2006）中规定，高温下普通钢材的弹性模量可按下式计算[298]：

$$E_T = \begin{cases} \dfrac{7T - 4780}{6T - 4760}E & 20\ ℃ < T \leqslant 600\ ℃ \\ \dfrac{1000 - T}{6T - 2800}E & 600\ ℃ < T \leqslant 1000\ ℃ \end{cases} \tag{6.34}$$

由于实验条件具有一定局限性，不能测试在每一个对应温度下 Q355 钢的弹性模量，而神经网络算法可以通过小样本预测实际情况[299-300]。因此，以拉伸实验得到对应温度下的弹性模量为基础，通过神经网络算法拟合[301-302] Q355 钢在不同温度下弹性模量的本构方程，得到的拟合本构关系方程为：

$$E_T = 2.06 \times 10^{11} - 3.24 \times 10^5 T^2 + 0.16T^4 \tag{6.35}$$

将本构方程的预测值与实验数据对比发现神经网络算法的最大误差为 0.55%，预测结果理想。将文献中的实验数据与本书拟合方程对比，绘制出金属的弹性模量与温度的关系如图 6.26 所示。从图中可以看出，Q355 钢弹性模量本构关系方程拟合曲线和实验值之间吻合精度很高，温度和 Q355 钢弹性模量之间存在复杂非线性关系。同时，本书实验及预测的结果与其他文献相一致，即：在一定温度范围内，钢材的弹性模量随着温度增加而减小，且下降速率越来越快。

6.6.3 考虑高温环境下的主梁和司机室动态响应

由于温度对金属结构的弹性模量等力学性能影响很大，而铸造起重机的工作环境为高温状态，因此，有必要分析在高温环境作用下从小车运行过程中主梁动态特性。选取表 6.2 中起重机参数并根据实验所得的不同温度下弹性模量值，计算小车运行过程中主梁跨中和司机室动态响应分别如图 6.27 和图 6.28 所示。从图 6.27 中可以看出，在 20 ℃、300 ℃、400 ℃和 600 ℃时，主梁跨

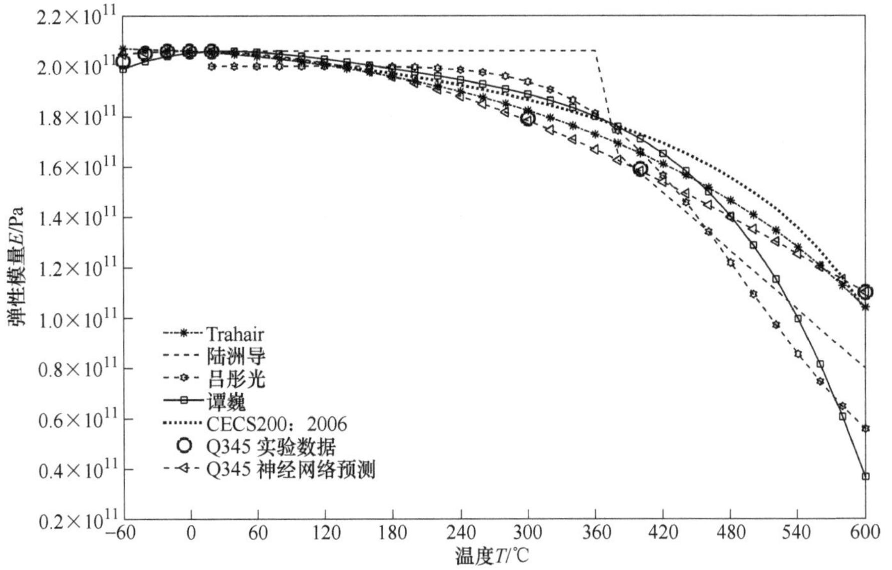

图 6.26 各种方案的钢材弹性模量与温度关系

中最大位移分别为 7 mm、8 mm、8.5 mm 和 11 mm，相比于 20 ℃时增大幅度分别为 14.3%、21.4%和 57.1%。主梁跨中位移随着温度增加而增大，600 ℃时增大幅度最大。

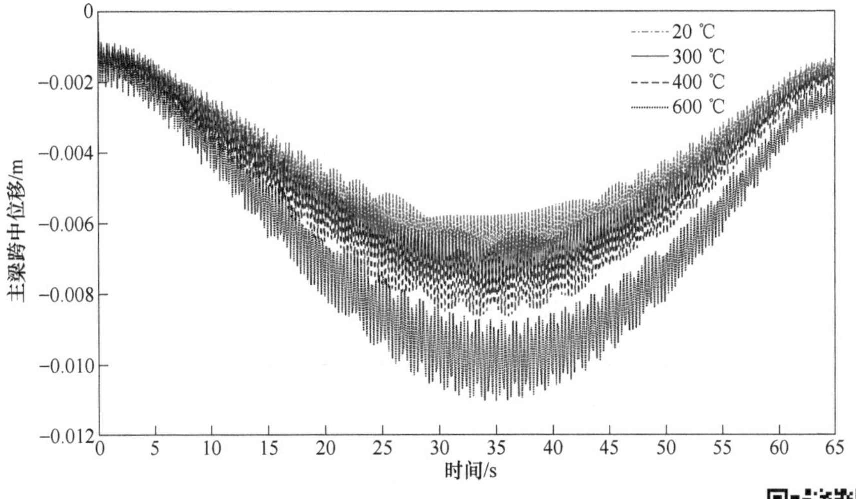

图 6.27 不同温度下主梁跨中动态响应

图 6.27 彩图

从图 6.28 中可以看出，在 20 ℃、300 ℃、400 ℃和 600 ℃时，司机室最大振幅分别为 3 mm、3.2 mm、3.7 mm 和 4.3 mm，相比

于 20 ℃时增大幅度分别为 6. 7%、23. 3%和 43. 3%。司机室振动位移随着温度增加而增大，且增大幅度明显。

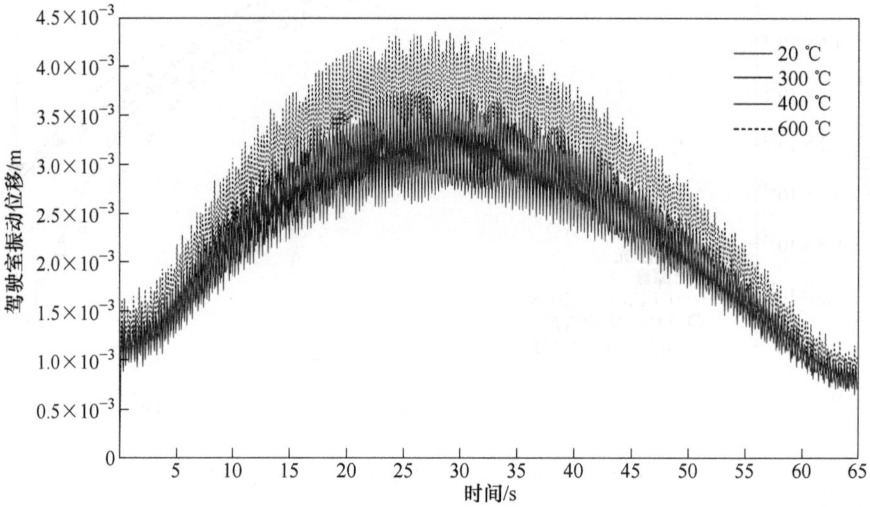

图 6. 28　不同温度下司机室振动位移响应

图 6. 28 彩图

高温环境作用下会改变主梁和司机室振动位移，司机室振动加速度直接影响司机的舒适性，加速度响应结果如图 6. 29 所示。从图 6. 29 中可以看出，20 ℃、300 ℃、400 ℃和 600 ℃时，司机室加速度最大值分别为 2. 45 m/s^2、2. 25 m/s^2、2. 25 m/s^2和 2. 5 m/s^2。虽然高温环境对主梁和司机室振动位移影响较大，但高温环境对司机室振动加速度影响不明显。

司机室振幅大小对人体振动舒适性会带来一定影响，这种影响短期并不会造成重大事故。然而，常温下起重机满负荷运行时，跨中挠度已经很接近主梁许用挠度，此时如果将增加高温环境对主梁刚度的影响可能会直接导致主梁变形超出跨中最大许用位移，给人身和财产造成重大威胁，也可能造成事故发生。综上所述，在起重机设计阶段应考虑高温环境对主梁动态特性的影响。

在 6. 4 节中已经分析了在不同参数作用下主梁动态特性，在初始参数的条件下，本书选取式（6. 35）作为高温环境下弹性模量的计算方法，改变不同的温度得到主梁动态特性随温度的变化规律，如图 6. 30 所示。从图中可以看出，随着温度增加，主梁跨中位移的最大值逐渐增大，这是因为在高温作用下，主梁的弹性模量呈减小趋势，导致了主梁刚度减小，从而引起了小车运行过程中主梁跨中位移振幅增大。

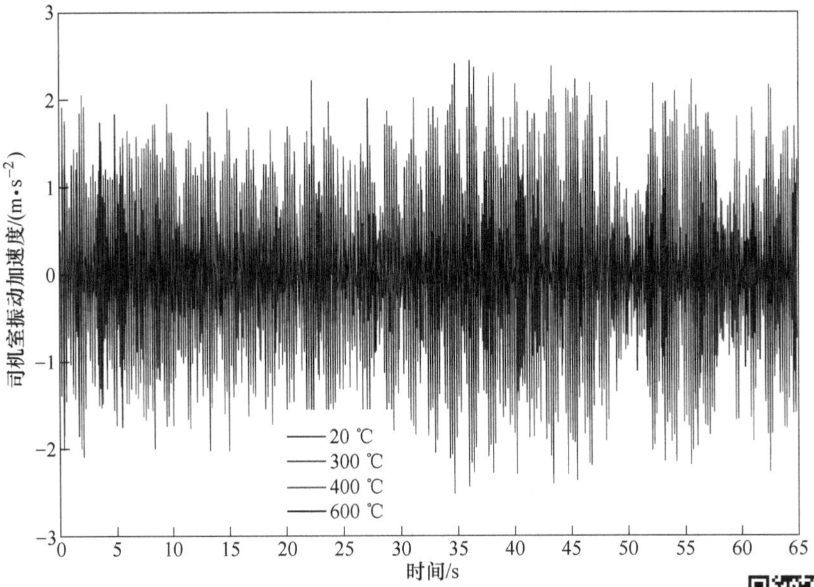

图 6.29 不同温度下司机室振动加速度响应

图 6.29 彩图

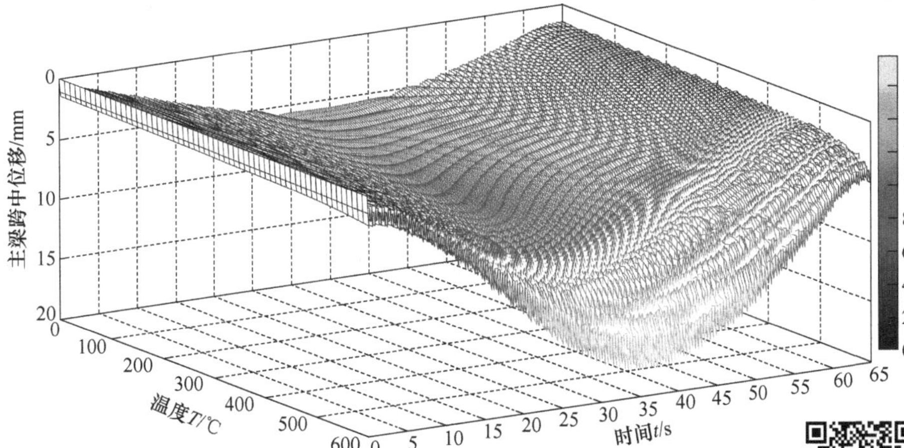

图 6.30 不同温度下主梁跨中位置时域响应

图 6.30 彩图

6.7 各因素对主梁和司机室振动影响的对比分析

6.5 节和 6.6 节分析了小车运行速度、吊重质量、钢丝绳长度、司机室重量、位置、司机室与主梁的连接刚度以及结构阻尼对主梁跨中挠度的影响，也分析了连接刚度、高温环境对司机室振动位移的影响，将上述因素得到的结果进行对比，见表 6.5。

表 6.5　各因素对主梁和司机室振动影响

影响因素	取值	主梁跨中挠度/mm	司机室振动位移/mm	影响因素	取值	主梁跨中挠度/mm	司机室振动位移/mm
小车速度 /(m · s^{-1})	0.4	3.7	—	司机室位置 /m	5	3.1	—
	0.8	3.8	—		6	3.4	—
	1.2	3.9	—		7	3.8	—
吊重质量 /t	20	3.5	—	结构阻尼系数	0.001	3.8	—
	40	5.3	—		0.003	3.7	—
	60	7.0	—		0.005	3.6	—
	80	8.9	—		0.007	3.55	—
	100	10.8	—	司机室刚度 /(N · m^{-1})	10^7	5.5	7.7
钢丝绳长度 /m	$1/2l_b$	3.5	—		10^8	3.8	2
	$1/3l_b$	3.5	—		10^9	1.7	0.3
	$1/4l_b$	3.5	—		10^{10}	1.3	0
	$1/5l_b$	3.5	—	高温环境 /℃	20	7	3.0
司机室重量 /t	1	3.2	—		300	8	3.2
	2	3.4	—		400	8.5	3.7
	3	3.6	—		600	11	4.3
	4	3.8	—				

从表 6.5 中可以看出，高温环境和对主梁跨中振幅影响较为明显，是铸造起重机设计中需考虑的关键因素，而设计过程中吊重已通过额定起重量得以体现，因此，现有设计方法中应考虑高温环境对主梁的影响。计算结果显示：温度为 300 ℃、400 ℃和 600 ℃时，主梁跨中挠度分别增加了 14.3%、21.4%和 57.1%，设计时通过考虑温度对弹性模量的影响来反映对主梁刚度的影响。司机室与主梁的连接刚度对司机室振动位移的影响最为明显，设计过程中，为了提高人体的舒适性，需要保证连接的刚性，避免出现连接部位松动。如果司机室采用可调的弹簧和阻尼的连接方式，可实现司机室的振动控制，减小传递到司机的振动能量，从而大幅度提高司机室振动舒适性。

7 理论突破与研究展望

7.1 核心研究成果与理论贡献

轨道缺陷下起重机运行过程中对其金属结构和司机产生冲击作用，导致动载系数增大，减少了整机的使用寿命，严重影响司机健康及安全性。小车运行过程中主梁垂直方向的振动响应致使起重机工作过程中存在潜在危险。同时，工作环境的特殊性使得铸造起重机金属结构承载能力受温度影响较大，设计过程中需考虑轨道缺陷、温度等环境影响因素。因此，本书以 100/40 t-28.5 m 铸造起重机为研究对象，基于“人-机-环”系统的视角提出了司机-起重机-环境（轨道缺陷和高温）的起重机动态分析模型，分析了司机、起重机、司机室的动态特性。主要研究结论如下。

（1）分析了起重机轨道缺陷类型、产生原因，通过余弦函数模拟轨道高低缺陷和间隙缺陷的不平度。构建基于轨道缺陷的起重机金属结构单自由度振动模型，建立了轨道高低缺陷和间隙缺陷下系统振动的响应函数，推导了两个激励阶段过程中轨道缺陷对金属结构产生的最大冲击系数，分析了运行速度和轨道缺陷下起重机冲击系数的变化规律，探讨了以起重机的结构参数为基础，分析两种缺陷发生耦合效应的临界条件和车轮组的冲击过程。将理论推导结果与 ISO 8686-1:2012 和 GB/T 3811—2008 冲击系数计算结果进行对比，结合有限元软件计算得到满载工况下的危险点最大应力比为 1.48，实测的结果为 1.52，从而验证推导结果的正确性。

（2）针对轨道缺陷引起起重机运行过程中司机振动舒适性问题，提出了基于司机-起重机-轨道系统的理论振动模型，并将计算结果与本书推导的理论运行冲击系数对比，证明了模型的有效性。根据起重机结构组成和轨道缺陷模型，分析在轨道缺陷激励下人体振动响应，应用烦恼率模型评价司机全身振动舒适性，证明了烦恼率模型与 ISO 2631-1:1997/Amd. 1:2010 在评价结果上的一致性，同时克服了 ISO 2631-1:1997/Amd. 1:2010 不能量化人体舒适性的缺点。在此基础上，以结构刚度和阻尼作为优化变量、系统振动方程和集中质量的振幅为约束条件、人体振动烦恼率作为优化设计目标，构建了基于 PSO 算法和司机烦恼率的起重机金属结构动态优化设计模型，得到了满足人体振动舒适性的结构优化设计参数，为起重机参数设计、人体各部位的振动响应分析提供了重要的数据参考。

(3) 以现有的七自由度人体振动模型和结构参数为基础，结合起重机-轨道动力学模型和起重机优化参数，构建并分析了人体各部位-起重机-轨道相耦合的动力学模型，并通过精细积分法求解得到各部位的振动响应。结果表明：该耦合模型可用于轨道缺陷作用下人体各部位振动分析，在 8 mm 高低缺陷时人体各部位受力均能满足损伤标准的要求，头部和盆骨振动最强烈的频率为 7.6 Hz，与单自由度人体模型分析结果基本一致。座椅的刚度较小时对人体各部位承受力的最大值有一定的影响，座椅的刚度较大时人体各部位承受力的最大值基本不变；而座椅阻尼对人体各部位承受力的最大值影响较小，对人体加速度均方根有影响；人体的非线性因素会减小头部和臀部加速度响应，线性和非线性模型均能满足工程计算分析的需求。

(4) 以系统动力学为基础，建立了起重机柔性主梁-司机室-小车-吊重相耦合的系统振动模型。分析小车运行速度、吊重质量、司机室重量和位置等参数对主梁振动和吊重摆角的影响，结果显示：当小车运行到主梁中心位置附近时，主梁跨中位置的振幅最大，小车最大运行速度越大，主梁跨中最大位移越大，但变化不明显，而吊重摆角与小车运行的速度和加速度有关，与吊重质量及司机室刚度值无关。分析司机室的不同安装位置和连接参数时司机室振动时域响应，结果显示：司机室安装位置越靠近跨中主梁和司机室的振幅越大，司机室连接刚度越大，司机室的振动加速度越小。为减小司机室的振动强度，提高司机的操作舒适性，司机室在安装应刚性连接在主梁的跨端。几何非线性因素对起重机主梁和司机室振动的影响结果表明：非线性系统中，主梁和司机室振动响应的增幅分别为 5.9%和 7.8%，铸造起重机满载运行时，非线性因素所产生的影响可能会直接导致事故的发生。

(5) 在起重机柔性主梁-司机室-小车-吊重系统模型基础上，建立考虑高温环境下的起重机刚柔耦合模型。采用金属弹性模量测试实验台，测试 Q355 钢在 20 ℃、300 ℃、400 ℃、600 ℃时弹性模量的数值，通过神经网络算法预测在不同温度下弹性模量的本构方程，分析温度对材料弹性模量的影响，采用小车运行系统动力学模型和高温环境作用下弹性模量本构方程，分析不同温度下主梁和司机室的动力学特性及其对铸造起重机工作安全的影响。结果表明：随着温度增加，主梁跨中位移的最大值逐渐增大，温度为 300 ℃、400 ℃和 600 ℃时，主梁跨中挠度分别增加了 14.3%、21.4%和 57.1%。

上述研究成果在某企业生产的 100/40 t-28.5 m 铸造起重机中得到了应用，并在实践中得到了验证，证明了理论求解和分析的正确性。该结论为铸造起重机的设计与动力学分析提供了重要的理论与实践依据。

7.2　理论创新与技术突破

（1）构建了起重机轨道缺陷数学模型、轨道缺陷下起重机运行过程中的动力学模型，并通过实验测试结果证明理论计算结果的正确性，分析了高低缺陷和间隙缺陷耦合作用的临界条件，为起重机设计提供了理论基础。

（2）提出了基于司机-起重机-轨道系统动力学和烦恼率的动态优化设计方法，构建了基于 PSO 算法和司机烦恼率的起重机金属结构动态优化设计模型，为起重机的动态设计和分析提供了理论依据。

（3）构建了人-机-环境系统动力学模型，解决了人体各部位振动响应问题，为轨道缺陷作用下人体各部位疲劳损伤分析提供了理论条件。

（4）构建了基于起重机柔性主梁-司机室-小车-吊重相耦合的系统振动模型，解决了多结构因素下主梁、司机室动力学响应的求解问题，以该模型为基础，考虑温度对结构的影响，建立了考虑温度作用的振动模型。

（5）采用金属弹性模量测试实验台，获取了不同温度下 Q355 钢的弹性模量测试数据，建立了弹性模量本构方程，以此为基础，研究了高温环境作用下主梁、司机室的动力学特性，为铸造起重机考虑高温环境的设计提供了理论依据。

7.3　展望与未来研究方向

本书分析了轨道缺陷对起重机冲击系数的影响，建立了司机-起重机-环境系统动力学模型，并分析了系统动力学特性，分析了轨道缺陷和高温环境下，大车和小车运行过程中的系统动态响应。今后拓展研究方向可以从以下几个方面展开。

（1）起重机主要包含起升机构、大小车运行机构，在实际工作过程中往往是两个机构同时运行，因此，可以分析在两个机构同时运行过程中系统动态特性。同时考虑到高温环境对金属力学性能的影响分析起重机起升机构在不同起升模式下主梁动态特性。

（2）对于铸造起重机而言，吊运钢包的精确定位可以提高工作过程中的安全性，分析小车在不同运行模式下吊重摆动动力学特性、并建立消摆控制系统、实现吊重精确定位可以通过建立机、电、液耦合控制系统模型实现，在今后的研究中应分析吊重摆动的非线性特性而减小吊重摆动，实现起重机的智能化设计与分析。

（3）本书中通过对轨道缺陷对起重机冲击系数的测试验证了动力学模型的有效性。但是由于现有条件限制，并没有对铸造起重机的各部件进行实验测试，在后续条件允许的情况下可以考虑通过整机实验，更进一步验证模型的有效性。

（4）对于环境因素的影响而言，本书考虑对铸造起重机影响最大的轨道缺陷和高温因素，可以在以后的研究中增加其他环境因素的影响分析。高温环境不仅对起重机结构产生影响，而且对轨道不平度也会产生变形影响，可以进一步分析高温环境对轨道不平度、疲劳寿命以及表面损伤机理的影响。

附　　录

附录 A　符号和术语表

符号	物理量名称	符号	物理量名称
$\phi(x,y,z,t)$	场变量	k_5	钢丝绳的等效刚度
$N_i(x,y,z,t)$	形函数	c_5	钢丝绳的等效阻尼
ϕ_i	节点参数	k_6	人体的等效刚度
$\boldsymbol{\varepsilon}$	弹性体内任一点的应变	c_6	人体的等效阻尼
$\boldsymbol{\sigma}$	弹性体内任一点应力向量	c_e	座椅的等效阻尼
$\bar{\boldsymbol{p}}$	作用在二维体边界的面力	c_a	盆骨的等效阻尼
$\boldsymbol{p}$	体力	c_{di}	腹部的等效阻尼
$\boldsymbol{G}$	集中力	c_{th}	隔膜的等效阻尼
$\tilde{\boldsymbol{a}}(t)$	单元位移函数	c_t	胸部的等效阻尼
$\boldsymbol{D}$	弹性矩阵	c_b	躯干的等效阻尼
$\boldsymbol{B}$	应变矩阵	c_{tb}	背部的等效阻尼
$\boldsymbol{m}^e$	单元质量矩阵	c_h	头部的等效阻尼
$\boldsymbol{c}^e$	单元阻尼矩阵	$\boldsymbol{Y}(j\omega)$	$\{y\}$ 的傅里叶变换向量
$\boldsymbol{k}^e$	单元刚度矩阵	$\boldsymbol{F}_y(j\omega)$	$\{f_y\}$ 的傅里叶变换向量
$\boldsymbol{F}^e$	单元激励力	ω	激励力频率
α、β	比例常数	$\ddot{Y}_{i,\max}(t)$	时域求解的最大值
ω_1	结构一阶固有频率	$\ddot{Y}_0(\omega)$	系统输入的最大加速度
ω_2	结构二阶固有频率	m_1	大车的质量
$\boldsymbol{T}_1$，$\boldsymbol{T}_2$，$\boldsymbol{T}_3$	系统的动能	m_2，m_c	小车的质量
$\boldsymbol{U}_1$，$\boldsymbol{U}_2$，$\boldsymbol{U}_3$	系统的势能	m_3	司机室的质量
$\boldsymbol{D}_1$，$\boldsymbol{D}_2$，$\boldsymbol{D}_3$	系统的耗散能	m_5	吊重的质量
F_i，$\boldsymbol{r}(t)$	广义力	m_6	人体的质量

续附录 A

符号	物理量名称	符号	物理量名称
y_i	广义位移坐标	E	主梁的杨氏模量
$\dot{y}_i$	广义速度坐标	ρ	主梁的体密度
$\boldsymbol{\Phi}$	系统振型向量	A	主梁的截面面积
$\boldsymbol{X}_{t+\Delta t}$，$\boldsymbol{a}_{t+\Delta t}$	$t+\Delta t$ 时刻位移向量	l_b	主梁跨度
$\tilde{\boldsymbol{K}}_{t+\Delta t}$	$t+\Delta t$ 时刻等效刚度向量	I	截面惯性矩
$\tilde{\boldsymbol{F}}_{t+\Delta t}$	$t+\Delta t$ 时刻等效外力向量	m_p	吊重质量
$\rho(\boldsymbol{D})$	矩阵 $\boldsymbol{D}$ 的谱半径	m_b	主梁单位长度的质量
Δt	积分时间步长	l_p	钢丝绳长度
$\boldsymbol{M}$，$\boldsymbol{M}_t$，$\boldsymbol{M}_R$，$\boldsymbol{M}_e$	质量矩阵	k_d	司机室与主梁之间刚度
$\boldsymbol{C}$，$\boldsymbol{C}_t$，$\boldsymbol{C}_R$，$\boldsymbol{C}_e$	阻尼矩阵	c_d	司机室与主梁之间阻尼
$\boldsymbol{K}$，$\boldsymbol{K}_t$，$\boldsymbol{K}_R$，$\boldsymbol{K}_e$	刚度矩阵	m_d	司机室的质量
$\boldsymbol{r}(t)$	载荷向量	x_d	司机室安装位置坐标
$\boldsymbol{u}(t_{k+1})$	t_{k+1} 时刻位移响应	g	重力加速度
$\xi_i(t)$	高低缺陷不平度函数	v_{max}	小车最大运行速度
$\zeta_i(t)$	间隙缺陷不平度函数	ξ_i	结构第 i 阶振型阻尼比
h_s	轨道高低缺陷大小	x_s	小车运行左侧极限位置
h_g	轨道间隙缺陷大小	x_e	小车运行右侧极限位置
ω_s	高低缺陷激励频率	θ_x	吊重摆动的摆角
ω_g	间隙缺陷激励频率	$q_i(t)$	主梁弹性位移广义坐标
$y_s(t)$	高低缺陷下 t 时刻等效质量的位移响应	N	主梁弹性位移广义坐标数目
$\dot{y}_s(t)$	高低缺陷下 t 时刻等效质量的速度响应	m_{eq}	考虑吊重摆动的小车等效质量
$\ddot{y}_s(t)$	高低缺陷下 t 时刻等效质量的加速度响应	$\boldsymbol{U}_b$	主梁的弹性应变能
$y_g(t)$	间隙缺陷下 t 时刻等效质量的位移响应	$\boldsymbol{U}_d$	主梁与司机室之间弹簧的弹性势能

续附录 A

符号	物理量名称	符号	物理量名称
$\dot{y}_g(t)$	间隙缺陷下 t 时刻等效质量的速度响应	$\boldsymbol{W}_3$	小车、司机室和吊重自身的重力所做的总功
$\ddot{y}_g(t)$	间隙缺陷下 t 时刻等效质量的加速度响应	$\bar{\boldsymbol{r}}_d$	起重机司机室位置向量
Δy	弹簧的压缩量	$\bar{\boldsymbol{r}}_b$	主梁上各元素的位置向量
$\ddot{x}_{s_{max}}$	高低缺陷下等效质量的最大垂直加速度	$\bar{\boldsymbol{r}}_c$	小车位置向量
$\ddot{x}_{g_{max}}$	间隙缺陷下等效质量的最大垂直加速度	$\bar{\boldsymbol{r}}_p$	吊重的位置向量
φ_4	运行冲击系数	ω_i	等截面简支梁第 i 阶圆频率
v_y、v	起重机的运行速度	c_i	主梁第 i 阶振型的结构阻尼
h	轨道接头处高低缺陷	$\ddot{\boldsymbol{q}}(t)$	振动系统加速度向量
f	起重机固有频率	$\dot{\boldsymbol{q}}(t)$	振动系统速度向量
e_g	轨道间隙宽度	$\boldsymbol{q}(t)$	振动系统位移向量
e_{sr}	耦合时的临界间隙	$\boldsymbol{F}_e(t)$	振动系统载荷向量
e_s	高低对应的间隙宽度	E_T	温度 T 时弹性模量
θ_k	广义坐标系	m_4	座椅的等效质量
$\boldsymbol{B}_1$，$\boldsymbol{B}_2$	不平度函数系数矩阵	m_e	盆骨的等效质量
$\boldsymbol{h}_1(t)$，$\boldsymbol{h}_2(t)$	车轮所受不平度函数	m_a	腹部的等效质量
a_w	经频率计权振动强度	m_{di}	隔膜的等效质量
$v(u)$	振动强度模糊隶属度	m_{th}	胸部的等效质量
W_{fi}	频率计权函数	m_t	躯干的等效质量
u_{min}	人体感到“不可感受”的振动强度上限	m_b	背部的等效质量
u_{max}	人体感到“无法忍受”的振动强度下限	m_h	头部的等效质量
$G_i(X)$	静态约束函数	k_e	座椅的等效刚度
$Q_j(X)$	动态约束函数	k_a	盆骨的等效刚度
$U_k(X)$	其他约束条件函数	k_{di}	腹部的等效刚度
x_r^l	第 r 个变量的上限	k_{th}	隔膜的等效刚度
x_r^u	第 r 个变量的下限	k_t	胸部的等效刚度

续附录 A

符号	物理量名称	符号	物理量名称
k_1	大车轮等效刚度	k_b	躯干的等效刚度
c_1	大车轮等效阻尼	k_{tb}	背部的等效刚度
k_2	小车轮等效刚度	k_h	头部的等效刚度
c_2	小车轮等效阻尼	$L_i[t, y(t), X]$	拉格朗日函数
k_3	司机室连接等效刚度	ω	粒子群算法的惯性因子
c_3	司机室连接等效阻尼	r_1，r_2	（0，1）区间的随机数
k_4	座椅的等效刚度	p_g	全局最优位置向量
c_4	座椅的等效阻尼	m_c	小车的质量

附录 B　起重机振动系统参数含义及取值

符号	参数描述	参数值
m_1	起重机大车质量	77916(kg)
m_2	起重机小车质量	21000(kg)
m_3	司机室质量	1500(kg)
m_4	座椅质量	80(kg)
m_5	吊重质量	0 ~ 100000(kg)
m_6	人体质量	50(kg)
J_1	大车绕 X 轴转动惯量	1.73×10^6(kg · m^2)
J_2	大车绕 Z 轴转动惯量	1.48×10^6(kg · m^2)
J_3	小车绕 Z 轴转动惯量	4.16×10^4(kg · m^2)
k_1	大车一个车轮等效垂直刚度	6.5×10^7(N/m)
k_2	小车等效垂直刚度	5.5×10^7(N/m)
k_3	司机室连接等效刚度	8.8×10^5(N/m)
k_4	座椅垂直刚度大车等效刚度	5×10^5(N/m)
k_5	钢丝绳拉伸刚度大车等效刚度	5×10^8(N/m)
k_6	人体坐姿等效垂直刚度大车等效刚度	2.5×10^4(N/m)
c_1	大车结构阻尼	80742(N · s/m)
c_2	小车结构阻尼	60691(N · s/m)
c_3	司机室结构阻尼	3416(N · s/m)
c_4	座椅结构阻尼	1000(N · s/m)
c_5	钢丝绳结构阻尼	8×10^4(N · s/m)
c_6	人体结构阻尼	2000(N · s/m)
a_1	大车质心 O_1 到端梁 1 的 X 向距离	12.8(m)
a_2	大车质心 O_1 到端梁 2 的 X 向距离	15.7(m)
a_3	司机室吊点 O_3 到大车质心 O_1 的 X 向距离	10.8(m)
a_4	小车 O_2 到小车前端部 X 向距离	2.1(m)
a_5	钢丝绳吊点 O_5 到 O_2 的 X 向距离	0.5(m)
a_6	小车质心 O_2 到小车后端部 X 向距离	3.2(m)
b_1	大车质心距主梁 1 距离	4.9(m)
b_2	大车质心距主梁 2 距离	5.2(m)
b_3	大车质心 O_1 到司机室吊点 O_3 距离	1.5(m)

续附录 B

符号	参 数 描 述	参 数 值
b_4	小车质心 O_2 到小车后端部 Z 向距离	3. 1(m)
b_5	钢丝绳吊点 O_5 到小车质心 O_2 距离	0. 5(m)
b_6	小车质心 O_2 到小车前端部 Z 向距离	3. 1(m)
$\xi_i(t)$	大车和小车所受到的轨道激励	变量
θ_1	大车绕 X 坐标方向的转动位移	变量
θ_2	大车绕 Z 坐标方向的转动位移	变量
θ_3	小车绕 Z 坐标方向的转动位移	变量

附录 C 起重机动态优化系统方程中矩阵形式

$$\boldsymbol{M}_{\mathrm{t}} = \mathrm{diag}[m_1 \quad m_2 \quad m_3 \quad m_4 \quad m_5 \quad m_6 \quad J_1 \quad J_2 \quad J_3]$$

$$\ddot{\boldsymbol{y}} = [\ddot{y}_1 \quad \ddot{y}_2 \quad \ddot{y}_3 \quad \ddot{y}_4 \quad \ddot{y}_5 \quad \ddot{y}_6 \quad \ddot{\theta}_1 \quad \ddot{\theta}_2 \quad \ddot{\theta}_3]^{\mathrm{T}}$$

$$\dot{\boldsymbol{y}} = [\dot{y}_1 \quad \dot{y}_2 \quad \dot{y}_3 \quad \dot{y}_4 \quad \dot{y}_5 \quad \dot{y}_6 \quad \dot{\theta}_1 \quad \dot{\theta}_2 \quad \dot{\theta}_3]^{\mathrm{T}}$$

$$\boldsymbol{y} = [y_1 \quad y_2 \quad y_3 \quad y_4 \quad y_5 \quad y_6 \quad \theta_1 \quad \theta_2 \quad \theta_3]^{\mathrm{T}}$$

$$\boldsymbol{h}_1(t) = [\xi_1 \quad \xi_2 \quad \xi_3 \quad \xi_4 \quad \dot{\xi}_1 \quad \dot{\xi}_2 \quad \dot{\xi}_3 \quad \dot{\xi}_4]^{\mathrm{T}}$$

$$\boldsymbol{h}_2(t) = [y_{\mathrm{l}} \quad y_{\mathrm{r}} \quad y_{\mathrm{r}} \quad y_{\mathrm{l}} \quad \dot{y}_{\mathrm{l}} \quad \dot{y}_{\mathrm{r}} \quad \dot{y}_{\mathrm{r}} \quad \dot{y}_{\mathrm{l}}]^{\mathrm{T}}$$

$$\boldsymbol{K}_{\mathrm{t}} = \begin{bmatrix} d_{1,1} & d_{1,2} & d_{1,3} & 0 & 0 & 0 & d_{1,7} & d_{1,8} & d_{1,9} \\ d_{2,1} & d_{2,2} & 0 & 0 & d_{2,5} & 0 & d_{2,7} & d_{2,8} & d_{2,9} \\ d_{3,1} & 0 & d_{3,3} & d_{3,4} & 0 & 0 & d_{3,7} & d_{3,8} & 0 \\ 0 & 0 & d_{4,3} & d_{4,4} & 0 & d_{4,6} & 0 & 0 & 0 \\ 0 & d_{5,2} & 0 & 0 & d_{5,5} & 0 & 0 & 0 & d_{5,9} \\ 0 & 0 & 0 & d_{6,4} & 0 & d_{6,6} & 0 & 0 & 0 \\ d_{7,1} & d_{7,2} & d_{7,3} & 0 & 0 & 0 & d_{7,7} & d_{7,8} & 0 \\ d_{8,1} & d_{8,2} & d_{8,3} & 0 & 0 & 0 & d_{8,7} & d_{8,8} & 0 \\ d_{9,1} & d_{9,2} & 0 & 0 & d_{9,5} & 0 & 0 & 0 & d_{9,9} \end{bmatrix}$$

$$\boldsymbol{C}_{\mathrm{t}} = \begin{bmatrix} e_{1,1} & e_{1,2} & e_{1,3} & 0 & 0 & 0 & e_{1,7} & e_{1,8} & e_{1,9} \\ e_{2,1} & e_{2,2} & 0 & 0 & e_{2,5} & 0 & e_{2,7} & e_{2,8} & e_{2,9} \\ e_{3,1} & 0 & e_{3,3} & e_{3,4} & 0 & 0 & e_{3,7} & e_{3,8} & 0 \\ 0 & 0 & e_{4,3} & e_{4,4} & 0 & e_{4,6} & 0 & 0 & 0 \\ 0 & e_{5,2} & 0 & 0 & e_{5,5} & 0 & 0 & 0 & e_{5,9} \\ 0 & 0 & 0 & e_{6,4} & 0 & e_{6,6} & 0 & 0 & 0 \\ e_{7,1} & e_{7,2} & e_{7,3} & 0 & 0 & 0 & e_{7,7} & e_{7,8} & 0 \\ e_{8,1} & e_{8,2} & e_{8,3} & 0 & 0 & 0 & e_{8,7} & e_{8,8} & 0 \\ e_{9,1} & e_{9,2} & 0 & 0 & e_{9,5} & 0 & 0 & 0 & e_{9,9} \end{bmatrix}$$

在矩阵 $\boldsymbol{K}_t$ 和 $\boldsymbol{C}_t$ 中：

$d_{1,1}=4k_1+4k_2+k_3$；$d_{1,2}=d_{2,1}=-4k_2$；$d_{1,3}=d_{3,1}=-k_3$；

$d_{1,7}=2k_1(b_1-b_2)+2k_2(b_7-b_8)+k_3b_3$；

$d_{1,8}=d_{8,1}=2a_2k_1-2a_1k_1+2k_2(a_7+a_8)-a_3k_3$；

$d_{1,9}=d_{9,1}=2k_2(a_4-a_6)$；$d_{2,2}=4k_2+k_5$；$d_{2,5}=d_{5,2}=-k_5$；

$d_{2,7}=d_{7,2}=-2k_2(b_7-b_8)$；$d_{2,8}=d_{8,2}=-2k_2(a_7+a_8)$；

$d_{2,9}=d_{9,2}=2k_2(a_6-a_4)-a_5k_5$；$d_{3,3}=k_3+k_4$；$d_{3,4}=d_{4,3}=-k_4$；

$d_{3,7}=d_{7,3}=-b_3k_3$；$d_{3,8}=d_{8,3}=a_3k_3$；$d_{4,4}=k_4+k_6$；$d_{4,6}=d_{6,4}=-k_6$；

$d_{5,5}=k_5$；$d_{5,9}=d_{9,5}=a_5k_5$；$d_{6,6}=k_6$；$d_{7,7}=2k_1(b_1^2+b_2^2)+2k_2(b_7^2+b_8^2)+k_3b_3^2$；

$d_{7,8}=d_{8,7}=k_1(b_2-b_1)(a_1-a_2)+k_2(b_7-b_8)(a_7+a_8)-a_3b_3k_3$；

$d_{7,9}=d_{9,7}=k_2(a_4-a_6)(b_7-b_8)$；$d_{8,8}=2k_1(a_1^2+a_2^2)+2k_2(a_7^2+a_8^2)+a_3^2k_3$；

$d_{8,9}=d_{9,8}=2k_2(a_4a_8-a_6a_7)$；$d_{9,9}=2k_2(a_4^2+a_6^2)+a_5^2k_5$

附录 D　人体各部位振动方程中矩阵形式

$$\boldsymbol{M}_{\mathrm{R}} = \mathrm{diag}\{m_1 \quad m_2 \quad m_3 \quad m_4 \quad m_5 \quad J_1 \quad J_2 \quad J_3 \quad m_{\mathrm{h}} \quad m_{\mathrm{b}} \quad m_{\mathrm{t}} \quad m_{\mathrm{th}} \quad m_{\mathrm{di}} \quad m_{\mathrm{a}} \quad m_{\mathrm{e}}\}$$

$$\boldsymbol{Y} = [y_1 \quad y_2 \quad y_3 \quad y_4 \quad y_5 \quad \varphi_1 \quad \varphi_2 \quad \varphi_3 \quad y_{\mathrm{h}} \quad y_{\mathrm{b}} \quad y_{\mathrm{t}} \quad y_{\mathrm{th}} \quad y_{\mathrm{di}} \quad y_{\mathrm{a}} \quad y_{\mathrm{e}}]^{\mathrm{T}}$$

$$\dot{\boldsymbol{Y}} = [\dot{y}_1 \quad \dot{y}_2 \quad \dot{y}_3 \quad \dot{y}_4 \quad \dot{y}_5 \quad \dot{\varphi}_1 \quad \dot{\varphi}_2 \quad \dot{\varphi}_3 \quad \dot{y}_{\mathrm{h}} \quad \dot{y}_{\mathrm{b}} \quad \dot{y}_{\mathrm{t}} \quad \dot{y}_{\mathrm{th}} \quad \dot{y}_{\mathrm{di}} \quad \dot{y}_{\mathrm{a}} \quad \dot{y}_{\mathrm{e}}]^{\mathrm{T}}$$

$$\ddot{\boldsymbol{Y}} = [\ddot{y}_1 \quad \ddot{y}_2 \quad \ddot{y}_3 \quad \ddot{y}_4 \quad \ddot{y}_5 \quad \ddot{\varphi}_1 \quad \ddot{\varphi}_2 \quad \ddot{\varphi}_3 \quad \ddot{y}_{\mathrm{h}} \quad \ddot{y}_{\mathrm{b}} \quad \ddot{y}_{\mathrm{t}} \quad \ddot{y}_{\mathrm{th}} \quad \ddot{y}_{\mathrm{di}} \quad \ddot{y}_{\mathrm{a}} \quad \ddot{y}_{\mathrm{e}}]^{\mathrm{T}}$$

$$\boldsymbol{K}_{\mathrm{R}} = \begin{bmatrix} K_{11} & K_{12} \\ K_{21} & K_{22} \end{bmatrix}_{15\times 15} \qquad C_{\mathrm{R}} = \begin{bmatrix} C_{11} & C_{12} \\ C_{21} & C_{22} \end{bmatrix}_{15\times 15}$$

$$\boldsymbol{K}_{11} = \begin{bmatrix} d_{1,1} & d_{1,2} & d_{1,3} & 0 & 0 & d_{1,6} & d_{1,7} & d_{1,8} \\ d_{2,1} & d_{2,2} & 0 & 0 & d_{2,5} & d_{2,6} & d_{2,7} & d_{2,8} \\ d_{3,1} & 0 & d_{3,3} & d_{3,4} & 0 & d_{3,6} & d_{3,7} & 0 \\ 0 & 0 & d_{4,3} & d_{4,4} & 0 & 0 & 0 & 0 \\ 0 & d_{5,2} & 0 & 0 & d_{5,5} & 0 & 0 & d_{5,8} \\ d_{6,1} & 0 & d_{6,3} & 0 & 0 & d_{6,6} & d_{6,7} & 0 \\ d_{7,1} & d_{2,7} & d_{7,3} & 0 & 0 & d_{7,6} & d_{7,7} & 0 \\ d_{8,1} & d_{8,2} & 0 & 0 & d_{8,5} & 0 & 0 & d_{8,8} \end{bmatrix}_{8\times 8}$$

$$\boldsymbol{K}_{12} = \begin{bmatrix} 0 & 0 & 0 & 0 & 0 & 0 & 0 \\ 0 & 0 & 0 & 0 & 0 & 0 & 0 \\ 0 & 0 & 0 & 0 & 0 & 0 & 0 \\ 0 & 0 & 0 & 0 & 0 & 0 & -k_{\mathrm{e}} \\ 0 & 0 & 0 & 0 & 0 & 0 & 0 \\ 0 & 0 & 0 & 0 & 0 & 0 & 0 \\ 0 & 0 & 0 & 0 & 0 & 0 & 0 \\ 0 & 0 & 0 & 0 & 0 & 0 & 0 \end{bmatrix}_{8\times 7} \qquad \boldsymbol{K}_{21} = \begin{bmatrix} 0 & 0 & 0 & 0 & 0 & 0 & 0 & 0 \\ 0 & 0 & 0 & 0 & 0 & 0 & 0 & 0 \\ 0 & 0 & 0 & 0 & 0 & 0 & 0 & 0 \\ 0 & 0 & 0 & 0 & 0 & 0 & 0 & 0 \\ 0 & 0 & 0 & 0 & 0 & 0 & 0 & 0 \\ 0 & 0 & 0 & 0 & 0 & 0 & 0 & 0 \\ 0 & 0 & 0 & -k_{\mathrm{e}} & 0 & 0 & 0 & 0 \end{bmatrix}_{7\times 8}$$

$$\boldsymbol{K}_{22} = \begin{bmatrix} k_{\mathrm{h}} & -k_{\mathrm{h}} & 0 & 0 & 0 & 0 & 0 \\ -k_{\mathrm{h}} & k_{\mathrm{b}}+k_{\mathrm{h}}+k_{\mathrm{tb}} & -k_{\mathrm{tb}} & 0 & 0 & 0 & -k_{\mathrm{b}} \\ 0 & -k_{\mathrm{tb}} & k_{\mathrm{t}}+k_{\mathrm{tb}} & -k_{\mathrm{t}} & 0 & 0 & 0 \\ 0 & 0 & -k_{\mathrm{t}} & k_{\mathrm{t}}+k_{\mathrm{th}} & -k_{\mathrm{th}} & 0 & 0 \\ 0 & 0 & 0 & -k_{\mathrm{th}} & k_{\mathrm{th}}+k_{\mathrm{di}} & -k_{\mathrm{di}} & 0 \\ 0 & 0 & 0 & 0 & -k_{\mathrm{di}} & k_{\mathrm{a}}+k_{\mathrm{di}} & -k_{\mathrm{a}} \\ 0 & -k_{\mathrm{b}} & 0 & 0 & 0 & -k_{\mathrm{a}} & k_{\mathrm{a}}+k_{\mathrm{b}}+k_{\mathrm{e}} \end{bmatrix}_{7\times 7}$$

$$C_{11} = \begin{bmatrix} e_{1,1} & e_{1,2} & e_{1,3} & 0 & 0 & e_{1,6} & e_{1,7} & e_{1,8} \\ e_{2,1} & e_{2,2} & 0 & 0 & e_{2,5} & e_{2,6} & e_{2,7} & e_{2,8} \\ e_{3,1} & 0 & e_{3,3} & e_{3,4} & 0 & e_{3,6} & e_{3,7} & 0 \\ 0 & 0 & e_{4,3} & e_{4,4} & 0 & 0 & 0 & 0 \\ 0 & e_{5,2} & 0 & 0 & e_{5,5} & 0 & 0 & e_{5,8} \\ e_{6,1} & 0 & e_{6,3} & 0 & 0 & e_{6,6} & e_{6,7} & 0 \\ e_{7,1} & e_{7,2} & e_{7,3} & 0 & 0 & e_{7,6} & e_{7,7} & 0 \\ e_{8,1} & e_{8,2} & 0 & 0 & e_{8,5} & 0 & 0 & e_{8,8} \end{bmatrix}_{8\times 8}$$

$$C_{12} = \begin{bmatrix} 0 & 0 & 0 & 0 & 0 & 0 & 0 \\ 0 & 0 & 0 & 0 & 0 & 0 & 0 \\ 0 & 0 & 0 & 0 & 0 & 0 & 0 \\ 0 & 0 & 0 & 0 & 0 & 0 & -c_e \\ 0 & 0 & 0 & 0 & 0 & 0 & 0 \\ 0 & 0 & 0 & 0 & 0 & 0 & 0 \\ 0 & 0 & 0 & 0 & 0 & 0 & 0 \\ 0 & 0 & 0 & 0 & 0 & 0 & 0 \end{bmatrix}_{8\times 7} \quad C_{21} = \begin{bmatrix} 0 & 0 & 0 & 0 & 0 & 0 & 0 & 0 \\ 0 & 0 & 0 & 0 & 0 & 0 & 0 & 0 \\ 0 & 0 & 0 & 0 & 0 & 0 & 0 & 0 \\ 0 & 0 & 0 & 0 & 0 & 0 & 0 & 0 \\ 0 & 0 & 0 & 0 & 0 & 0 & 0 & 0 \\ 0 & 0 & 0 & 0 & 0 & 0 & 0 & 0 \\ 0 & 0 & 0 & -c_e & 0 & 0 & 0 & 0 \end{bmatrix}_{7\times 8}$$

$$C_{22} = \begin{bmatrix} c_h & -c_h & 0 & 0 & 0 & 0 & 0 \\ -c_h & c_b + c_h + c_{tb} & -c_{tb} & 0 & 0 & 0 & -c_b \\ 0 & -c_{tb} & c_t + c_{tb} & -c_t & 0 & 0 & 0 \\ 0 & 0 & -c_t & c_t + c_{th} & -c_{th} & 0 & 0 \\ 0 & 0 & 0 & -c_{th} & c_{th} + c_{di} & -c_{di} & 0 \\ 0 & 0 & 0 & 0 & -c_{di} & c_a + c_{di} & -c_a \\ 0 & -c_b & 0 & 0 & 0 & -c_a & c_a + c_b + c_e \end{bmatrix}_{7\times 7}$$

矩阵 $\boldsymbol{K}_{11}$ 和 $\boldsymbol{C}_{11}$ 中参数表达式如下：

$d_{1,1} = 4k_1 + 4k_2 + k_3$；$d_{1,2} = d_{2,1} = -4k_2$；$d_{1,3} = d_{3,1} = -k_3$；

$d_{1,6} = 2k_1(b_1 - b_2) + 2k_2(b_7 - b_8) + k_3b_3$；

$d_{1,7} = d_{7,1} = 2a_2k_1 - 2a_1k_1 + 2k_2(a_7 + a_8) - a_3k_3$；

$d_{1,8} = d_{8,1} = 2k_2(a_4 - a_6)$；$d_{2,2} = 4k_2 + k_5$；

$d_{2,5} = d_{5,2} = -k_5$；$d_{2,6} = d_{6,2} = -2k_2(b_7 - b_8)$；

$d_{2,7} = d_{7,2} = -2k_2(a_7 + a_8)$；$d_{2,8} = d_{8,2} = 2k_2(a_6 - a_4 - a_5k_5)$；

$d_{3,3} = k_3 + k_4$；$d_{3,4} = d_{4,3} = -k_4$；$d_{3,6} = d_{6,3} = -b_3k_3$；

$d_{3,7} = d_{7,3} = a_3k_3$；$d_{4,4} = k_4 + k_e$；$d_{5,5} = k_5$；$d_{5,8} = d_{8,5} = a_5k_5$；

$d_{6,6} = 2k_1(b_1^2 + b_2^2) + 2k_2(b_7^2 + b_8^2) + k_3b_3^2$；

$d_{6,7} = d_{7,6} = k_1(b_2 - b_1)(a_1 - a_2) + k_2(b_7 - b_8)(a_7 + a_8) - a_3b_3k_3$；

$d_{6,8}=d_{8,6}=k_2(a_4-a_6)(b_7-b_8)$；

$d_{7,7}=2k_1(a_1^2+a_2^2)+2k_2(a_7^2+a_8^2)+a_3^2k_3$；

$d_{7,8}=d_{8,7}=2k_2(a_4a_8-a_6a_7)$；$d_{8,8}=2k_2(a_4^2+a_6^2)+a_5^2k_5$；

$e_{1,1}=4c_1+4c_2+c_3$；$e_{1,2}=e_{2,1}=-4c_2$；$e_{1,3}=e_{3,1}=-c_3$；

$e_{1,6}=2c_1(b_1-b_2)+2c_2(b_7-b_8)+c_3b_3$；

$e_{1,7}=e_{8,1}=2a_2c_1-2a_1c_1+2c_2(a_7+a_8)-a_3k_3$；

$e_{1,8}=e_{9,1}=2c_2(a_4-a_6)$；$e_{2,2}=4c_2+c_5$；

$e_{2,5}=e_{5,2}=-c_5$；$e_{2,6}=e_{6,2}=-2c_2(b_7-b_8)$；

$e_{2,7}=e_{7,2}=-2c_2(a_7+a_8)$；$e_{2,8}=e_{8,2}=2c_2(a_6-a_4-a_5c_5)$；

$e_{3,3}=c_3+c_4$；$e_{3,4}=e_{4,3}=-c_4$；$e_{3,6}=e_{6,3}=-b_3c_3$；

$e_{3,7}=e_{7,3}=a_3c_3$；$e_{4,4}=c_4+c_e$；$e_{5,5}=c_5$；$e_{5,8}=e_{8,5}=a_5c_5$；

$e_{6,6}=2c_1(b_1^2+b_2^2)+2c_2(b_7^2+b_8^2)+c_3b_3^2$；

$e_{6,7}=e_{7,6}=c_1(b_2-b_1)(a_1-a_2)+c_2(b_7-b_8)(a_7+a_8)-a_3b_3c_3$；

$e_{6,8}=e_{8,6}=c_2(a_4-a_6)(b_7-b_8)$；

$e_{7,7}=2c_1(a_1^2+a_2^2)+2c_2(a_7^2+a_8^2)+a_3^2c_3$；

$e_{7,8}=e_{8,7}=2c_2(a_4a_8-a_6a_7)$；$e_{8,8}=2c_2(a_4^2+a_6^2)+a_5^2c_5$；

$$
\{\boldsymbol{F}_{\mathbf{R}}\}=\begin{bmatrix}
k_1(\xi_1(t)+\xi_2(t)+\xi_3(t)+\xi_4(t))+c_1(\dot{\xi}_1(t)+\dot{\xi}_2(t)+\dot{\xi}_3(t)+\dot{\xi}_4(t))\\
0\\
0\\
0\\
0\\
[b_1k_1(\xi_1(t)+\xi_2(t))-b_2k_1(\xi_3(t)+\xi_4(t))+\\
b_1c_1(\dot{\xi}_1(t)+\dot{\xi}_2(t))-b_2c_1(\dot{\xi}_3(t)+\dot{\xi}_4(t))]\\
[a_2k_1(\xi_2(t)+\xi_3(t))-a_1k_1(\xi_1(t)+\xi_4(t))+\\
a_2c_1(\dot{\xi}_2(t)+\dot{\xi}_3(t))-a_1c_1(\dot{\xi}_1(t)+\dot{\xi}_4(t))]\\
0\\
0\\
-k_{\mathrm{tb}}(y_{\mathrm{b}}-y_{\mathrm{t}})^3-c_{\mathrm{tb}}(\dot{y}_{\mathrm{b}}-\dot{y}_{\mathrm{t}})^3\\
-k_{\mathrm{t}}(y_{\mathrm{t}}-y_{\mathrm{th}})^3-c_{\mathrm{t}}(\dot{y}_{\mathrm{t}}-\dot{y}_{\mathrm{th}})^3-k_{\mathrm{tb}}(y_{\mathrm{t}}-y_{\mathrm{b}})^3-c_{\mathrm{tb}}(\dot{y}_{\mathrm{t}}-\dot{y}_{\mathrm{b}})^3\\
-k_{\mathrm{th}}(y_{\mathrm{th}}-y_{\mathrm{di}})^3-c_{\mathrm{th}}(\dot{y}_{\mathrm{th}}-\dot{y}_{\mathrm{di}})^3-k_{\mathrm{t}}(y_{\mathrm{th}}-y_{\mathrm{t}})^3-c_{\mathrm{t}}(\dot{y}_{\mathrm{th}}-\dot{y}_{\mathrm{t}})^3\\
-k_{\mathrm{di}}(y_{\mathrm{di}}-y_{\mathrm{a}})^3-c_{\mathrm{di}}(\dot{y}_{\mathrm{di}}-\dot{y}_{\mathrm{a}})^3-k_{\mathrm{th}}(y_{\mathrm{di}}-y_{\mathrm{th}})^3-c_{\mathrm{th}}(\dot{y}_{\mathrm{di}}-\dot{y}_{\mathrm{th}})^3\\
-k_{\mathrm{a}}(y_{\mathrm{a}}-y_{\mathrm{e}})^3-c_{\mathrm{a}}(\dot{y}_{\mathrm{a}}-\dot{y}_{\mathrm{e}})^3-k_{\mathrm{di}}(y_{\mathrm{a}}-y_{\mathrm{di}})^3-c_{\mathrm{di}}(\dot{y}_{\mathrm{a}}-\dot{y}_{\mathrm{di}})^3\\
-k_{\mathrm{a}}(y_{\mathrm{e}}-y_{\mathrm{a}})^3-c_{\mathrm{a}}(\dot{y}_{\mathrm{e}}-\dot{y}_{\mathrm{a}})^3
\end{bmatrix}_{15\times 1}
$$

附录 E　移动质量作用下振动方程中矩阵的形式

自定义振动方程变量如下：

$$P_{\mathrm{M}} = \frac{2(m_{\mathrm{c}} + m_{\mathrm{p}})}{m_{\mathrm{b}} l_{\mathrm{b}}};\ D_{\mathrm{M}} = \frac{2m_{\mathrm{d}}}{m_{\mathrm{b}} l_{\mathrm{b}}};\ R_{\mathrm{M}} = \frac{2m_{\mathrm{p}} \cdot l_{\mathrm{p}}}{m_{\mathrm{b}} l_{\mathrm{b}}};\ \varphi_{\mathrm{mnc1}} = \phi_{\mathrm{m}}(x_{\mathrm{c}})\phi'_{\mathrm{n}}(x_{\mathrm{c}});$$

$$\varphi_{\mathrm{mnc2}} = \phi_{\mathrm{m}}(x_{\mathrm{c}})\phi''_{\mathrm{n}}(x_{\mathrm{c}});\ K_{\mathrm{d}} = \frac{2k_{\mathrm{d}}}{m_{\mathrm{b}} l_{\mathrm{b}}};\ C_{\mathrm{d}} = \frac{2c_{\mathrm{d}}}{m_{b} l_{\mathrm{b}}};\ \varphi_{\mathrm{mnc}} = \phi_{\mathrm{m}}(x_{\mathrm{c}})\phi_{\mathrm{n}}(x_{\mathrm{c}});$$

$$\varphi_{\mathrm{mnd}} = \phi_{\mathrm{m}}(x_{\mathrm{d}})\phi_{\mathrm{n}}(x_{\mathrm{d}})$$

系统振动方程中的质量矩阵、阻尼矩阵、刚度矩阵和激励力向量可分别如下表示为：

$$\boldsymbol{M}_{\mathrm{e}} = \begin{bmatrix} 1 + P_{\mathrm{M}}\varphi_{11\mathrm{c}} + D_{\mathrm{M}}\varphi_{11\mathrm{d}} & P_{\mathrm{M}}\varphi_{12\mathrm{c}} + D_{\mathrm{M}}\varphi_{12\mathrm{d}} & \cdots & P_{\mathrm{M}}\varphi_{1N\mathrm{c}} + D_{\mathrm{M}}\varphi_{1N\mathrm{d}} \\ P_{\mathrm{M}}\varphi_{21\mathrm{c}} + D_{\mathrm{M}}\varphi_{21\mathrm{d}} & 1 + P_{\mathrm{M}}\varphi_{22\mathrm{c}} + D_{\mathrm{M}}\varphi_{22\mathrm{d}} & \cdots & P_{\mathrm{M}}\varphi_{2N\mathrm{c}} + D_{\mathrm{M}}\varphi_{2N\mathrm{d}} \\ \vdots & \vdots & \ddots & \vdots \\ P_{\mathrm{M}}\varphi_{NN\mathrm{c}} + D_{\mathrm{M}}\varphi_{NN\mathrm{d}} & P_{\mathrm{M}}\varphi_{N2\mathrm{c}} + D_{\mathrm{M}}\varphi_{N2\mathrm{d}} & \cdots & 1 + P_{\mathrm{M}}\varphi_{NN\mathrm{c}} + D_{\mathrm{M}}\varphi_{NN\mathrm{d}} \end{bmatrix}$$

$$\boldsymbol{C}_{\mathrm{e}} = \begin{bmatrix} C_{11} + 4\xi_1\omega_1 & C_{12} & \cdots & C_{1N} \\ C_{21} & C_{22} + 4\xi_2\omega_2 & \cdots & C_{2N} \\ \vdots & \vdots & \ddots & \vdots \\ C_{N1} & C_{N2} & \cdots & C_{NN} + 4\xi_N\omega_N \end{bmatrix}$$

矩阵 $\boldsymbol{C}_{\mathrm{e}}$ 中：

$$C_{ij} = 2P_{\mathrm{M}}\dot{x}_{\mathrm{c}}\varphi_{ij\mathrm{c1}} + C_{\mathrm{d}}\varphi_{ij\mathrm{d}} \quad (i,j = 1,2,\cdots,N)$$

$$\boldsymbol{K}_{\mathrm{e}} = \begin{bmatrix} K_{11} ++ \dfrac{EI_y\pi^4}{m_{\mathrm{b}} l_{\mathrm{b}}^4} & K_{12} & \cdots & K_{1N} \\ K_{21} & K_{22} + \dfrac{EI_y\pi^4 2^4}{m_{\mathrm{b}} l_{\mathrm{b}}^4} & \cdots & K_{2N} \\ \vdots & \vdots & \ddots & \vdots \\ K_{N1} & K_{N2} & \cdots & K_{NN} + \dfrac{EI_y\pi^4 N^4}{m_{\mathrm{b}} l_{\mathrm{b}}^4} \end{bmatrix}$$

矩阵 $\boldsymbol{K}_{\mathrm{e}}$ 中：

$$K_{ij} = P_{\mathrm{M}}\ddot{x}_{\mathrm{c}}\varphi_{ij\mathrm{c1}} + P_{\mathrm{M}}\dot{x}_{\mathrm{c}}^2\varphi_{ij\mathrm{c2}} + K_{\mathrm{d}}\varphi_{ij\mathrm{d}} \quad (i,j = 1,2,\cdots,N)$$

参 考 文 献

[1] 徐格宁. 机械装备金属结构设计 [M]. 北京：机械工业出版社，2009.

[2] 文豪. 起重机械 [M]. 北京：机械工业出版社，2013.

[3] 高巧红，刘英，刘元利. 现代信息化管理技术在起重机械上的应用研究 [J]. 制造业自动化，2013 (11)：94-97.

[4] 杨玉川，项青燕. 门式起重机防突发性大风装置设计及计算 [J]. 建筑机械化，2017，38 (8)：53-55.

[5] Huang J, Liang Z, Zang Q. Dynamics and swing control of double-pendulum bridge cranes with distributed-mass beams [J]. Mechanical Systems and Signal Processing, 2015, 54：357-366.

[6] Abdel-Rahman E, Nayfeh A H. Two-dimensional control for ship-mounted cranes：a feasibility study [J]. Modal Analysis, 2003, 9 (12)：1327-1342.

[7] Masoud Z N, Nayfeh A H, Nayfeh N A. Sway reduction on quay-side container cranes using delayed feedback controller：simulations and experiments [J]. Modal Analysis, 2005, 11 (8)：1103-1122.

[8] Masoud Z N, Nayfeh A H. Sway Reduction on Container Cranes Using Delayed Feedback Controller [J]. Nonlinear Dynamics, 2003, 34 (3)：347-358.

[9] 刘华森，程文明，易嘉伟. 欠驱动的倒三角铁路集装箱门式起重机吊具动力学建模与分析 [J]. 中国铁道科学，2015，36 (2)：103-110.

[10] 强宝民，赵典. 门式起重机运动过程中负载摆动对系统的影响分析 [J]. 机床与液压，2013，41 (3)：80-82.

[11] 任会礼，王学林，胡于进，等. 考虑吊臂弹性的锚泊起重船动力特性研究 [J]. 机械工程学报，2009，45 (10)：42-47.

[12] 任会礼，王学林，胡于进，等. 起重船吊物系统动力响应仿真分析 [J]. 系统仿真学报，2007，19 (12)：2665-2668.

[13] 张则强，程文明，钟斌，等. 桥式起重机吊重二自由度摆角模型与仿真 [J]. 西南交通大学学报，2006，41 (6)：696-699.

[14] Niu C M, Zhang H W, Ouyang H. A comprehensive dynamic model of electric overhead cranes and the lifting operations [J]. Proceedings of the Institution of Mechanical Engineers, Part C：Journal of Mechanical Engineering Science, 2012, 226 (6)：1484-1503.

[15] Henry R J, Masoud Z N, Nayfeh A H, et al. Cargo pendulation reduction on ship-mounted cranes via boom-luff angle actuation [J]. Journal of Vibration and Control, 2001, 7 (8)：1253-1264.

[16] Masoud Z N, Nayfeh A H, Mook D T. Cargo pendulation reduction of ship-mounted cranes [J]. Nonlinear Dynamics, 2004, 35 (3)：299-311.

[17] Chin C, Nayfeh A H, Abdel-Rahman E. Nonlinear dynamics of a boom crane [J]. Journal of Vibration and Control, 2001, 7 (2)：199-220.

[18] Wang X, Zhao Q, Xi R, et al. Review of Bridge Structural Health Monitoring Based on GNSS：From Displacement Monitoring to Dynamic Characteristic Identification [J]. IEEE Access,

2021, 9: 80043-80065.

[19] Xiang D, Li Y, Zhang Y, et al. Experimental study, simulation and analysis of the fracture failure of the drum shaft of a casting bridge crane [J]. Electronics, 2022, 11 (19): 3043.

[20] Oli M, Pervan N, Deli M, et al. Mathematical modelling of bridge crane dynamics for the time of non-stationary regimes of working hoist mechanism [J]. Archive of Mechanical Engineering, 2022: 189-202.

[21] De Lima G H A T, Krahl P A, Siqueira T M, et al. Dynamical analysis of a 40m span precast posttensioned concrete girder during lifting operations [J]. Structural Concrete, 2024, 25 (3): 1658-1675.

[22] 王亚辉，张慧鹏，党一奇，等．桥式起重机的特性分析及其优化 [J]．机械设计与制造，2024 (12): 273-279.

[23] Li G, Ma X, Li Z, et al. Optimal trajectory planning strategy for underactuated overhead crane with pendulum-sloshing dynamics and full-state constraints [J]. Nonlinear Dynamics, 2022, 109 (2): 815-835.

[24] Cui W, Jiang J, Sun H, et al. Data-driven load identification method of structures with uncertain parameters [J]. Acta Mechanica Sinica, 2023, 40 (2): 523138.

[25] Urbaś A, Augustynek K, Stadnicki J. Dynamics analysis of a crane with consideration of a load geometry and a rope sling system [J]. Journal of Sound and Vibration, 2024, 572: 118133.

[26] 张欣刚，王海明，姚文莉，等．考虑粘滑效应的核电站环行起重机地震瞬态响应分析 [J]．工程力学，2022, 39 (4): 39-52.

[27] Meisuh B K, Seo J, Huh J, et al. Seismic response of a container crane subjected to ground motions [J]. Applied Ocean Research, 2022, 126: 103270.

[28] Meisuh B K, Haldar A, Huh J, et al. Nonlinear time domain seismic response and performance evaluation of A-frame jumbo-size container cranes [J]. Applied Ocean Research, 2024, 142: 103858.

[29] Fantuzzi N, Rustico A, Formenti M, et al. 3D active dynamic actuation model for offshore cranes [J]. Computer-Aided Civil and Infrastructure Engineering, 2022, 37 (7): 864-877.

[30] Li J, Zhang Y, Kang Y, et al. WSA-SVR prediction model for maximum static response analysis of crawler crane's lattice boom [J]. Structures, 2024, 70: 107718.

[31] Kulka J, Mantic M, Fedorko G, et al. Failure analysis of increased rail wear of 200 tons foundry crane track [J]. Engineering Failure Analysis, 2016, 67: 1-14.

[32] Klinger C. Failures of cranes due to wind induced vibrations [J]. Engineering Failure Analysis, 2014, 43 (4): 198-220.

[33] Wu J J, Whittaker A R, Cartmell M P. Dynamic responses of structures to moving bodies using combined finite element and analytical methods [J]. International Journal of Mechanical Sciences, 2001, 43 (11): 2555-2579.

[34] Wu J J. Finite element modelling and experimental modal testing of a three-dimensional framework [J]. International Journal of Mechanical Sciences, 2004, 46 (8): 1245-1266.

[35] Wu J J. Finite element analysis and vibration testing of a three-dimensional crane structure

[J]. Measurement, 2006, 39 (8): 740-749.

[36] Oguamanam D C D, Hansen J S, Heppler G R. Dynamic response of an overhead crane system [J]. Journal of Sound and Vibration, 1998, 213 (5): 889-906.

[37] Oguamanam D C D, Hansen J S, Heppler G R. Dynamics of a three-dimensional overhead crane system [J]. Journal of Sound and Vibration, 2001, 242 (3): 411-426.

[38] Zrnić N Đ, Gašić V M, Bošnjak S M. Dynamic responses of a gantry crane system due to a moving body considered as moving oscillator [J]. Archives of Civil and Mechanical Engineering, 2015, 15 (1): 243-250.

[39] Michaltsos G, Sophianopoulos D, Kounadis A N. The effect of a moving mass and other parameters on the dynamic response of a simply supported beam [J]. Journal of sound and Vibration, 1996, 191 (3): 357-362.

[40] Simsek M. Vibration analysis of a functionally graded beam under a moving mass by using different beam theories [J]. Composite Structures, 2010, 92 (4): 904-917.

[41] Kiani K, Nikkhoo A, Mehri B. Prediction capabilities of classical and shear deformable beam models excited by a moving mass [J]. Journal of Sound and Vibration, 2009, 320 (3): 632-648.

[42] Nikkhoo A, Rofooei F R, Shadnam M R. Dynamic behavior and modal control of beams under moving mass [J]. Journal of Sound and Vibration, 2007, 306 (3/4/5): 712-724.

[43] Esmailzadeh E, Ghorashi M. Vibration analysis of beams traversed by uniform partially distributed moving masses [J]. Journal of Sound and Vibration, 1995, 184 (1): 9-17.

[44] Lee H P. The dynamic response of a Timoshenko beam subjected to a moving mass [J]. Journal of Sound & Vibration, 1996. 198 (2), 249-256.

[45] Lou P, Dai G L, Zeng Q Y. Finite-element analysis for a Timoshenko beam subjected to a moving mass [J]. Proceedings of the Institution of Mechanical Engineers, Part C: Journal of Mechanical Engineering Science, 2006, 220 (5): 669-678.

[46] Lou P, Yu Z W, Au F T K. Rail-bridge coupling element of unequal lengths for analysing train-track-bridge interaction systems [J]. Applied Mathematical Modelling, 2012, 36 (4): 1395-1414.

[47] Cheng Y S, Au F T K, Cheung Y K. Vibration of railway bridges under a moving train by using bridge-track-vehicle element [J]. Engineering Structures, 2001, 23 (12): 1597-1606.

[48] Dimitrovová Z. Two-layer model of the railway track: Analysis of the critical velocity and instability of two moving proximate masses [J]. International Journal of Mechanical Sciences, 2022, 217: 107042.

[49] Bello M, Mohamed Z, Efe M, et al. Modelling and dynamic characterisation of a double-pendulum overhead crane carrying a distributed-mass payload [J]. Simulation Modelling Practice and Theory, 2024, 134: 102953.

[50] Wu Q, Wang X, Hua L, et al. Modeling and nonlinear sliding mode controls of double pendulum cranes considering distributed mass beams, varying roped length and external disturbances [J]. Mechanical Systems and Signal Processing, 2021, 158: 107756.

[51] Yıldırım Ş, Esim E. Vibration analysis of an experimental double bridge crane system with

artificial neural networks [J]. Journal of Vibration and Control, 2021, 27 (23/24): 2724-2737.

[52] Hammed F, Usman M A, Onitilo S A, et al. Forced response vibration of simply supported beams with an elastic Pasternak foundation under a distributed moving load [C] //FUDMA Journal of Sciences: Vol. 4. 2020: 1-7.

[53] Feng R, Zhang E, Dong M. Jib vibration and payload swing of tower cranes in the case of trolley motion [J]. Arabian Journal for Science and Engineering, 2021, 46 (12): 12179-12191.

[54] Ghannadiasl A, Mofid M. Sensitivity analysis of vibration response of timoshenko beam to mass ratio and velocity of moving mass and boundary conditions: semi-analytical approach [J]. Forces in Mechanics, 2023, 11: 100205.

[55] He W. Vertical dynamics of a single-span beam subjected to moving mass-suspended payload system with variable speeds [J]. Journal of Sound and Vibration, 2018, 418: 36

[56] Abdelrahman A A, Esen I, Özarpa C, et al. Dynamics of perforated nanobeams subject to moving mass using the nonlocal strain gradient theory [J]. Applied Mathematical Modelling, 2021, 96: 215-235.

[57] Khaloo A R, Foyouzat M A, Abdoos H, et al. Axial force contribution to the out-of-plane response of horizontally curved beams under a moving mass excitation [J]. Applied Mathematical Modelling, 2023, 115: 148-172.

[58] Nguyen V L, Tran M T, Chu T B, et al. Nonlinear dynamic response of functionally graded porous beams under a moving mass using Reddy's beam theory [J]. Iranian Journal of Science and Technology, Transactions of Mechanical Engineering, 2024, 48 (3): 1205-1221.

[59] Alimoradzadeh M, Tornabene F, Esfarjani S M, et al. Finite strain-based theory for the superharmonic and subharmonic resonance of beams resting on a nonlinear viscoelastic foundation in thermal conditions, and subjected to a moving mass loading [J]. International Journal of Non-Linear Mechanics, 2023, 148: 104271.

[60] 谢伟平，王国波，于艳丽．移动荷载作用下双层 Euler 梁模型土动力响应分析 [J]. 地震工程与工程振动，2004，24 (1): 82-86.

[61] 彭献，刘子建，洪家旺．匀变速移动质量与简支梁耦合系统的振动分析 [J]. 工程力学，2006，23 (6): 25-29.

[62] 倪樵，袁亮，刘攀，等．加速移动质量作用下简支梁的动态响应 [J]. 华中科技大学学报（自然科学版），2006，34 (12): 83-85.

[63] 盛国刚，赵冰．多个移动质量-弹簧-阻尼系统作用下梁的动力特性分析 [J]. 振动与冲击，2003，22 (1): 43-46.

[64] 程保荣，周玉勋．车桥耦合系统动力分析的模态综合技术 [J]. 清华大学学报（自然科学版），2002，42 (8): 1083-1086.

[65] 李克飞，刘维宁，吴宗臻．变速移动质量作用下轨道动力响应解析解研究 [J]. 工程力学，2014，31 (7): 162-169.

[66] 刘林超，黄学玉，闫启方．基于 Lagrange 变分法的分数导数粘弹性梁振动分析 [J]. 噪声与振动控制，2007，27 (2): 43-46.

[67] 朱正佑，李根国，程昌钧．具有分数导数本构关系的粘弹性 Timoshenko 梁的静动力学行为分析［J］．应用数学和力学，2002，23（1）：1-10.

[68] 黄伟江，罗恩，佘慧．弹性梁动力响应分析的一种辛算法［J］．中山大学学报（自然科学版），2002，41（3）：5-8.

[69] Ray P K, Tewari V K. Ergonomic design of crane cabins: a case study from a steel plant in India [J]. Work, 2012, 41 (Supplement 1): 5972-5976.

[70] Griffin M J. Handbook of human vibration [M]. London: Academic press, 1996.

[71] Kelsey J L, Hardy R J. Driving of motor vehicles as a risk factor for acute herniated lumbar intervertebral disc [J]. American journal of epidemiology, 1975, 102 (1): 63-73.

[72] Zimmermann C L, Cook T M. Effects of vibration frequency and postural changes on human responses to seated whole-body vibration exposure [J]. International Archives of Occupational and Environmental Health, 1997, 69 (3): 165-179.

[73] Xu Y, Bach E, Ørhede E. Work Environment and Low Back Pain: The Influence of Occupational Activites [J]. Occupational & Environmental Medicine, 1997, 54 (10): 741.

[74] Okunribido O O, Magnusson M, Pope M H. Low back pain in drivers: The relative role of whole-body vibration, posture and manual materials handling [J]. Journal of Sound & Vibration, 2006, 298 (3): 540-555.

[75] Waters T, Rauche C, Genaidy A, et al. A new framework for evaluating potential risk of back disorders due to whole body vibration and repeated mechanical shock [J]. Ergonomics, 2007, 50 (3): 379-395.

[76] Bongers P M, Hulshof C T, Dijkstra L, et al. Back pain and exposure to whole body vibration in helicopter pilots [J]. Ergonomics, 1990, 33 (8): 1007-1026.

[77] Lis A M, Black K M, Korn H, et al. Association between sitting and occupational LBP [J]. European Spine Journal, 2007, 16 (2): 283-298.

[78] Bovenzi M. A longitudinal study of low back pain and daily vibration exposure in professional drivers [J]. Industrial Health, 2010, 48 (5): 584-595.

[79] Brkić V K S, Klarin M M, Brkić A D. Ergonomic design of crane cabin interior: The path to improved safety [J]. Safety Science, 2015, 73: 43-51.

[80] Griffin M J, Whitham E M, Parsons K C. Vibration and comfort. I. Translational seat vibration [J]. Ergonomics, 1982, 25 (7): 603-630.

[81] Parsons K C, Griffin M J. Vibration and comfort. Ⅱ. Rotational seat vibration [J]. Ergonomics, 1982, 25 (7): 631-644.

[82] Zsa Z, Batubara D S, Silaban G, et al. Analysis of the causal factors of musculoskeletal disorders complaints in crane operator workers [C]. 2023.

[83] Munro D M, Govers M E, Oliver M L. Physical demands of overhead crane operation [J]. International Journal of Industrial Ergonomics, 2021, 86: 103200.

[84] Hedegaard M, Støttrup N, Sørensen F F, et al. Evaluation of five steering input devices in terms of muscle activity, upper body kinematics and steering performance during heavy machine simulator driving [J]. International Journal of Industrial Ergonomics, 2019, 72: 137-145.

[85] Aggarwal G, Mansfield N, Vanheusden F, et al. Human Comfort Model of Noise and Vibration for Sustainable Design of the Turboprop Aircraft Cabin [J]. Sustainability, 2022, 14 (15): 9199.

[86] Schneider L, Frings K, Rothe S, et al. Effects of a seat-integrated mobilization system during passive driver fatigue [J]. Accident Analysis & Prevention, 2021, 150: 105883.

[87] Lin Z, Zhang J, Li M, et al. Biodynamic response of seated human body to roll vibration: Effect of armrest support [J]. Journal of Sound and Vibration, 2022, 529: 116939.

[88] Park D J, Lee J W, Park J H, et al. Neck/shoulder muscle fatigue of military vehicle drivers exposed to whole-body vibration on field terrain road [J]. International Journal of Automotive Technology, 2020, 21 (1): 115-121.

[89] Wang Q D, Guo L X. Prediction of complications and fusion outcomes of fused lumbar spine with or without fixation system under whole-body vibration [J]. Medical & Biological Engineering & Computing, 2021, 59 (6): 1223-1233.

[90] Amirouche F M. Modeling of human reactions to whole-body vibration [J]. Journal of Biomechanical Engineering, 1987, 109 (3): 210-217.

[91] Pope M H, Svensson M. Mounting of the transducers in measurement of segmental motion of the spine [J]. Journal of Biomechanics, 1986, 19 (8): 675-677.

[92] Akbari A, Margolis D. A biomechanical model of a vehicle passenger in the sagittal plane [J]. Heliyon, 2024, 10 (4): 22.

[93] Toso M A, Gomes H M, Da Silva F T, et al. Experimentally fitted biodynamic models for pedestrian-structure interaction in walking situations [J]. Mechanical Systems and Signal Processing, 2016, 72-73: 590-606.

[94] Kuang H, Qiu Y, Liu C, et al. A nonlinear biodynamic model of seated human body exposed to vertical vibration with sensitivity analysis [J]. Mechanical Systems and Signal Processing, 2023, 204: 110758.

[95] Zhang W, Wang Q, Xu Z, et al. Development of a tractor operator-operation environment coupled biomechanical model and analysis of lower limb muscle fatigue [J]. International Journal of Industrial Ergonomics, 2023, 93: 103407.

[96] Mo F, Meng Q, Wu K, et al. A neuromuscular human body model for lumbar injury risk analysis in a vibration loading environment [J]. Computer Methods and Programs in Biomedicine, 2023, 232: 107442.

[97] 张松. 基于骨肌生物力学的商用车驾驶员下肢操纵舒适性研究 [D]. 长春: 吉林大学, 2021.

[98] Liu C, Qiu Y. Mechanism associated with the effect of backrest inclination on biodynamic responses of the human body sitting on a rigid seat exposed to vertical vibration [J]. Journal of Sound and Vibration, 2021, 510: 116299.

[99] 李海岩, 慕鹏飞, 王彦鑫, 等. 面向汽车安全的中国体征 50th 百分位男性乘员生物力学模型开发及验证 [J]. 汽车工程, 2024, 46 (10): 1904-1919.

[100] Meyer F, Humm J, Purushothaman Y, et al. Forces and moments in cervical spinal column

segments in frontal impacts using finite element modeling and human cadaver tests [J]. Journal of the Mechanical Behavior of Biomedical Materials, 2019, 90: 681-688.

[101] Yadav S K, Huang C, Mo F, et al. Analysis of seat cushion comfort by employing a finite element buttock model as a supplement to pressure measurement [J]. International Journal of Industrial Ergonomics, 2021, 86: 103211.

[102] Suggs C W, Abrams C F, Stikeleather L F. Application of a damped spring-mass human vibration simulator in vibration testing of vehicle seats [J]. Ergonomics, 1969, 12 (1): 79-90.

[103] Jackson K E, Fasanella E L, Boitnott R, et al. Occupant responses in a full-scale crash test of the Sikorsky ACAP helicopter [J]. Journal of the American Helicopter Society, 2002, 49 (2): 127-139.

[104] Fasanella E L, Jackson K E. Impact testing and simulation of a crashworthy composite fuselage section with energy-absorbing seats and dummies [J]. Journal of the American Helicopter Society, 2004, 49 (2): 140-148.

[105] Fice J B, Cronin D S. Investigation of whiplash injuries in the upper cervical spine using a detailed neck model [J]. Journal of Biomechanics, 2012, 45 (6): 1098-1102.

[106] Potula S R, Solanki K N, Oglesby D L, et al. Investigating occupant safety through simulating the interaction between side curtain airbag deployment and an out-of-position occupant [J]. Accident Analysis and Prevention, 2012, 49 (4): 392-403.

[107] Cronin D S. Finite element modeling of potential cervical spine pain sources in neutral position low speed rear impact [J]. Journal of the Mechanical Behavior of Biomedical Materials, 2014, 33 (7): 55-66.

[108] Deng X, Potula S, Grewal H, et al. Finite element analysis of occupant head injuries: parametric effects of the side curtain airbag deployment interaction with a dummy head in a side impact crash [J]. Accident; analysis and prevention, 2013, 55 (6): 232-241.

[109] Östh J, Mendoza-Vazquez M, Sato F, et al. A female head-neck model for rear impact simulations [J]. Journal of Biomechanics, 2016, 51: 49-56.

[110] Cesari D, Ramet M. Pelvic tolerance and protection criteria in side impact [R]. SAE Technical Paper, 1982.

[111] Alem N M, Nusholtz G S, Melvin J W. Head and neck response to axial impacts [R]. SAE Technical Paper, 1984.

[112] Pintar F A, Yoganandan N, Sances A, et al. Kinematic and anatomical analysis of the human cervical spinal column under axial loading [R]. SAE Technical Paper, 1989.

[113] Bohman K, Haland Y. A study of AIS1 neck injury parameters in 168 frontal collisions using a restrained hybrid Ⅲ dummy [R]. SAE Technical Paper, 2000.

[114] Yoganandan N, Pintar F. Biomechanics of human occupants in simulated rear crashes: documentation of neck injuries and comparison of injury criteria [R]. SAE Technical Paper, 2000.

[115] Liang C C, Chiang C F. A study on biodynamic models of seated human subjects exposed to

vertical vibration [J]. International Journal of Industrial Ergonomics, 2006, 36 (10): 869-890.

[116] Wan Y, Schimmels J M. A simple model that captures the essential dynamics of a seated human exposed to whole body vibration [J]. Advances in Bioengineering, 1995, 31: 333-334.

[117] Boileau P É, Rakheja S. Whole-body vertical biodynamic response characteristics of the seated vehicle driver: Measurement and model development [J]. International Journal of Industrial Ergonomics, 1998, 22 (6): 449-472.

[118] Liu X X, Shi J, Li G H, et al. Biodynamic response and injury estimation of ship personnel to ship shock motion induced by underwater explosion [C]. Proceeding of 69th Shock and Vibration Symposium. 1998, 18: 1-18.

[119] Muksian R, Nash C D. A model for the response of seated humans to sinusoidal displacements of the seat [J]. Journal of Biomechanics, 1974, 7 (3): 209-215.

[120] Patil M K, Palanichamy M S, Ghista D N. Dynamic response of human body seated on a tractor and effectiveness of suspension systems [R]. SAE Technical Paper, 1977.

[121] Boileau P É, Wu X, Rakheja S. Definition of a range of idealized values to characterize seated body biodynamic response under vertical vibration [J]. Journal of Sound and Vibration, 1998, 215 (4): 841-862.

[122] Parsons K C. Environmental ergonomics: a review of principles, methods and models [J]. Applied Ergonomics, 2000, 31 (6): 581-594.

[123] Leatherwood J D, Dempsey T K, Clevenson S A. A design tool for estimating passenger ride discomfort within complex ride environments [J]. Human Factors the Journal of the Human Factors & Ergonomics Society, 1980, 22 (3): 291-312.

[124] Wasserman D E, Doyle T E, Asburry W C. Human response to vibration [J]. Journal of Sound & Vibration, 2001, 248 (5): 977-980.

[125] Mansfield N J, Lundström R. Models of the apparent mass of the seated human body exposed to horizontal whole-body vibration [J]. Aviation Space & Environmental Medicine, 1999, 70 (12): 1166.

[126] Demić M, Lukić J, Milić Ž. Some aspects of the investigation of random vibration influence on ride comfort [J]. Journal of sound and vibration, 2002, 253 (1): 109-128.

[127] Demić M, Lukić J. Investigation of the transmission of fore and aft vibration through the human body [J]. Applied Ergonomics, 2009, 40 (4): 622-629.

[128] 李双博, 任会礼, 李明富. 自行走直臂式高空作业车连杆尺度优化以改善工作舒适性 [J]. 机械设计与研究, 2020, 36 (1): 22-24, 31.

[129] Wang H, Liu Y, Xu Z, et al. Wind-induced buffeting comfort assessment of tower cranes considering the wake effect of super-high bridge towers [J]. Journal of Wind Engineering and Industrial Aerodynamics, 2023, 240: 105469.

[130] Chen K, He S, Xu E, et al. Research on ride comfort analysis and hierarchical optimization of heavy vehicles with coupled nonlinear dynamics of suspension [J]. Measurement, 2020,

165: 108142.

[131] Li H, Yang W, Liu P, et al. Resonance measurement and vibration reduction analysis of an office building induced by nearby crane workshop vibration [J]. Journal of Building Engineering, 2022, 58: 105018.

[132] Zhou Y, Chen S. Vehicle ride comfort analysis with whole-body vibration on long-span bridges subjected to crosswind [J]. Journal of Wind Engineering and Industrial Aerodynamics, 2016, 155: 126-140.

[133] Li M, Li B, Chen G, et al. Research on the design and evaluation method of vehicle seat comfort for driving experience [J]. International Journal of Industrial Ergonomics, 2024, 100: 103567.

[134] Du X, Sun C, Zheng Y, et al. Evaluation of vehicle vibration comfort using deep learning [J]. Measurement, 2021, 173: 108634.

[135] Shin M, Shin Y, Kim Y, et al. Investigation of drivers' thermal comfort based on selective cooling seats with air conditioner in summer using biosignals and subjective survey [J]. Building and Environment, 2024, 250: 111199.

[136] Bouazara M, Richard M J. An optimization method designed to improve 3-D vehicle comfort and road holding capability through the use of active and semi-active suspensions [J]. European Journal of Mechanics, 2001, 20 (3): 509-520.

[137] Bouazara M, Richard M J, Rakheja S. Safety and comfort analysis of a 3-D vehicle model with optimal non-linear active seat suspension [J]. Journal of Terramechanics, 2006, 43 (2): 97-118.

[138] Gündoǧdu Ö. Optimal seat and suspension design for a quarter car with driver model using genetic algorithms [J]. International Journal of Industrial Ergonomics, 2007, 37 (4): 327-332.

[139] Nariman-Zadeh N, Salehpour M, Jamali A, et al. Pareto optimization of a five-degree of freedom vehicle vibration model using a multi-objective uniform-diversity genetic algorithm (MUGA) [J]. Engineering Applications of Artificial Intelligence, 2010, 23 (4): 543-551.

[140] Yang Y, Ren W, Chen L, et al. Study on ride comfort of tractor with tandem suspension based on multi-body system dynamics [J]. Applied Mathematical Modelling, 2009, 33 (1): 11-33.

[141] Jacklin H M, Liddell G J. Riding comfort analysis [N]. Engineering Bulletin Purdue University Research, 1933.

[142] Lippert S. Vibration Standards Proposed [J]. Society of Automotive Engineers Journal, 1947: 33-34.

[143] Goldman D E. A review of subjective responses to vibratory motion of the human body in the frequency range 1 to 70 cycles per second [J]. Naval Medical Research Institute, National Naval Medical Center, 1948.

[144] Dieckmann, D. The effect of mechanical vibration upon man-a review and summary of research

to date [R]. Derby, Max-planck-institute of Occupational Physiology, 1955.

[145] Chang F K. Human response to motions in tall buildings [J]. Journal of the Structural Division, 1973, 99: 1259-1272.

[146] Howarth H V C. Human exposure to wind-induced motion in tall buildings: an assessment of guidance in ISO 6897 and ISO 10137 [C]. Southampton, Proceeding of 50th UK Conference on Human Responses to Vibration, 2015, 267-282.

[147] Howarth H V C, Griffin M J. Human exposure to low frequency horizontal motion in buildings and offshore structures: An assessment of guidance in BS 6611 and ISO 6897 [C]. Edinburgh, Scotland, Euronoise, 2009, 26-28.

[148] Fritz M, Fischer S, Bröde P. Vibration induced low back disorders-comparison of the vibration evaluation according to ISO 2631 with a force-related evaluation [J]. Applied Ergonomics, 2005, 36 (4): 481-488.

[149] Nefovskadanilovic M, Petronijevic M, Savija B. Traffic-induced vibrations of frame structures [J]. Canadian Journal of Civil Engineering, 2013, 40 (2): 158-171.

[150] Oborne D J, Clarke M J. The determination of equal comfort zones for whole-body vibration [J]. Ergonomics, 1974, 17 (6): 769-782.

[151] DIN 4150. Vibrations in structural design: effects on buildings and structures Part 3 [S]. Delttsches Institut für Normung, 1999.

[152] VDI 2057. Human exposure to mechanical vibrations whole-body vibration [S]. Verein Deutcher Ingenieure, 2002.

[153] BS 6841. Guide to measurement and evaluation of human exposure to whole body mechanical vibration and repeated shock [S]. British Standards Institution, 1987.

[154] ISO 2631-1: 1997/Amd. 1: 2010, Mechanical Vibration and shock- Evaluation of human exposure to whole-body vibration- Part 1: General Requirements [S] Geneva: International Organization of Standardization, 2010.

[155] Zhao X, Schindler C. Evaluation of whole-body vibration exposure experienced by operators of a compact wheel loader according to ISO 2631-1: 1997 and ISO 2631-5: 2004 [J]. International Journal of Industrial Ergonomics, 2014, 44 (6): 840-850.

[156] Wolfgang R, Burgess-Limerick R. Whole-body vibration exposure of haul truck drivers at a surface coal mine [J]. Applied Ergonomics, 2014, 45 (6): 1700-1704.

[157] Griefahn B, Bröde P. The significance of lateral whole-body vibrations related to separately and simultaneously applied vertical motions. A validation study of ISO 2631 [J]. Applied Ergonomics, 1999, 30 (6): 505-513.

[158] Zuo L, Nayfeh S A. Low order continuous-time filters for approximation of the ISO 2631-1 human vibration sensitivity weightings [J]. Journal of Sound & Vibration, 2003, 265 (2): 459-465.

[159] Caballero-Bruno I, Wohllebe T, Töpfer D, et al. The effect of seating recline on sleep quality, comfort and pressure distribution in moving autonomous vehicles [J]. Applied Ergonomics, 2022, 105: 103844.

[160] 宋志刚. 基于烦恼率模型的工程结构振动舒适度设计新理论 [D]. 杭州: 浙江大学, 2003.

[161] 法永生, 李东, 孙翠华. 人行桥随机人行荷载下的振动分析及其舒适度评价的新方法 [J]. 振动与冲击, 2008, 27 (1): 119-123.

[162] 冯鹏, 金飞飞, 叶列平, 等. 人行天桥结构振动舒适度定量化与振动特性实测研究 [J]. 振动工程学报, 2013, 26 (4): 545-553.

[163] 熊建强. 汽车振动与噪声的稳健性研究 [D]. 南昌: 南昌大学, 2015.

[164] 唐传茵, 张天侠, 李华, 等. 汽车振动舒适性评价研究 [J]. 振动与冲击, 2008, 27 (9): 158-161.

[165] 唐传茵, 郭立新, 李华, 等. 灵敏度在车辆动力学分析中的应用 [J]. 计算机仿真, 2008, 25 (11): 278-281.

[166] Tang C, Zhang Y, Zhao G, et al. Annoyance rate evaluation method on ride comfort of vehicle suspension system [J]. Chinese Journal of Mechanical Engineering, 2014, 27 (2): 296-303.

[167] 孙小娟, 张建润. 工程机械驾驶室舒适性设计中的低频隔振优化 [J]. 农业工程学报, 2012, 28 (21): 44-52.

[168] 张建润, 王园, 孙小娟. 基于三维动力学模型的重型卡车动态参数对平顺性的影响 [J]. 东南大学学报: 自然科学版, 2013, 43 (4): 763-770.

[169] 徐中明, 张志飞, 贺岩松. 重型卡车驾驶室乘坐舒适性研究 [J]. 中国机械工程, 2004, 15 (17): 1584-1586.

[170] 王国波, 谢伟平, 于艳丽, 等. 高速列车引起的武汉站楼板振动舒适度研究 [J]. 振动与冲击, 2010, 29 (12): 110-113.

[171] 王英杰, 时瑾, 龙许友, 等. 高速铁路人车系统动力响应及乘客舒适性评价 [J]. 中南大学学报 (自然科学版), 2013 (7): 3046-3052.

[172] 周立. 地铁列车运行诱发环境振动的数值模拟与烦恼率评价 [D]. 南京: 南京大学, 2015.

[173] 刘海涛, 郭文华. 轻轨车-轨道梁-刚构桥空间耦合振动分析及乘坐舒适性评价 [J]. 铁道学报, 2011, 33 (9): 76-82.

[174] Sun K, Zhang W. Combined Annoyance Assessment of Subway Train-Induced Structural Vibration and Ambient Noise [J]. Shock and Vibration, 2016, 2016 (4): 1-8.

[175] Bang J Z, Li L S, Guo Q D. The influence of the visibility of the source on the subjective annoyance due to its noise [J]. Applied Acoustics, 2003, 64 (12): 1205-1215.

[176] Huang Y, Di G, Zhu Y, et al. Pair-wise comparison experiment on subjective annoyance rating of noise samples with different frequency spectrums but same A-weighted level [J]. Applied Acoustics, 2008, 69 (12): 1205-1211.

[177] Euler M, Kuhlmann U. Crane runways-Fatigue evaluation of crane rail welds using local concepts [J]. International Journal of Fatigue, 2011, 33 (8): 1118-1126.

[178] Caglayan O, Ozakgul K, Tezer O, et al. Fatigue life prediction of existing crane runway girders [J]. Journal of constructional steel research, 2010, 66 (10): 1164-1173.

[179] Rettenmeier P, Roos E, Weihe S. Fatigue analysis of multiaxially loaded crane runway structures including welding residual stress effects [J]. International Journal of Fatigue, 2016, 82: 179-187.

[180] Fidrovska N M, Chernyshenko O V, Perevoznyk I A. Experimental study on an overhead crane passing a rail track joint [J]. Naukovyi Visnyk Natsionalnoho Hirnychoho Universytetu, 2021 (1): 98-102.

[181] Euler M. New test-based detail categories for fatigue design of crane runway beams [J]. Procedia Structural Integrity, 2024, 57: 298-306.

[182] Gadallah R, Murakawa H, Shibahara M. Investigation of thickness and welding residual stress effects on fatigue crack growth [J]. Journal of Constructional Steel Research, 2023, 201: 107760.

[183] Hectors K, Chaud H S, De W W. Fracture mechanics and hot spot stress-based fatigue life calculation: Case study for a crane runway girder [J]. Fatigue & Fracture of Engineering Materials & Structures, 2022, 45 (9): 2662-2675.

[184] Hu X, Dong K, Zheng P, et al. Failure case analysis of fastening bolts for trolley rail of quay crane [J]. Engineering Failure Analysis, 2023, 144: 106984.

[185] 梁岗，吴章杰，於伟坤．基于四次贝塞尔曲线的起重机转弯非圆曲线轨道优化设计[J]．机械工程学报，2020，56 (19)：253-264.

[186] Tang C, Zhou P, Chen Z, et al. An inspection robot-based health monitoring method for monorail crane tracks in underground coal mines [J]. IEEE Transactions on Instrumentation and Measurement, 2024, 73: 1-14.

[187] Ćmielewski K, Gołuch P, Kuchmister J, et al. Detection of crane track geometric parameters using UAS [J]. Automation in Construction, 2021, 128: 103751.

[188] Kulka J, Mantic M, Fedorko G, et al. Failure analysis concerning causes of wear for bridge crane rails and wheels [J]. Engineering Failure Analysis, 2020, 110: 104441.

[189] 张迎新，王新华，吴增彬，等．防爆起重机车轮在钢轨上全滑动摩擦温升分析 [J]．润滑与密封，2013，38 (10)：10-14.

[190] 刘绍武．港口机械轮轨接触分析及车轮小型化研究 [D]．上海：同济大学，2007.

[191] 乔勇．基于 ALGOR 的门式起重机大车运行机构有限元分析 [D]．武汉：武汉理工大学，2013.

[192] 董杰．门式起重机结构动态仿真与动力学分析 [D]．成都：西南交通大学，2015.

[193] 董杰，程文明，邵建兵．基于 LS-DYNA 的起重机车轮动态接触研究 [J]．煤矿机械，2013，34 (10)：65-67.

[194] 刘萍．轮轨接触分析及其对桥架结构的影响 [D]．武汉：武汉科技大学，2012.

[195] 禹昭．港口起重机车轮与轨道设计计算研究 [D]．上海：上海海事大学，2007.

[196] 耿广辉，康永飞，魏波．桥式起重机轨道故障实例分析与处理 [J]．甘肃冶金，2014，36 (4)：122-123.

[197] 时旭东．高温下钢筋混凝土杆系结构试验研究和非线性有限元分析 [D]．北京：清华大学，1992.

[198] 陆洲导．钢筋混凝土梁对火灾反应的研究 [D]．上海：同济大学，1989.
[199] 戴丹．高温下钢材的材性模型及其在钢结构火灾反应分析中的应用 [D]．上海：上海交通大学，2007.
[200] Kirby B R，Preston R R. High temperature properties of hot-rolled，structural steels for use in fire engineering design studies [J]. Fire Safety Journal，1988，13（1）：27-37.
[201] 陆洲导，朱伯龙．钢筋混凝土框架火灾反应分析 [J]．土木工程学报，1995，28（6）：18-27.
[202] 章勤奋，师骅，孙海峰，等．考虑温度载荷的桥式起重机疲劳失效原因分析 [C] //第十四届中国钢铁年会论文集—13. 冶金设备与工程技术．中国重庆，2023：7，238-244.
[203] 张春涛，金汉林，朱立．高温自然冷却后 Q345 钢材疲劳性能试验研究 [J]．建筑结构学报，2020，41（10）：78-85.
[204] 胡婉颖，余玉洁，田沛丰，等．高温后高强 Q690 钢材循环加载试验及本构模型研究 [J]．工程力学，2022，39（3）：84-95，157.
[205] 李硕标，丁文其，张清照．考虑高温的钢材广义 Mises 屈服准则研究 [J]．土木工程学报，2024，57（4）：12-22.
[206] Cho K，Cho J R. Effect of temperature on the modal variability in short-span concrete bridges [J]. Applied Sciences，2022，12（19）：9757.
[207] Zhao L，Jin H. Effect of temperature on natural frequencies of bridge structure of metallurgical crane [J]. IOP Conference Series：Materials Science and Engineering，2021，1043（4）：042047.
[208] 刘才玮，杨蒙，李康，等．不同冷却方式下受火钢筋混凝土梁抗弯性能研究 [J]．工程科学与技术，2024：1-15.
[209] Zhao J，Jiang Y，Li X. Flexural behavior of concrete beams reinforced with high-strength steel bars after exposure to elevated temperatures [J]. Construction and Building Materials，2023，382：131317.
[210] 周云，杨晓伟，陈焕德，等．加热温度对 600MPa 级高强钢筋组织及性能的影响 [J]．钢铁，2020，55（1）：101-107.
[211] Luo Z，Shi Y，Xue X，et al. Numerical study and design of ultra-high-strength steel plate girders subjected to patch loading after elevated temperature [J]. Thin-Walled Structures，2024，195：111433.
[212] 吕彤光，时旭东，过镇海．高温下Ⅰ~Ⅴ级钢筋的强度和变形试验研究 [J]．福州大学学报，1996（s1）：13-19.
[213] 谭巍．高温（火灾）条件下钢结构材料性能研究 [J]．工业建筑，2000，30（10）：61-63.
[214] 姚亚雄，朱伯龙．钢筋混凝土框架结构抗火试验研究 [J]．同济大学学报（自然科学版），1996，24（6）：619-624.
[215] 张志强，郭京波．机械动态优化设计综述 [J]．石家庄铁道大学学报（自然科学版），2005，18（1）：74-76.
[216] 刘淑香．集装箱龙门起重机结构系统动态优化设计 [D]．成都：西南交通大学，2007.

[217] 李军锁 . 机械结构系统的动态优化设计方法研究 [D]. 西安: 西安电子科技大学, 2006.

[218] Zhong W X, Williams F W. A precise time step integration method [J]. Proceedings of the Institution of Mechanical Engineers, Part C: Journal of Mechanical Engineering Science, 1994, 208 (6): 427-430.

[219] Lin J, Shen W, Williams F W. A high precision direct integration scheme for structures subjected to transient dynamic loading [J]. Chinese Journal of Computational Mechanics, 1998, 56 (1): 113-120.

[220] Wang M, Au F T K. Assessment and improvement of precise time step integration method [J]. Computers & structures, 2006, 84 (12): 779-786.

[221] Jiahao Lin, Weiping Shen and F W Williams. A high precision direct integration scheme for structures subjected to transient dynamic loading [J]. Computer & Structures, 1995, 56 (1): 120-130.

[222] 储德文, 王元丰 . 精细直接积分法的积分方法选择 [J]. 工程力学, 2002, 19 (6): 115-119.

[223] 钟万勰 . 结构动力方程的精细时程积分法 [J]. 大连理工大学学报, 1994, 34 (2): 131-136.

[224] 张森文, 曹开彬 . 计算结构动力响应的状态方程直接积分法 [J]. 计算力学学报, 2000, 17 (1): 94-97.

[225] Bathe K J. Finite Element Procedures [M]. Prentice-Hall, 2006.

[226] 汪梦甫, 周锡元 . 结构动力方程的更新精细积分方法 [J]. 力学学报, 2004, 36 (2): 191-195.

[227] 张志超, 张亚辉, 林家浩 . 车桥耦合系统非平稳随机振动分析的虚拟激励-精细积分法 [J]. 工程力学, 2008, 25 (11): 197-204.

[228] 孔向东, 钟万勰 . 非线性动力系统刚性方程精细时程积分法 [J]. 大连理工大学学报, 2002, 42 (6): 654-658.

[229] 郭泽英, 李青宁 . Newmark-精细积分方法的选择及稳定性 [J]. 世界地震工程, 2008, 24 (3): 107-111.

[230] 侯秀慧, 邓子辰, 黄立新 . 基于精细积分方法的桥梁结构移动荷载识别 [J]. 振动与冲击, 2007, 26 (9): 142-145.

[231] 谭述君 . 精细积分方法的改进及其在动力学与控制中的应用 [D]. 大连: 大连理工大学, 2009.

[232] 周伟, 贾威, 郭小渝, 等 . 基于管柱声场模型的油井动液面检测新方法 [J]. 西南石油大学学报 (自然科学版), 2015, 37 (4): 166-172.

[233] 陈小健, 吴庆, 张道明 . 基于海浪谱的风暴潮海浪数值仿真与功率谱估计 [J]. 齐齐哈尔大学学报 (自然科学版), 2014 (1): 35-39.

[234] 解春华 . 论桥门式起重机啃轨原因分析 [J]. 煤炭技术, 2003, 22 (10): 23-25.

[235] 陈春俊, 翟婉明 . 轨道接头压陷激励下轮轨垂向振动分析 [J]. 振动与冲击, 2002, 21 (3): 70-71.

[236] 全顺喜，王平，赵才友．车辆多体系统振动方程建立探讨［J］．振动与冲击，2013，32（11）：173-178.

[237] 韩亮斌，徐格宁．轨道接头缺陷对整机运行的影响分析［J］．起重运输机械，2017（10）：57-64.

[238] 张氢，陈淼，孙峰，等．新型三轮大车机构轮轨动力学响应分析［J］．中国工程机械学报，2017（4）：329-337.

[239] ISO 12488-1. Cranes-Tolerances for wheels and travel and traversing tracks-Part 1：General［S］. ISO：Geneva，Switzerland，2012.

[240] ISO 8686-1. Cranes-Design principles for loads and load combinations-Part 1：General first ed［S］. ISO：Geneva，Switzerland，2012.

[241] 全国起重机标准化技术委员会．GB/T 3811—2008《起重机设计规范》释义与应用［S］．中国标准出版社，2008.

[242] 全国起重机标准化技术委员会．GB/T 10183. 1—2010《起重机 车轮及大车和小车轨道公差 第1部分：总则》［S］．中国标准出版社，2010.

[243] Tong X，Tuan C Y，Yang J，et al. Fatigue strength of end-coped crane runway girders［J］. Journal of Structural Engineering，2007，133（12）：1783-1791.

[244] Xin Y，Xu G，Su N. Dynamic optimization design of cranes based on human-crane-rail system dynamics and annoyance rate［J］. Shock and Vibration，2017，1：1-19.

[245] Griffin M J，Whitham E M. Individual variability and its effect on subjective and biodynamic response to whole-body vibration［J］. Journal of Sound & Vibration，1978，58（2）：239-250.

[246] Ozkul T A. A finite element formulation for dynamic analysis of shells of general shape by using the Wilson-θ method［J］. Thin-Walled Structures，2004，42（4）：497-513.

[247] Namadchi A H，Alamatian J. Explicit dynamic analysis using Dynamic Relaxation method［J］. Computers & Structures，2016，175：91-99.

[248] Zheng B，Gao X，Zhang C. Radial integration BEM for vibration analysis of two- and three-dimensional elasticity structures［M］. Elsevier Science Inc. 2016.

[249] 陈太聪，苏成，胡智强，等．非平稳随机响应灵敏度分析的时域显式法［J］．振动工程学报，2015（4）：503-509.

[250] Hu Z，Su C，Chen T，et al. An explicit time-domain approach for sensitivity analysis of non-stationary random vibration problems［J］. Journal of Sound and Vibration，2016，382：122-139.

[251] 陈官顺，刘艳斌，叶星．龙门起重机结构动态优化设计［J］．现代制造工程，2010（8）：149-152.

[252] 魏喆，谭建荣，冯毅雄．广义性能驱动的机械产品方案设计方法［J］．机械工程学报，2008，44（5）：1-10.

[253] 高海龙．架桥机结构动态特性分析与动态优化设计研究［D］．成都：西南交通大学，2009.

[254] 于兰峰．塔式起重机结构刚性及动态优化研究［D］．成都：西南交通大学，2006.

[255] Paulien M. Bongers, Hendriek C, et al. Long-term sickness absence due to back disorders in crane operators exposed to whole-body vibration [J]. International Archives of Occupational and Environmental Health, 1988, 61 (1/2): 59-64.

[256] 唐林，邹慧君．机械产品方案的现代设计方法及发展趋势［J］．机械科学与技术，2000，19（2）：192-196.

[257] 穆东，王超，王胜春，等．基于并行模拟退火算法求解时间依赖型车辆路径问题［J］．计算机集成制造系统，2015，21（6）：1626-1636.

[258] 王凌．智能优化算法及其应用［M］．北京：清华大学出版社，2001.

[259] Coermann R R. The mechanical impedance of the human body in sitting and standing position at low frequencies [J]. Human Factors, 1962, 4 (5): 227-253.

[260] Patil M K, Palanichamy M S. A mathematical model of tractor-occupant system with a new seat suspension for minimization of vibration response [J]. Applied Mathematical Modelling, 1988, 12 (1): 63-71.

[261] Yazici H, Sever M. Observer based optimal vibration control of a full aircraft system having active landing gears and biodynamic pilot model [J]. Shock and Vibration, 2016, 2016: 1-20.

[262] 梁世豪，黄煜．中高频大振幅垂向振动下的坐姿人体 7 自由度建模及实验［J］．噪声与振动控制，2017，37（3）：7-13.

[263] 汪源，朱伟，许兆棠，等．基于振动舒适度的多自由度车辆减振座椅设计［J］．机械设计，2013，30（11）：61-65.

[264] Zong Z, Lam K Y. Biodynamic response of shipboard sitting subject to ship shock motion [J]. Journal of Biomechanics, 2002, 35 (1): 35-43.

[265] Standard F. Evaluation Plan for Federal Motor Vehicle Safety Standard 208: occupant crash protection [S]. USA National Highway Traffic Safety Administration, 1979.

[266] Mertz H J, Irwin A L. Anthropomorphic Test Devices and Injury Risk Assessments [M] Accidental Injury. Springer, 2015.

[267] Nightingale R W, Mcelhaney J H, Richardson W J, et al. Dynamic responses of the head and cervical spine to axial impact loading [J]. Journal of Biomechanics, 1996, 29 (3): 307-318.

[268] Bellini C M, Galbusera F, Raimondi M T, et al. Biomechanics of the lumbar spine after dynamic stabilization [J]. Journal of Spinal Disorders & Techniques, 2007, 20 (6): 423-429.

[269] Elder B D, Lo S F, Kosztowski T A, et al. A systematic review of the use of expandable cages in the cervical spine [J]. Neurosurgical Review, 2016, 39 (1): 1-11.

[270] Rouhana S W. Biomechanics of Abdominal Trauma [M] Accidental Injury. Springer, New York, 1993.

[271] Shao Y, Zou D, Li Z, et al. Blunt liver injury with intact ribs under impacts on the abdomen: a biomechanical investigation [J]. Plos One, 2013, 8 (1): e52366.

[272] Untaroiu C D, Bose D, Lu Y C, et al. Effect of seat belt pretensioners on human abdomen and

thorax: Biomechanical response and risk of injuries [J]. Journal of Trauma & Acute Care Surgery, 2012, 72 (5): 1304-1315.

[273] Adams J E. Mechanisms of head and spine trauma [J]. JAMA the Journal of the American Medical Association, 1987, 258 (1): 111.

[274] Yoganandan N, Pintar F A, Maiman D J, et al. Human head-neck biomechanics under axial tension [J]. Medical engineering & physics, 1996, 18 (4): 289-294.

[275] Nahum A M, Melvin J W. Accidental Injury: Biomechanics and Prevention [M]. Springer-Verlag, 2015.

[276] Kurt M, Laksari K, Kuo C, et al. Modeling and optimization of airbag helmets for preventing head injuries in bicycling [J]. Annals of Biomedical Engineering, 2016, 45 (4): 1-13.

[277] Eppinger R, Sun E, Bandak F, et al. Development of improved injury criteria for the assessment of advanced automotive restraint systems-Ⅱ [J]. National Highway Traffic Safety Administration, 1999: 1-70.

[278] 辛运胜，徐格宁，苏妮娜．人-起重机-轨道系统动态响应与优化［J］. 煤炭技术，2018 (1): 242-244.

[279] 杜宪亭，夏禾，张田，等．基于精细 Runge-Kutta 混合积分法的车桥耦合振动非迭代求解算法［J］. 振动与冲击，2013, 32 (13): 39-42.

[280] 钟万勰．子域精细积分及偏微分方程数值解［J］. 计算力学学报，1995, 12 (3): 253-260.

[281] Goldman D E, VON H E G. The effects of shock and vibration on man [J]. Lecture and Review Series. Naval Medical Research Institute (US), 1960, 60 (3): 151-198.

[282] Pradko F, Lee R, Kaluza V. Theory of human vibration response [R]. Army Tank-Automotive Center Warren MI, 1966.

[283] Pradko, F, Lee R. Greene J D. Human vibration response theory [J]. ASME Biomechanics Monograph, 1967, 205-222.

[284] Coermann R R, Ziegenruecker G H, Wittwer A L, et al. The passive dynamic mechanical properties of the human thorax-abdomen system and of the whole body system [J]. Aerospace Medicine, 1960, 31 (31): 443-455.

[285] Roberts V N, Terry C T, Stech E L. Review of mathematical models which describe human response to acceleration [J]. American Society of Mechanical Engineers 66-WA/BHF-13, American Society of Mechanical Engineers, 1966, 2-12.

[286] 周磊．基于梁理论的龙门起重机动力学研究［D］. 武汉：武汉理工大学，2012.

[287] Michaltsos G T. Dynamic behaviour of a single-span beam subjected to loads moving with variable speeds [J]. Journal of Sound & Vibration, 2002, 258 (2): 359-372.

[288] 邹军，陈志坚．桥式起重机水平运行及抓斗防摆规律研究［J］. 山东大学学报（理学版），1998 (4): 393-397.

[289] Gening X U. Monte Carlo simulation of fatigue reliabilities and initial cracks for welded box girders of crane [J]. Journal of Mechanical Engineering, 2011, 47 (20): 41-44.

[290] 徐格宁，李宏娟．基于许用应力和极限状态设计方法的通用桥式起重机结构 CAD［J］.

起重运输机械，2008，2008（10）：72-78.
[291] Wu J J. Transverse and longitudinal vibrations of a frame structure due to a moving trolley and the hoisted object using moving finite element [J]. International Journal of Mechanical Sciences，2008，50（4）：613-625.
[292] 刘颖．考虑温度场的铸造起重机 CAD/CAE 方法研究 [D]．太原：太原科技大学，2016.
[293] 中国国家标准化管理委员会．GB/T 228. 1—2021《金属材料拉伸实验　第 1 部分：室温试验方法》实施指南 [S]．北京：中国标准出版社，2021.
[294] 中国国家标准化管理委员会．GB/T 4338—2006《金属材料　高温拉伸试验方法》[S]．北京：中国标准出版社，2007.
[295] 徐宁．铸造起重机温度-结构耦合效应研究 [D]．太原：太原科技大学，2016.
[296] European Convention for Constructional Steel work. European Recommendations for the Fire Safety of Steel Structures. Calculation of the Fire Resistan [M]. Elsevier Scientific Pub. Co.，1983.
[297] Trahair N S. The Behaviour and Design of Steel Structures [M]. Chapman and Hall，1988.
[298] 同济大学，中国钢结构协会钢结构防火与防腐分会．建筑钢结构防火技术规范 [S]．北京：中国计划出版社，2006.
[299] 秦国华，赵旭亮，吴竹溪．基于神经网络与遗传算法的薄壁件多重装夹布局优化 [J]．机械工程学报，2015，51（1）：203-212.
[300] 张宏，马岩，李勇，等．基于遗传 BP 神经网络的核桃破裂功预测模型 [J]．农业工程学报，2014，30（18）：78-84.
[301] 刘兴杰，岑添云，郑文书，等．基于模糊粗糙集与改进聚类的神经网络风速预测 [J]．中国电机工程学报，2014，34（19）：3162-3169.
[302] 阳红，方辉，刘立新，等．基于热误差神经网络预测模型的机床重点热刚度辨识方法研究 [J]．机械工程学报，2011，47（11）：117-124.